U0690441

高等职业院校精品教材系列

院级精品课
配套教材

智能建筑照明技术

周巧仪　戎小戈　主编

张智靓　龚小斌　张　伟　副主编

电子工业出版社

Publishing House of Electronics Industry

北京·BEIJING

内 容 简 介

本书根据教育部最新的职业教育教学改革要求，结合国家示范性高职院校项目成果及作者多年的教学与校企合作经验进行编写。本书共分为 5 个学习单元，主要内容包括照明技术的基础知识、照明电光源、照明器、照度计算、照明光照设计、照明电气设计、电气照明施工图设计、照明工程设计实例、建筑物防雷与接地系统和智能照明技术应用。本书内容深入浅出、语言简明扼要、层次清楚，尤其注重理论与实践相结合，充分体现智能建筑照明技术的实用性，向读者阐述智能建筑电气照明系统和建筑物防雷与接地系统设计应用的完整概念。为了配合教学与工程实践的需要，书中每个单元均设有思考题，以便于读者自学。

本书为高职高专院校楼宇智能化工程技术、建筑电气工程技术、给排水工程技术、建筑设备工程技术等专业的教材，也可作为应用型本科、成人教育、电视大学、中职学校、培训班的教材及工程技术人员的自学参考书。

本书配有免费的电子教学课件、习题参考答案和精品课网站，详见前言。

图书在版编目（CIP）数据

智能建筑照明技术/周巧仪，戎小戈主编. —北京：电子工业出版社，2012.4（2023.7重印）
高等职业院校精品教材系列
ISBN 978-7-121-16630-3

Ⅰ. ①智… Ⅱ. ①周… ②戎… Ⅲ. ①智能化建筑–建筑照明–照明技术–高等职业教育–教材
Ⅳ. ①TU113.6

中国版本图书馆 CIP 数据核字（2012）第 052011 号

策划编辑：陈健德（E-mail：chenjd@ phei. com. cn）
责任编辑：谭丽莎　　　文字编辑：王凌燕
印　　刷：北京虎彩文化传播有限公司
装　　订：北京虎彩文化传播有限公司
出版发行：电子工业出版社
　　　　　北京市海淀区万寿路 173 信箱　　邮编 100036
开　　本：787×1092　1/16　印张：13.25　字数：339.2 千字
版　　次：2012 年 4 月第 1 版
印　　次：2023 年 7 月第 14 次印刷
定　　价：39.00 元

前　言

本书根据教育部最新的职业教育教学改革要求，结合国家示范性高职院校项目成果及作者多年的教学与校企合作经验进行编写，注重与工程实践相结合，主要以国家标准 GB 50034《建筑照明设计标准》和行业标准 JGJ 16《民用建筑电气设计规范》等为依据。在编写过程中，注重教材内容的整合与精选，将建筑照明技术与建筑物防雷与接地技术相融合；注重先进技术的应用，引入了绿色照明理念和智能照明技术；注重理论与工程实践相结合，充分体现智能建筑照明技术的实用性。

全书以智能建筑电气照明设计为主线，通过多个工程案例和对国家及行业标准与规范的理解，重点介绍电气照明工程的基本计算与设计方法，以提高读者进行照明设计、施工和管理的能力；与传统电气照明类教材相比，本教材还增加了建筑物防雷与接地系统、绿色照明、照明节能及智能照明技术的相关内容，更切合工程实践和技术发展需要；为了便于读者学习，每个学习单元都给出了部分思考题。教学内容可根据各院校的具体专业要求和教学环境进行适当调整与学时安排。

本书为高职高专院校楼宇智能化工程技术、建筑电气工程技术、给排水工程技术、建筑设备工程技术等专业的教材，也可作为应用型本科、成人教育、电视大学、中职学校、培训班的教材及工程技术人员的自学参考书。

本书由浙江建设职业技术学院周巧仪、浙江机电职业技术学院戎小戈任主编，浙江建设职业技术学院张智靓、浙江中控研究院有限公司龚小斌、浙江建设职业技术学院张伟任副主编。具体分工为：周巧仪编写学习单元 1、4 并进行全书统稿；戎小戈、张伟编写学习单元 3；张智靓编写学习单元 2；龚小斌编写学习单元 5；浙江建设职业技术学院马福军、王三优参与学习单元 1、2 的编写，杭州中联筑境建筑设计有限公司董春霞为本书提供了大量的专业资料和设计实例。

为了使本书具有实用性、先进性的特点，编者查阅了相关的教材、大量的工程技术书刊和资料、国家标准和规范，吸取了许多有益知识，在此向所有参考文献的作者致以衷心的感谢！

由于作者自身水平所限，书中难免存在缺漏和不当之处，殷切期望读者批评指正。

为了方便教师教学和读者自学，本书还配有免费的电子教学课件与习题参考答案，请有此需要的教师登录华信教育资源网（www.hxedu.com.cn）免费注册后再进行下载，有问题时请在网站留言或与电子工业出版社联系（E-mail：hxedu@phei.com.cn）。读者也可通过该精品课网站（http://web.zjjy.net/jp201101/index.html）浏览和参考更多的教学资源。

编　者

目 录

学习单元 1
认识电气照明系统

教学导航

项目任务	任务 1-1　照明技术的基本知识	学时	10
	任务 1-2　照明电光源		
	任务 1-3　照明器		
教学载体	教学课件及教材相关内容		
教学目标	知识方面	了解照明技术的基本知识；熟悉电光源的分类及性能指标；掌握常用电光源的特点和选用，照明器的特性、分类和选用	
	技能方面	能够正确选用照明电光源和照明器，解决工程实际中具体问题	
过程设计	任务布置及知识引导—分组学习、讨论和收集资料—学生编写报告，制作 PPT、集中汇报—教师点评或总结		
教学方法	项目教学法		

任务 1-1 照明技术的基本知识

电气照明不仅需要光学和电学知识，而且还涉及建筑学、生理学、心理学等多学科的知识。围绕电气照明这个中心，本任务主要介绍光、视觉、颜色等与电气照明技术有关的基础知识及绿色照明计划等。

1.1.1 光的性质和常用度量值

电气照明是以光学为基础的，因而，电气照明技术的实质主要是光的控制与分配技术。本节主要介绍电气照明技术中最基本的概念和常用术语。

1. 光的性质

光是一种能量存在的形式，光能可以在没有任何中间媒介的情况下向外发射和传播，这种向外发射和传播的过程称为光的辐射。光在一种介质中将以直线的形式向外传播，称为光线。光的辐射具有二重性，即波动性和微粒性。光在传播过程中主要显示出波动性，而在与物质相互作用时则主要显示出微粒性。因此，光的理论也有两种，即光的电磁波理论和光的量子理论。

1）光的电磁波理论

光的电磁波理论认为，光是能在空间传播的一种电磁波。电磁波的传播形式如图 1.1 所示。所有电磁波在真空中传播时，传播速度均相同，约为 $3 \times 10^5 \mathrm{km/s}$；而在介质中传播时，其传播速度与波长、振动频率及介质的折射率有关。

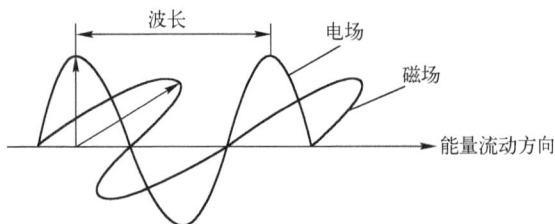

图 1.1　电磁波的传播形式

电磁辐射的波长范围是极其广泛的，波长不同的电磁波，其特性可能有很大的差异。但相邻波段之间实际上是没有明显界限的，因为波长的较小差别不会引起特性的突变。若将各种电磁波按波长依次排列可以得到电磁波谱，如图 1.2 所示。

在电磁波谱中，波长为 $380 \sim 780 \mathrm{nm}$（$1\mathrm{nm} = 10^{-9}\mathrm{m}$）的电磁波，能使人眼产生光感，这部分电磁波被称为可见光。可见光按波长依次排列可以得到可见光谱。不同波长的可见光在视觉上会形成不同的颜色，将可见光按波长 $380 \sim 780 \mathrm{nm}$ 依次展开，光将分别呈现紫、蓝、青、绿、黄、橙、红 7 种颜色。只有单一波长的光才表现为一种颜色，称为单色光，全部可见光波混合在一起就形成了日光。

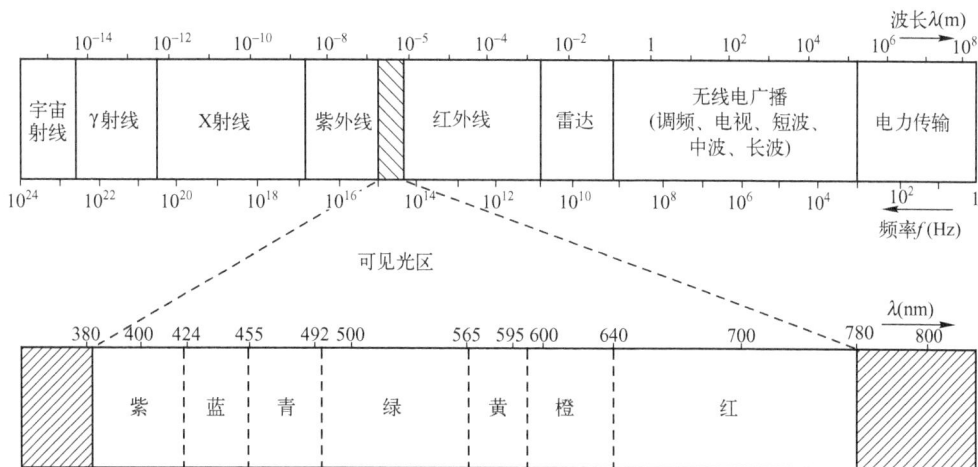

图 1.2 电磁波谱及可见光谱

在可见光紫光区的左边小于 380nm 的是一个紫外线波段，而在红光区右边大于 780nm 的是一个红外线波段。这两个波段的电磁波虽然不能引起人的视觉，但由于它们能够有效地转换成可见光，所以，通常把紫外线、可见光和红外线统称为光。

太阳所辐射的电磁波中，波长大于 1400nm 的被低空大气层中的水蒸气和二氧化碳强烈吸收，波长小于 290nm 的被高空大气层中的臭氧所吸收，能到达地表面的电磁波，其波长正好与可见光相符。可见光谱的颜色实际上是连续光谱混合而成的，光的颜色与相应的波段如表 1.1 所示。

表 1.1 光的颜色与相应的波段

波长区域（nm）	中心波长（nm）	区域名称		性　质
1～200		真空紫外		
200～300		远紫外	紫外线	
300～380		近紫外		
380～424	402	紫		
424～455	440	蓝		
455～492	474	青		
492～565	529	绿	可见光	光辐射
565～595	580	黄		
595～640	618	橙		
640～780	710	红		
780～1500		近红外		
1500～10000		中红外	红外光	
10000～100000		远红外		

2）光的量子理论

光的量子理论认为光是由辐射源发射的微粒流。光的这种微粒是光的最小存在单位，称为光量子，简称光子。光子具有一定的能量和动量，在空间占有一定的位置，并作为一个整体以光速在空间移动。光子与其他实物粒子不同，它没有静止的质量。

光的电磁波理论和量子理论是一致的，都是解释一种物理现象。光的电磁波理论可以解释光在传播过程中出现的物理现象，如光的干涉、衍射、偏振和色散等；光的量子理论可以解释光的吸收、散射和光电效应等。

2. 常用的光度量

1）光谱光视效率

人眼对于不同波长的光感受是不同的，这不仅表现在光的颜色上，也表现在光的亮度上。不同波长的可见光尽管辐射的能量一样，但人看起来其明暗程度会有所不同，这说明人眼对不同波长的可见光有不同的主观感觉量。光谱光视效率用来评价人眼对不同波长光的灵敏度。在辐射能量相同的各色光中，白天或在光线充足的地方，人眼对波长 555nm 的黄绿色光最为敏感，波长偏离 555nm 越远，人眼对其感光的灵敏性就越低；而在黄昏或昏暗的环境中，人眼对波长为 507nm 的绿色光最为敏感。

用来衡量电磁波所引起视觉能力的量，称为光谱光效能。任意波长可见光的光谱光效能 $K(\lambda)$ 与最大光谱光效能 K_m 之比，称为该波长的光谱光视效率 $V(\lambda)$，即

$$V(\lambda) = \frac{K(\lambda)}{K_m}$$

最大光谱光效能是指波长为 555nm（明视觉）或 507nm（暗视觉）可见光的光谱光效能，其值为 683lm/W。国际照明委员会（CIE）根据各国测试和研究的结果，提出了 CIE 光度标准观察者光谱光视效率曲线，如图 1.3 所示。

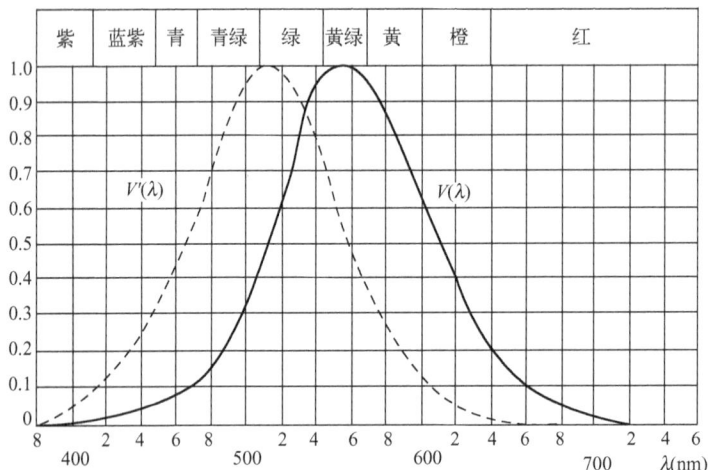

图 1.3　CIE 光度标准观察者光谱光视效率曲线

2）光通量

光通量是按照 CIE 标准观察者的视觉特性来评价光的辐射通量的，其定义为光源在单位时间内向空间辐射出的使人产生光感觉的能量，以字母"Φ"表示，单位为流明（lm），是表征光源特性的光度量。

当辐射体发出的辐射通量按 $V(\lambda)$ 曲线的效率被人眼所接收时，其表达式为

$$\Phi = K_m \int \frac{d\Phi_e(\lambda)}{d\lambda} V(\lambda) d\lambda$$

式中 $\varPhi$——光通量（lm）；

    K_m——最大光谱光效能，在单色辐射时，明视觉条件下的 K_m 值为 683lm/W（$\lambda_m = $ 555nm）；

    $V(\lambda)$——给定波长（λ）辐射的光谱光视效率；

    $\mathrm{d}\varPhi_e(\lambda)/\mathrm{d}\lambda$——辐射通量的光谱分布。

光通量是根据人眼对光的感觉来评价光源在单位时间内光辐射能量的大小的。例如，一只 200W 的白炽灯泡比一只 100W 的白炽灯泡看上去要亮得多，这说明 200W 的灯泡在单位时间内所发出光的量要多于 100W 的灯泡所发出的光的量。

光通量是说明光源发光能力的基本量。例如，一只 220V、40W 的白炽灯泡其光通量为 350lm，而一只 220V、36W、6200K 的 T8 荧光灯的光通量约为 2500lm，这说明荧光灯的发光能力比白炽灯强，这只荧光灯的发光能力约是这只白炽灯的 7 倍。

3）发光强度（光强）

发光强度简称光强，是指单位立体角内的光通量，以符号 I_a 表示，是表征光源发光能力大小的物理量。

$$I_a = \mathrm{d}\varPhi / \mathrm{d}\omega$$

式中 ω——给定方向的立体角元；

    $\varPhi$——在立体角元内传播的光通量（lm）；

    I_a——某一特定方向角度上的发光强度（cd）。

光强度的单位为坎德拉，单位符号为 cd，它是国际单位制中的基本单位。

4）照度

被照表面单位面积上接收到的光通量称为照度，用 E 表示，单位为勒克斯（lx），是表征表面照明条件特征的光度量。

$$E = \varPhi / S$$

式中 S——被照表面面积（m^2）；

    $\varPhi$——被照面入射的光通量（lm）。

1lx 相当于每平方米面积上，均匀分布 1lm 的光通量的表面照度，所以，可以用 lm/m^2 为单位，是被照面的光通密度。1lx 照度量是比较小的，在这样的照度下，人们仅能勉强辨识周围的物体，要区分细小的物体是困难的。能否看清一个物体，与这个物体单位面积所得到的光通量有关。所以，照度是照明工程中最常用的术语和重要的物理量之一，因为在当前的照明工程设计中，一直将照度值作为考察照明效果的量化指标。为了对照度有一些感性认识，现举例如下：

（1）晴天的阳光直射下照度为 10000lx，晴天室内照度为 100 ～ 500lx，多云白天的室外照度为 1000 ～ 10000lx。

（2）满月晴空的月光下照度约为 0.2lx。

（3）在 40W 白炽灯下 1m 远处的照度为 30lx，加搪瓷罩后照度增加为 73lx。

（4）照度为 1lx，仅能辨识物体的轮廓。

（5）照度为 5 ～ 10lx，看一般书籍比较困难，阅览室和办公室的照度一般要求不低于 300lx。

5）亮度

亮度是描述发光面或发光面上光的明亮程度的光度量，并且，亮度考虑了光的辐射方向，所以它是表征发光面在不同方向上的光学特性的物理量。亮度的国际单位制单位是坎德拉/平方米（cd/m²）。若1m²发光面沿其法线方向发出1cd光强时，该发光面在其法线方向上呈现的亮度为1cd/m²。

亮度与被视物体的发光强度或发光面的反光程度有关，还与发光面或反光面的面积有关。例如，在同一照度下，并排放着的白色和黑色物体，因物体表面对光的反射程度不同，人眼看起来的视觉效果也不同，总觉得白色物体要亮很多。而对两个发光强度完全相同的物体来说，如功率相同的一个普通白炽灯泡和一个磨砂玻璃灯泡，它们在视觉上引起的明亮程度也不同，后者看起来不及前者亮，这是因为磨砂玻璃表面凹凸不平，发光面积较大的缘故。

通常情况下：

（1）40W荧光灯的表面亮度约为7000cd/m²。

（2）无云的晴朗天空平均亮度约为5000cd/m²。

（3）太阳的亮度高达 1.6×10^9 cd/m²以上。

注意：一般情况下，当亮度超过 1.6×10^5 cd/m²时，人眼就感到难以忍受了。

1.1.2 材料的光学性质

1. 投射比、反射比和吸收比

光在均匀的同一介质中沿直线传播，如果在行进过程中遇到新的介质，则会出现反射、透射和吸收现象，一部分光被介质表面反射，一部分透过介质，余下的一部分则被介质吸收，如图1.4所示。

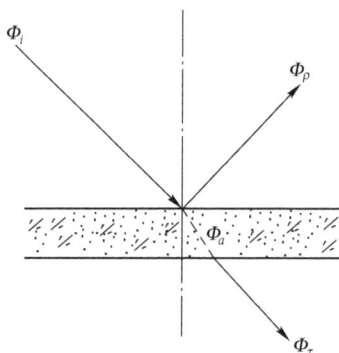

图1.4 光的透射、反射和吸收

材料对光的这种性质在数值上可用光的投射比、反射比和吸收比来表示。

反射比：
$$\rho = \frac{\Phi_\rho}{\Phi_i}$$

透射比：
$$\tau = \frac{\Phi_\tau}{\Phi_i}$$

吸收比：
$$a = \frac{\Phi_a}{\Phi_i}$$

式中 Φ_i——入射到介质表面的光通量;

$\quad\quad \Phi_\rho$——被介质表面反射的光通量;

$\quad\quad \Phi_\tau$——穿透该介质的光通量;

$\quad\quad \Phi_a$——被介质吸收的光通量。

光投射到介质时可能同时发生介质对光的吸收、反射和透射现象,根据能量守恒定律,入射光通量应等于上述三部分光通量之和,即

$$\Phi_i = \Phi_\rho + \Phi_\tau + \Phi_a$$

或

$$\rho + \tau + a = 1$$

影响材料反射的主要因素是材料本身的性质,其中主要是材料表面的光滑程度、颜色和透明度,材料表面越光滑、颜色越浅、透明度越小,反射比就越大。另外,光的入射方式和光的波长等也影响物质的反射比。

影响材料透射的因素主要是物质的性质和厚度,材料的透明度越高,透射比越大,非透明材料透射比为零;同一种材料厚度越大,透射比越小。入射方式和光的波长等也影响物质的透射比。

影响材料吸收的主要因素是材料的性质和光程。例如,透明材料对光的吸收作用小;非透明材料且表面粗糙、颜色较深的,对光的吸收作用大;光程越长,吸收越大。

从照明角度来看,反射比或透射比高的材料使用价值比较高。我们应该深入了解各种材料反射光或透射光的性能,以求在光环境设计中恰当运用各种材料。各种材料的反射比和吸收比参见表1.2。

表 1.2 各种材料的反射比和吸收比

材料类型		反 射 比	吸 收 比
规则反射	银	0.92	0.08
	铬	0.65	0.35
	铝(普通)	60～73	40～27
	铝(电解抛光)	0.75～0.84(光泽)	0.25～0.16(光泽)
		0.62～0.70(无光)	0.38～0.30(无光)
	镍	0.55	0.45
	玻璃镜	0.82～0.88	0.18～0.12
漫反射	硫酸钡	0.95	0.05
	氧化镁	0.975	0.025
	碳酸镁	0.94	0.06
	氧化亚铅	0.87	0.13
	石膏	0.87	0.13
	无光铝	0.62	0.38
	率喷漆	0.35～0.40	0.65～0.60
建筑材料	木材(白木)	0.40～0.60	0.60～0.40
	抹灰、白灰粉刷墙壁	0.75	0.25
	红砖墙	0.30	0.70
	灰砖墙	0.24	0.76
	混凝土	0.25	0.75
	白色瓷砖	0.65～0.80	0.35～0.20
	透明无色玻璃(1～3mm)	0.08～0.10	0.01～0.03

2. 光的反射

当光线投射到非透明物体表面时，大部分光被反射，小部分光被吸收。反射光虽然改变了光的方向，但光的波长成分并没有变化。光线在镜面和扩散面上的反射状态有以下 4 种。

1）定向反射

在研磨很光的镜面上，光的入射角等于反射角，反射光线总是在入射光线和法线所决定的平面内，并与入射光分处在法线两侧，此规则称为"反射定律"，如图 1.5 所示。在反射角以外，人眼看不到反射光，这种反射称为定向反射，也称规则反射或镜面反射。它常用来控制光束的方向，灯具的反射灯罩就是利用这一原理制成的。

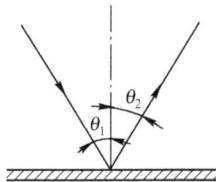

图 1.5　定向反射

2）散反射

光线从某一方向入射到经散射处理的铝板、经涂刷处理的金属板或毛面白漆涂层时，反射光向各个不同方向散开，但其总的方向是一致的，其光束的轴线方向仍遵守反射定律。这种光的反射称为"散反射"，如图 1.6 所示。

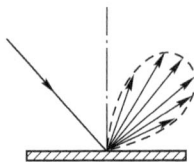

图 1.6　散反射

3）漫反射

光线从某一方向入射到粗糙表面或涂有无光泽的镀层时，反射光被分散在各个方向，即不存在规则反射，这种光的反射称为"漫反射"。若反射遵守朗伯余弦定律时，则从反射面的各个方向看去，其亮度均相同，这种光的反射则称为各向同性漫反射或完全漫反射，如图 1.7 所示。

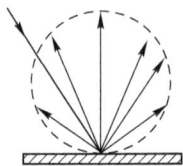

图 1.7　完全漫反射

4）混合反射

光线从某一方向入射到瓷釉或带有高光泽度的漆层上时，其反射特质介于规则反射与漫

反射（或散反射）之间，则称为"混合反射"，如图1.8所示。图1.8（a）是漫反射与规则反射的混合；图1.8（b）是散反射与漫反射的混合；图1.8（c）是散反射与规则反射的混合。在规则反射方向上的发光强度比其他方向要大得多，且有最大亮度，而在其他方向上也有一定数量的反射光，但亮度分布不均匀。

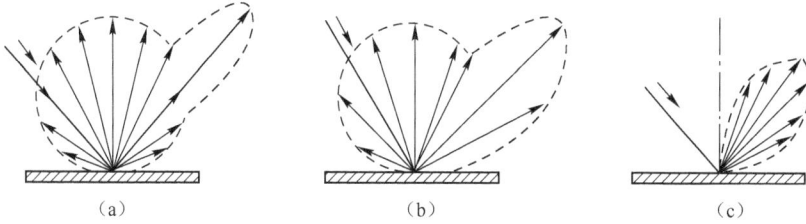

图1.8　混合反射

灯具采用反射材料的目的在于把光源的光反射到需要照明的方向。为了提高效率，一般宜采用反射比比较高的材料，此时反射面就成了二次发光面。

3. 光的折射和透射

1）光的折射

当光从一种介质射入另一种介质时，由于两种介质的密度不同而造成光线方向改变的现象称为折射，如图1.9所示。光的折射符合折射定律：

（1）入射角、折射角与分界面的法线同处于一个平面内，且分居于法线的两侧。

（2）入射角正弦和折射角正弦的比值对确定的两种介质来说是一个常数，即

$$\frac{\sin i}{\sin \gamma} = \frac{n_2}{n_1}$$

式中　n_1, n_2——分别为两种介质的折射率；

　　　i, γ——分别为入射角和折射角。

（a）$n_2 > n_1$，$\gamma < i$　　　　　　（b）$n_2 < n_1$，$\gamma > i$

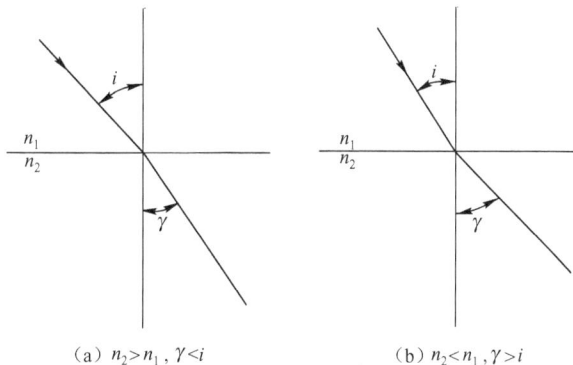

图1.9　光的折射

人们常常利用折射能改变光线方向的原理，制成能精确地控制光分布的折光玻璃砖、各种棱镜灯罩等。此外，当一束白光通过折射棱镜时，由于组成白光的各单色光频率不同，则因折射而分离成各种颜色，这种现象称为色散。

2）光的透射

光线入射到透明或半透明材料表面时，部分被反射、吸收，而大部分可以透射过去。例如，光在玻璃表面垂直入射时，入射光在第一面（入射面）反射4%，在第二面（透过面）反射3%～4%，被吸收2%～8%，透射率为80%～90%。透射可分为以下4种状态。

（1）定向透射。当光线照射到透明材料上时，透射光将按照几何光学的定律进行透射，这就是定向透射，又称规则透射，如图1.10所示。其中，图1.10（a）为平行透光材料（如平板玻璃），透射光的方向与原入射光方向相同，但有微小偏移；图1.10（b）为非平行透光材料（如三棱镜），透射光的方向由于光的折射而改变了方向。

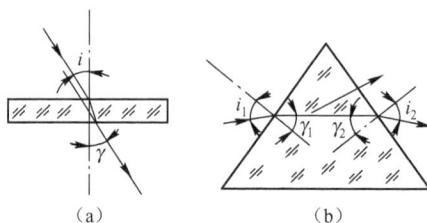

图1.10 定向透射

（2）散透射。光线穿过散透射材料（如磨砂玻璃）时，在透射方向上的发光强度较大，在其他方向上发光强度则较小。此时，表面亮度也不均匀，透射方向较亮，而其他方向则较弱。这种情况称为散透射，如图1.11所示。

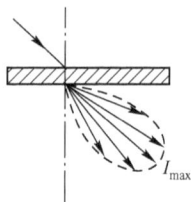

图1.11 散透射

（3）漫透射。光线照射到散射性好的透光材料（如乳白玻璃等）时，透射光将向所有的方向散开，并均匀分布在整个半球空间内，这称为漫透射。若透射光服从朗伯余弦定律，即亮度在各个方向上均相同，则称为均匀漫透射或完全漫透射，如图1.12所示。

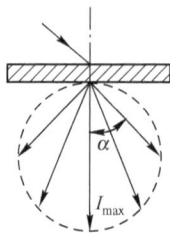

图1.12 均匀漫透射

（4）混合透射。光线照射到透射材料上，其透射特性介于漫透射或散透射与定向透射之间时，称为混合透射。

透明材料具有定向透射特性，在入射光的背侧，光源与物像清晰可见，如普通玻璃窗，既可采光又可真实观察室外景物。磨砂玻璃具有典型的散透射特性，背光的一侧仅能看见光源模糊的影像。乳白玻璃具有均匀漫透射的特性，整个透光面亮度均匀，完全看不见背面的光源和物像，因此可利用这些材料做成灯罩、光带、发光顶棚等，使室内光线均匀柔和。另外，光线的穿透能力还与它的厚度有关，如水是透光的，但当水较深，即比较厚时，将是不透光的。

4. 材料的光谱特性

各种材料表面均具有选择性的反射和透射光通量的性能，即对于不同波长的光，其反射性能和透射性能也不同。

由于对不同波长的光的反射性能不同，使得在太阳光照射下的物体呈现各种不同的颜色。为了说明材料表面对于一定波长光的反射特性，引入光谱反射比的概念。

光谱反射比 ρ_λ 定义为物体反射的单色光通量 $\Phi_{\lambda\rho}$ 与入射的单色光通量 $\Phi_{\lambda i}$ 之比，即

$$\rho_\lambda = \Phi_{\lambda\rho} / \Phi_{\lambda i}$$

如图 1.13 所示为几种颜色的光谱反射比 $\rho_\lambda = f(\lambda)$ 曲线。由图可见，这些有颜色的表面在与其颜色相同的光谱区域内具有最大的光谱反射比。

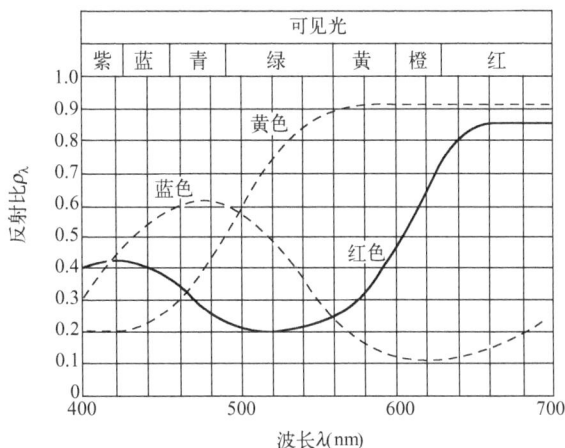

图 1.13 几种颜色的光谱反射比曲线

材料的投射性能同样用其光谱透射比表示。光谱透射比 τ_λ 定义为透射的单色光通量 $\Phi_{\lambda\tau}$ 与入射的单色光通量 $\Phi_{\lambda i}$ 之比，即

$$\tau_\lambda = \Phi_{\lambda\tau} / \Phi_{\lambda i}$$

需要指出，通常所说的反射比 ρ 和透射比 τ 都是针对色温为 5500K 的白光而言的。

1.1.3 视觉与颜色

1. 光与视觉

光射入人眼后产生视觉，使人能够看到物体的形状和颜色，感觉到物体的大小、质感和空间关系。光是视觉产生的前提和依据。

1）眼睛的构造与视觉

（1）眼睛的构造

眼睛是一个复杂而又精密的感觉器官，其构造如图1.14所示。光线进入人眼是产生视觉的第一阶段。作为一种光学器官，人眼的工作状态在很多方面与照相机相似。其中，把倒影投射到视网膜上的透镜是有弹性的，它的曲率和焦距由睫状肌控制，其控制过程就称为调节。透镜的孔径即瞳孔由虹膜控制，像自动照相机那样，在低照度下瞳孔变大，在高照度下瞳孔缩小。

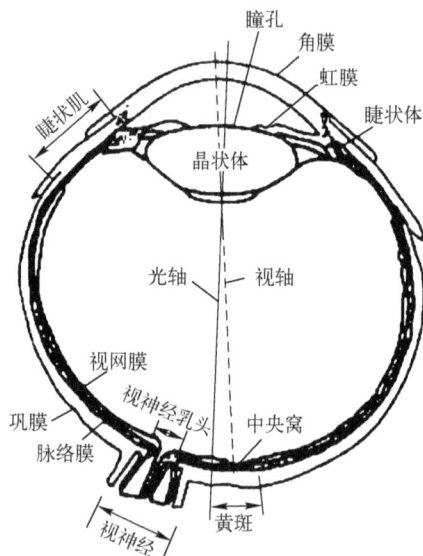

图1.14 眼睛的构造

（2）眼睛的视觉

眼睛的视觉指的是对可见光的感觉。那么，人眼是如何感觉到可见光的呢？原来在人眼的视网膜上布满了大量的感光细胞。这些感光细胞可以分为两大类，即锥状神经细胞和杆状神经细胞。两种细胞的数量都多达几百万个。锥状神经细胞以中央窝区域分布最密。柱状神经细胞则呈扇面形状分布在黄斑到视网膜边缘的整个区域内。

两种视神经细胞有各自的功能特征与分工。锥状神经细胞在明亮的环境下，对色觉和视觉敏锐度起决定作用，它能分辨出物体的细部和颜色，并对环境的明暗变化做出迅速反应。而杆状神经细胞在黑暗环境中对明暗感觉起决定作用，它虽能看到物体，但不能分辨其细部和颜色，对明暗的变化反应缓慢。

总之，人的视觉过程实际上是一种复杂的生理现象。由于杆状神经细胞和锥状神经细胞里都含有一种感光物质，当光落在视网膜上时，视细胞吸收了光能，并刺激神经末梢形成生物脉冲，通过视神经把信息传导到大脑，经大脑综合处理而产生视觉。

2）视觉特性

（1）视觉识别阈限

光刺激必须达到一定数量才能引起光的感觉。能引起光感觉的最低限度的亮度称为视觉

识别阈限，因用亮度来度量，故又称为亮度阈限。当背景亮度近似为零，而观察目标又足够大，该目标形成的视角不小于 30° 时，眼睛能识别的最低亮度称为视觉的绝对亮度阈限。绝对亮度阈限的倒数称为视觉的绝对感受性。实践证明，在充分适应黑暗的条件下，人眼的绝对亮度阈限约为 10^{-6}cd/m^2。

视觉的亮度阈限与诸多因素有关，如与目标物的大小、目标物发出光的颜色及观察时间等。目标物越小，亮度阈限越高，目标物越大，亮度阈限越低；目标物发出光的波长较长（如红光、黄光）时，亮度阈限值低，波长较短（如蓝光、紫光）时，亮度阈限值高；被观察目标呈现时间越短，亮度阈限值就越高，呈现时间越长，亮度阈限值就越低。通常是亮度越高越有利于视觉。但是当亮度超过 10^6cd/m^2 时，视网膜可能被灼伤，所以人眼只能忍受不超过 10^6cd/m^2 的亮度。

（2）视力与视觉速度

① 对比灵敏度。眼睛要辨别其背景上的目标物，就需要目标物与背景之间有一定的差异。这种差异分为颜色和亮度两方面。

把眼睛刚刚能辨别出目标物和背景之间的最小亮度差，称为临界亮度差。临界亮度差与背景亮度之比，称为目标物的临界亮度比。定义临界亮度比的倒数为对比灵敏度。

眼睛的对比灵敏度是随着照明条件和眼睛的适应情况而变化的，为了提高眼睛的对比灵敏度，就必须增加背景的亮度。

② 视力。视力与视觉条件和个人的视觉差别有关。视力的定性含义是指眼睛识别精细物体的能力。视力定量含义是指人眼能够区别两个相邻物体最小张角 D 的倒数。

国际上通常采用白底黑色的兰道尔环作为检查视力的标准视标，如图 1.15 所示。当 $D =$ 1.5mm，环心到眼睛切线的距离为 5m 时，若刚刚能识别这个缺口的方向，则视力为 1.0。若距离不变，当 $D = 3\text{mm}$ 时，则视力为 0.5；当 $D = 1\text{mm}$ 时，则视力为 1.5。

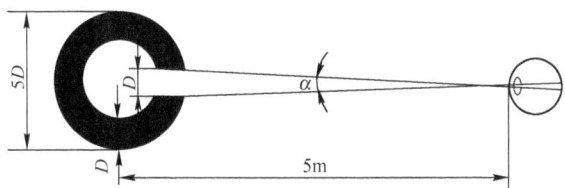

图 1.15　兰道尔环标准视标

视力与被视物体的背景亮度和亮度对比有关。当亮度对比或背景亮度增加时，都有利于视力的提高。一般在亮度对比值或背景亮度较小时，随着它们的增加，对提高视力的作用很明显，但随着亮度对比值或背景亮度值的进一步提高，这种作用将逐渐减弱。实际上，当亮度对比或背景亮度过大时，不仅不会再提高视力，反而会影响视力，甚至损伤眼睛。

③ 视觉速度。光线作用于人的视网膜并形成视觉需要一定的时间。视觉速度指的是从看到物体至识别出它的外形所需时间的倒数。

视觉速度与视角大小、亮度对比和背景亮度有关。在一定的背景亮度下，物体越大或亮度对比越大，识别速度越大；当物体尺寸一定时，视觉速度随背景亮度的增加而增加。

（3）明视觉与暗视觉

前已述及，视细胞由锥状神经细胞和杆状神经细胞所组成。这两种细胞对光的感受性是

不同的，杆状神经细胞对光的感受性很高，而锥状神经细胞对光的感受性很低。在明亮的环境下（$L \geq 10\text{cd}/\text{m}^2$），主要由锥状神经细胞参与视觉工作，这种视觉状态称为明视觉；在昏暗的环境下（$L = 10^{-2} \sim 10^{-6}\text{cd}/\text{m}^2$）主要由杆状神经细胞参与视觉工作，这种视觉状态称为暗视觉；亮度在 $10 \sim 10^{-2}\text{cd}/\text{m}^2$ 时，杆状神经细胞和锥状神经细胞同时工作，这种视觉状态称为中介视觉。

锥状神经细胞和杆状神经细胞对光的敏感性也不同，锥状神经细胞对 555nm 的光敏感性最大，杆状神经细胞对 507nm 的光敏感性最大。明视觉和暗视觉的光谱光视效率曲线可参见图 1.3。

（4）明适应与暗适应

眼睛不但在阳光下能看清物体，在月光下也能看见物体，这主要是由于锥状神经细胞和杆状神经细胞相互交换工作及瞳孔的大小变化等因素所致。这种当视觉环境内亮度有较大幅度变化时，视觉对视觉环境内亮度变化的顺应，就称为适应。

适应有明适应和暗适应两种。人从黑暗处进入明亮的环境时，最初会感觉刺眼，而且无法看清周围的景物，但过一会儿就可以恢复正常的视力，这种适应叫明适应；人从明亮的环境进入暗处时，在最初阶段将什么都看不见，逐渐适应了黑暗后，才能区分周围物体的轮廓，这种从亮处到暗处，人的视觉阈限下降的过程就称为暗适应。明适应和暗适应所需的适应时间视具体情况有长有短，一般来说明适应所需时间较短，暗适应所需时间较长。

在空间照明设计时，要考虑到人的明适应和暗适应因素，处理好过渡空间和过渡照明的设计。

（5）视野

人的视觉范围称为视野或视场。在正常情况下，人两眼的水平视场为 180°，垂直视场为 130°，水平面上方为 60°，水平面下方为 70°。如图 1.16 所示，白色区域为双眼共同视场，斜线区域为单眼视场，黑色为被遮挡的区域。

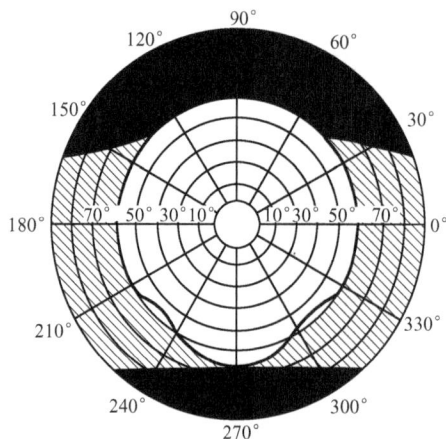

图 1.16 人眼的视场

一般情况下，人的视野将随亮度的增高而增大，但当亮度过高时，由于瞳孔的缩小反而会使视野变窄。另外，视野还随颜色、对比、物体的动或静、物体的大小及人种等不同而有所变化。

（6）视觉疲劳

长时间在恶劣的照明环境中进行工作易引起视觉疲劳。疲劳可分为全身疲劳和眼睛局部疲劳。眼睛疲劳主要表现为眼睛痛、头痛、视力下降等症状。眼睛局部的疲劳往往是全身疲劳的起因。

视觉疲劳会随着照度的增加而得以改善。当照度在500lx以下时易出现上述疲劳；当照度在500～1000lx时，随着照度的增加视觉疲劳的改善效果比较明显；当照度达1000lx以上时，对改善视功能、减少视觉疲劳的影响不大。所以，500～1000lx是绝大多数连续工作的室内工作场所理想的照度取值范围。

（7）眩光

由于视野中的亮度分布或亮度范围的不适宜，或存在极端的亮度对比，以致引起人眼的不舒适感觉或降低观察细部目标的能力的视觉现象，统称为眩光。

根据眩光对视觉的影响程度，可分为失能眩光和不舒适眩光。降低视觉功效和可见度的眩光称为失能眩光。出现失能眩光后，将会降低目标和背景间的亮度对比，使视力下降，甚至丧失视力。引起人眼不舒适的感觉，但并不一定降低视觉功效或可见度的眩光称为不舒适眩光。不舒适眩光会影响人们的注意力，时间长了就会增加视觉疲劳，这是一种常见的、又容易被忽视的眩光。

影响眩光的因素有：

① 周围环境较暗时，眼睛的适应亮度很低，即使是亮度较低的光，也会有明显的眩光；

② 光源表面或灯具反射面的亮度越高，眩光越显著；

③ 光源的发光表面越大越容易引起眩光。

另外，一个明亮光源发出的光线，被一个有光泽的表面反射入观察者眼睛，可能产生轻度分散注意力的不舒适感觉。当这种反射发生在作业面上时，就称为光幕反射；若发生在作业面以外时，就称为反射眩光。光幕反射会降低作业面的亮度对比，使目视工作效果降低，从而也就降低了照明效果。

2. 光与颜色

1）光谱能量分布

不同波长可见光的单色辐射在视觉上反映出不同的颜色。各种颜色可见光的中心波长及其光谱范围，参见表1.1。

一个光源发出的光是由许多不同波长的辐射组成的，其中各个波长的辐射能量（功率）也不同。光源的光谱辐射能量（功率）按波长的分布称为光谱能量（功率）分布，以光谱能量的任意值来表示光谱能量分布，称为相对光谱能量分布。常用照明电光源的相对光谱能量（功率）分布，如图1.17所示。

2）颜色的基本特性

物体的颜色是物体对光源的光谱辐射有选择地反射或透射对人眼所产生的感觉。

（1）颜色的形成

颜色起源于光，颜色是光作用于人的视觉神经所引起的一种感觉。因为发光体发出的光而引起人们色觉的颜色称为光源色。光的波长不同，颜色也不同（见表1.1）。通常一

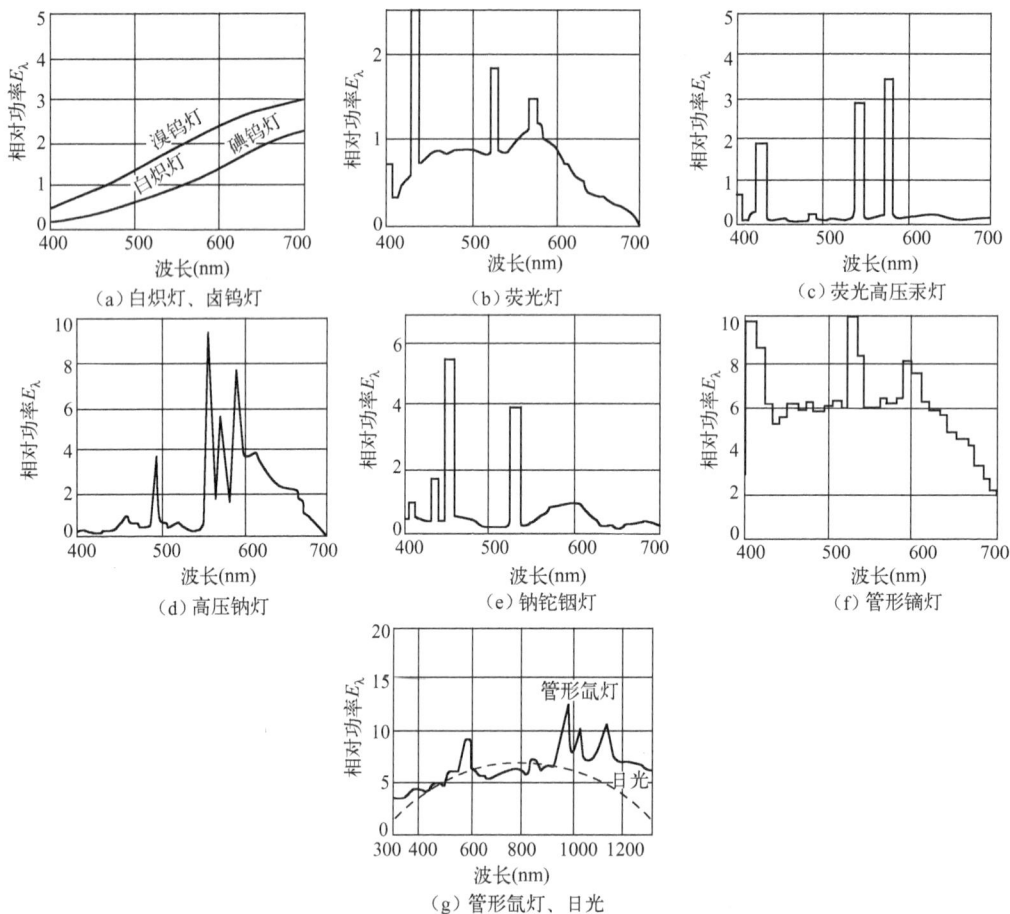

图 1.17　常用照明电光源的相对光谱能量（功率）分布

个光源发出的光是由许多不同波长单色光组成的复合光，其光源色取决于它的光谱能量分布。

非发光体的颜色称为物体的表面色，简称物体色或表面色。物体色是物体在光源照射下，其表面产生的反射光或透射光所引起的色觉。因此，物体色取决于物体表面的光谱反射比，也取决于入射光的光谱组成。如用白光照射某一表面，它吸收了白光包含的绿光和蓝光，反射红光，这一表面就呈红色；若用红光照射该表面，它将呈现出更加鲜艳的红色。

（2）颜色的基本特征

颜色可分为无彩色和有彩色两大类。无彩色是黑色、白色和介于两者之间的深浅不同的灰色，从黑色开始，依次逐渐到灰色、白色，这个系列称为黑白系列或无色系列。黑白系列之外的各种颜色属于有彩色，按照波长可以依次排列组成一个系列，称为彩色系列。

颜色具有三个基本特征，也称为颜色三要素。

① 色相。色相也叫色调或色别，反映不同颜色各自具有的相貌。红、橙、黄、绿、青、蓝、紫等颜色名称就是色相的标志。可见光谱中不同波长的光，在视觉上表现为不同的色相。各种单色光在白色背景上呈现的颜色，就是光谱色的色相。光谱色按顺序和环状形式排

列即组成色相环，色相环包括 6 个标准色以及介于这 6 个标准色之间的颜色，即红、橙、黄、绿、青、紫、红橙、橙黄、黄绿、青绿、青紫和红紫 12 种颜色，也称 12 色相。

② 明度。明度即颜色的明暗程度。它的具体含义有：不同色相的明暗程度是不同的。光谱中的各种颜色，以黄色的明度为最高，由黄色向两端发展，明度逐渐减弱，以紫色的明度为最低。同一色相在受光强弱不同时，明度也是不一样的，光越强明度越高，反之则越低。

③ 彩度。彩度又称纯度或饱和度，指颜色的深浅程度。彩色反映颜色色相的表现程度，也可反映光线波长范围的大小，可见光谱中各种单色光彩度最高，黑白系列的彩度为零，或可认为黑白系列无彩度。光谱色中加白，则彩度降低，明度提高；加黑，则彩度降低，明度也降低。

非彩色只有明度的差别，没有色调和彩度这两个特性。因此，对于非彩色，只能根据明度的差别来辨认物体；而对于彩色，可以从明度、色调和彩度三个特性来辨认物体，这就大大提高了人们识别物体的能力。

（3）颜色的混合

颜色的混合是指将两种或更多种不同的颜色混合，从而产生一种新的颜色。光源色的混合与物体色的混合有很大的不同，光源色的混合遵循加法混色，物体色的混合遵循减法混色。

① 光源色的混合。光源色的混合即加法混色。实践证明，人眼能够感知和辨认的每一种颜色都能由红、绿、蓝三种颜色匹配出来，而这三种颜色中无论哪一种都不能由其他两种颜色混合产生。因此在色度学中将红（700nm）、绿（546.1nm）、蓝（435.8nm）称为三原色。

在三原色中，若将红色光与绿色光混合可得出另一种中间色，将红、绿两种光的强度任意调节，可得出一系列的中间色，如红橙色、橙黄色、橙色、黄橙色、黄色、黄绿色、绿黄色等。当绿色光与蓝色光混合时，可得出一系列介于绿与蓝之间的中间色。蓝与红混合时，可得出一系列介于蓝与红之间的中间色。上述光色只要比例合适，相加可得出：

红色 + 绿色 = 黄色

绿色 + 蓝色 = 青色

蓝色 + 红色 = 品红色

红 + 绿 + 蓝 = 白色

② 物体色的混合。物体色的混合即减法混色。我们知道，物体表面色是由其他光源照射物体表面产生反射光，该反射光射入眼睛而引起的色觉，因此这种色觉主要取决于物体表面的光谱吸收比。为了获得真实的色觉，我们常用白光来照射物体，物体从照射在其上的白色光中吸收了哪些成分，反射了哪些成分，就形成了物体色。例如，用白光照射物体，反射在人眼中是黄色，说明物体吸收了蓝色光，反射了红色光和绿色光，从而形成黄色。

减法混色的三原色是加法混色三原色的补色，即品红、黄色和青色。以黄色为例有：

黄色 = 白色（入射光）− 蓝色（被吸收）

= 红色（反射光）+ 绿色（反射光）

= 黄色（色觉）

综上所述，减法混色与加法混色的主要区别在于，加法混色适用于光源色的混合，减法混色适用于物体色的混合。要掌握颜色混合的规律，一定要注意颜色相加混合与颜色相减混合的区别。

3. 颜色视觉与效应

人的视觉器官能够反映光的强度特性和波长特性，即所谓亮度视觉和颜色视觉。颜色是物体的属性，通过颜色视觉，人们能从外界获得更多的信息。颜色直接影响到人的情绪、心理状态，甚至工作效率。颜色还可以改变空间体量，调节空间情调。正确运用颜色对于提高室内的视觉感受，创造一个良好的视觉环境具有重要的作用。

1）颜色的物理效应

（1）温度感。颜色的温度感是人们长期生活习惯的反应。例如，人们看到红、橙、黄产生温暖感；看到青、蓝、绿产生凉爽感。通常将红、橙、黄之类的颜色称为暖色，把青、蓝、绿之类的颜色称为冷色，黑、白、灰称为中性色。

（2）重量感。重量感即通常所说的颜色的轻、重感觉。颜色的重量感主要取决于明度。明度高的色轻，明度低的色重；明度相同，彩度高的一方显轻，低的一方显重。

（3）体量感。体量感是指由于颜色作用使物体看上去比实际的大或小的感觉。从体量感的角度看，可将颜色划分为膨胀色和收缩色。由于物体具有某种颜色，使人看上去增加了体量，该颜色即属膨胀色；反之，缩小了物体的体量，该颜色则属收缩色。颜色的体量感取决于明度。明度越高，膨胀感越强；明度越低，收缩感越强。面积大小相同的色块，黄色看起来最大，其他依次为橙、绿、红、蓝、紫。

（4）距离感。明度高的色给人以前进的感觉，明度低的色给人以后退的感觉。把前者叫作前进色，后者叫作后退色。暖色属前进色，冷色属后退色；就彩度而言，彩度高的属前进色，彩度低的属后退色；在色相方面，主要颜色由前进色到后退色的排列次序是红、黄、橙、紫、绿、青。

2）颜色的心理效果

颜色的心理效果主要表现在两个方面：一是它的悦目性；二是它的情感性。它不仅能给人以美感，还能影响人的情绪，引起联想，具有某种象征作用。

不同年龄、性别、民族、职业的人，对于颜色的爱好是不同的；时期不同，人们对颜色的爱好也不同。

颜色的情感性主要表现在它能给人以联想，即能使人联想起过去的经验和知识。由于人的年龄、性别、民族、文化程度、社会经历、美学修养不同，颜色引起的联想也是不同的。颜色的联想可以是具体的，也可以是抽象的。

红色最富刺激性，意味着热情、奔放、喜悦、吉祥、活力和忠诚，也象征危险、动乱、卑俗和浮躁。

黄色为阳光之色，给人以崇高、华贵、威严、娇媚、神秘的印象，还可以使人感到光明、辉煌、灿烂、希望和喜悦。

橙色为丰收之色，具有明朗、甜美、兴奋、温暖、活跃、芳香的感觉，象征着成熟和丰美，但使用过多，易引起烦躁。

绿色为大自然之色，富有生机，象征着生命、青春、春天、健康和活力，代表着和平和安全，还给人公平、安详、宁静、智慧、谦逊的感觉。

蓝色属大海之色，使人想到深沉、远大、悠久、纯洁、理智和理想。蓝色是一种极其冷静的颜色，也容易引起阴郁、贫寒、冷淡等感觉。

紫色代表着神秘和幽雅，易使人产生高贵、优雅和庄重的感觉，也可使人想到阴暗、污秽和险恶。

白色象征着纯洁，表示和平与神圣，给人以明亮、干净、坦率、纯真、朴素、光明、神圣的感觉，也可使人想到哀怜、凄凉、虚无和冷酷。

黑色可以使人感到坚实、含蓄、庄严、肃穆，也可以使人联想起忧伤、消极、绝望、黑暗、罪恶与阴谋。

灰色具有朴实感，更多的是使人想到平凡、空虚、沉默、阴冷、忧郁和绝望。

除此之外，颜色还会引起人的生理发生变化。例如，红色能刺激神经系统，加快血液循环；橙色能产生活力，诱人食欲；黄色可刺激神经系统和消化系统；绿色有助于消化和镇静；蓝色能缓解紧张情绪，调整体内平衡；紫色对运动神经、淋巴系统和心脏系统有抑制作用等。因此，我们要正确运用各种颜色来满足人的生理和心理需求。

3）颜色的标志作用

颜色的标志作用主要体现在安全标志、管道识别、空间导向和空间识别等方面。例如，用红色表示危险、禁止、停止等；用绿色表示安全、通过、卫生等。用不同的颜色来表示安全标志，对建立正常的工作秩序、生产秩序，保证生命财产的安全，提高劳动效率和产品质量等，具有十分重要的意义。

4. 光源的显色性

光源的颜色通常用色表和显色性来衡量

1）光源的色表与色温

光源的色表指的是其表现颜色，有时又称光色，是采用 CIE1931 标准色度系统所表示的颜色性质。在照明应用领域里，常用色温或相关色温描述光源的色表。

当一个光源的颜色与黑体在某一温度时显现的光色相同时，黑体的温度即被用来表示此光源的色温。色温的单位为 K［开（尔文）］。

黑体即完全辐射体，是特殊形式的热辐射体，既不反射，也不透射，能把投射在它上面的辐射全部吸走。黑体加热到一定温度时便产生辐射。黑体辐射的光谱功率分布完全取决于它的温度，在 800～900K 温度下，黑体辐射呈红色，3000K 时呈黄白色，5000K 左右呈白色，在 8000～10000K 之间呈淡蓝色。

热辐射光源的光谱功率分布与黑体辐射非常相近，用色温来描述它的色表是很恰当的；气体放电光源的光谱功率分布形式与黑体辐射有一定的差距，只能用黑体在某一温度辐射最接近的颜色来近似地确定这类光源的色温，因此称为相关色温。部分光源的色温或相关色温如表 1.3 所示。

色温为 2000K 的光源所发出的光呈橙色，2500K 左右呈浅橙色，3000K 左右呈橙白色，4000K 时呈白中略带橙色，4500～7500K 时近似白色。

表 1.3　部分光源的色温或相关色温

光　　源	色温（K）	光　　源	色温（K）
蜡烛	1900～1950	日光	5300～5800
高压钠灯	2000	昼光（日光+晴天天空）	5800～6500
40W 白炽灯	2700	全阴天空	6400～6900
150～500W 白炽灯	2800～2900	晴天蓝色天空	10000～26000
月光	4100	荧光灯	3000～7500

　　光源色温高低会使人产生冷暖的感觉。为了调节冷暖感，可根据不同地区、不同场合，采取与感觉相反的光源来处理。如在寒冷地区宜使用低色温的暖色调光源，在炎热地区宜使用高色温冷色调光源等。表 1.4 列出了色温与感觉的关系，即光源的色表分组情况。同一色温下，照度值不同，人的感觉也不同，表 1.5 列出了同一色温下照度的变化与人的感觉的关系，即色表与照度的关系。

表 1.4　光源的色表分组

光源颜色分组	相关色温（K）	颜色特征	适用场所示例
I	<3300	暖	居室、餐厅、酒吧、客房、病房
II	3300～5300	中间	教室、办公室、阅览室、诊室、检验室、机加工、仪表装配
III	>5300	冷	设计室、计算机房、热加工车间

表 1.5　照度、色温与感觉的关系

照度（lx）	光源的色表及其效果		
	暖	中间	冷
≤500	舒适	中等	冷
500～1000	↕	↕	↕
1000～2000	刺激	舒适	中等
2000～3000	↕	↕	↕
≥3000	不自然	刺激	舒适

　　根据光源的色温和它们的光谱能量分布，常用光源的颜色特征（色调）如表 1.6 所示。

表 1.6　常用光源的色调

光　　源	色　　调	光　　源	色　　调
白炽灯、卤钨灯	偏红色光	荧光高压汞灯	浅蓝—绿色光，缺乏红色成分
日光色荧光灯	与太阳相似的白色光	金属卤化物灯	接近于日光的白色光
高压钠灯	金黄色光，红色成分偏多，蓝色成分不足	氙灯	非常接近于日光的白色光

　　2）光源的显色性
　　显色性指的是光源显现被照物体表面本来颜色（日光下呈现的颜色）的能力。物体表面颜色的显示除了取决于物体表面特征外，还取决于光源的光谱能量分布。不同光谱能量分布

的光源，显现被照物体表面的颜色也会有所不同。人们把物体在待测光源下的颜色同它在参照光源下的颜色相比的符合程度，定义为待测光源的显色性。

参照光源是能呈现出物体真实颜色的光源，一般公认中午的日光是理想的参照光源。实际上，日光的光谱组成在一天中有很大的变化，但这种变化被人眼的颜色补偿了，所以人们觉察不到物体颜色的相应变化。因此，日光作为参照光源是比较合适的。

CIE 及我国制定的光源显色评价方法，都规定相关色温低于5000K的待测光源以完全辐射体作为参照光源，它与早晨或傍晚时日光的色温相近；色温高于5000K的待测光源以组合昼光作为参照光源，它相当于中午的日光。因此就用日光或与日光极为接近的人工光源作为参照光源。

光源显色性的优劣用显色指数来表示。显色指数包括一般显色指数（符号为 R_a）与特殊显色指数（符号 R_i）两组数据。R_a 的确定方法，是以选定的一套共 8 个有代表性的色样在待测光源与参考光源下逐一进行比较，确定每种色样在两种光源下的色差 ΔE_i，然后按照约定的定量尺度，计算每一色样的显色指数：

$$R_i = 100 - 4.6\Delta E_i$$

一般显色指数是 8 个色样显色指数的算术平均值：

$$R_a = \frac{1}{8}\sum_{i=1}^{8} R_i$$

若将日光的显色指数定为最大值100，则其他光源的显色指数均低于100，具有各种颜色的物体受某光源照射后的效果若和标准光源相接近，则认为该光源的显色性好，即显色指数高。反之，若物体被照射后表面颜色出现明显失真，则说明该光源与标准光源在显色性方面存在一定的差别，即显色性差，显色指数低。

由图 1.17 可以看出，与白炽灯的光谱能量分布情况相比，荧光高压汞灯的光谱中虽然也有各色光的成分，但在光谱能量的分布中，蓝绿色光成分多而红色光成分少，因此被照物体表面呈现出青灰色，即显色性差。白炽灯的光谱能量分布较均匀，因而它的显色性较好。

国产电光源的显色指数和色温如表 1.7 所示。

表 1.7　国产电光源的显色指数和色温

光 源 名 称	色温或相关色温（K）	R_a
白炽灯（500W）	2900	95～100
荧光灯（日光色40W）	6600	70～80
荧光高压汞灯（400W）	5500	30～40
镝灯（1000W）	4300	85～95
高压钠灯（400W）	2000	20～25

应该指出，光源的色温和显色性之间没有必然的联系。因为具有不同的光谱分布的光源可能有相同的色温，但显色性却可能差别很大；同样，色温有明显区别的光源，可能具有大体相等的显色性。

1.1.4　绿色照明

绿色照明是指通过科学的照明设计，采用效率高、寿命长、安全和性能稳定的照明电器

产品（电光源、灯用电器附件、灯具、配线器材，以及调光控制器和控光器件），改善提高人们工作、学习、生活的条件和质量，从而创造一个高效、舒适、安全、经济、有益的环境并充分体现现代文明的照明。

绿色照明是节约能源、保护环境，有利于提高人们的生产、工作、学习效率和生活质量，并且保护身心健康的照明，是20世纪90年代初国际上对采用节约电能、保护环境照明系统的形象说法。绿色照明的宗旨是提高照明质量，节约资源，保护环境，以获得显著的经济效益、社会效益和环境效益。本节主要介绍绿色照明的目的和绿色照明计划等。

1. 实施绿色照明的目的

实施绿色照明的目的是节约能源、保护环境和提高照明质量。

1）节约能源

在文明高度发达的现代化社会，人类一切活动都离不开照明。伴随着人们对工作和生活居住环境的要求越来越高，照明的数量和质量将不断提高，照明用电量会不断增加。国际照明委员会的报告中，关于欧美16个发达国家1960—2000年的一组数字很能说明问题：由于照明能量效率由26lm/W增加至65lm/W（呈上升趋势），致使平均照明用电占总用电的比例从13%降至11%（呈下降趋势），但人均照明用电量却从246kWh增加至1200kWh（逐年增加）。随着照明需求的增加，能源的消耗必然会不断增加，可见照明节能是一项长期的战略方针，对地球资源的保存将起到非常重要的作用。

2）保护环境

在现代社会中，照明主要来源于电能转换的光能，而电能又主要来源于石化燃料的燃烧。由于石化燃料所产生的二氧化碳（CO_2）、氮氧化物（NO_x）等有害气体会带来地球臭氧层的破坏、气候变暖、酸雨等问题，严重污染着人类的居住环境。尤其20世纪90年代以来，全球温升问题逐步成为世人瞩目的焦点。人们开始对追求舒适、效益而消耗地球资源、破坏环境的做法进行反思，许多国家都将保护地球的可持续发展上升到了前所未有的高度，通过制定节电措施来减少温室气体的排放。绿色照明就是节约能源、保护环境的重要措施之一。据有关资料显示，每节约1kWh的电能，就可以明显地减少空气污染物（每节约1kWh的电能可减少的空气污染物的传播量如表1.8所示），进而改善了环境。由此可见，实施绿色照明、节约照明用电对于保护环境将具有重要的意义。

表1.8 每节约1kWh的电能可减少的空气污染物的传播量

燃料种类 \ 空气污染物	SO_2（g）	NO_x（g）	CO_2（g）
燃煤	9.0	4.4	1100
燃油	3.7	1.5	860
燃气	—	2.4	640

3）提高照明质量

绿色照明所倡导的节约能源和保护环境，不是以取消或减少照明来获得的，而是要以尽可能小的能量来造成所需要的视觉环境或照明效果，为此，在照明应用中必须推广使用高效节能、寿命长、安全和性能稳定的电光源、照明电器附件以及调光控制附件组成的照明系

统，在节约照明用电、减少发电对环境污染的同时，提高人们的工作和生活质量。

2. 绿色照明计划

绿色照明计划最早于 1991 年由美国环保署提出，至今实施已 20 多年了。该计划一出台，就在美国得到了迅速推广，随后得到国际社会众多国家的响应，取得了显著的效果。

1）美国绿色照明计划

美国照明用电量一般为总用电量的 20%～25%，而美国环保署实施绿色照明的目标是通过提高照明效率，减少一半照明用电量及 5% 的空气污染。美国绿色照明计划提出了一个全新的概念，即政府和私营部门之间相互合作，通过采用高效照明来提高需求侧的能源利用率（即终端节电），以节约电能、减少大气污染。

美国绿色照明计划首先吸收了 500 家大企业和国家单位为成员，取得成功后，在第一个五年间成员单位增加到 2000 多家。在实施绿色照明计划的过程中，每个成员单位必须与国家环保署签订实施备忘录，并承担以下的任务：

（1）允许调查成员单位的照明设施现状，包括总耗电量和照明质量（照度、照度均匀度、显色性、眩光等）。

（2）在 5 年内至少对该单位 90% 可能改造的照明设施进行改造，改造投资费用能在 5 年内的节约电费中回收，改造不得牺牲照明质量。

（3）在改造工程中，采用最新的照明节能标准。

（4）每个成员单位有专门的负责人负责此项工作，并每年向国家环保署汇报进展情况。

美国在实施绿色照明计划的过程中，对照明设施进行改造的主要内容如下：

（1）将白炽灯泡换成紧凑型荧光灯。

（2）将 T12 荧光灯换成三基色 T8 荧光灯。

（3）将电感镇流器换成电子镇流器。

（4）在灯具中采用新的镜面反射器。

（5）采用控制器件，如光电管、光传感器、调光器等，对照明设施进行合理的控制。

美国实施绿色照明计划的第一个五年间取得了以下显著成果：

（1）2000 多个成员单位的 5 亿平方米的场所安装了高效节能产品（相当于美国每 14 座商业建筑就有 1 座已改造）。

（2）每年减少 160 万吨温室气体的排放。

（3）每年节电 23 亿千瓦时（相当于 1300 栋近万平方米大楼的一年用电量）。

（4）节省电费 1.9 亿美元。

2）中国绿色照明工程

中国是世界上第二大能源消费国，也是世界上第二大温室气体排放国。近年来，中国的经济平均以每年近 10% 的速度发展，每年的照明用电量也以每年近 15% 的速度不断递增，照明用电约占全国总用电量的 11%～14%，这个比例还有可能继续上升。中国电力的生产有 75% 以燃煤为基础，这种局面在未来的十几年里还很难改变。为此，中国政府对节能工作非常重视，于 1996 年正式启动了"中国绿色照明工程"。

"中国绿色照明工程"是国家经贸委会同国家计委、科技部、建设部、国家质量技术监

督局等 13 个部门，在"九五"期间共同组织实施的一项重点节能示范工程，旨在我国发展和推广高效照明器具，逐步代替传统的低效照明电光源，节约照明用电，建立优质高效、经济舒适、安全可靠、有益环境和改善人们生活质量，提高工作效率，保护人们身心健康的照明环境，以满足国民经济各部门和人民群众日益增长的对照明质量、照明环境和减少环境污染的需要。

"中国绿色照明工程"自 1996 年实施以来，政府及社会各界给予了高度重视，也得到国际国内各方面的技术和经费支持。1996 年 10 月，"联合国计划开发署（UNDP）中国绿色照明工程能力开发"项目获批准，该项目向中国政府提供 99.5 万美元的技术援助，用于支持和推动"中国绿色照明工程"的启动。1996—1998 年间，国家经贸委向国内照明生产企业投入低息技术改造资金 2.2 亿元，还拨款 400 万元用于照明企业的技术升级和新产品的开发，与此同时，各地方财政也给予照明生产厂商以大力支持。1998 年 5 月，国家通过联合国计划开发署向全球环境基金（GEF）申请"国家经贸委/UNDP/GEF 中国绿色照明工程促进项目"，项目于 2000 年 8 月批准，获全球环境基金 813 万美元赠款。2000 年 3 月，国家经贸委、建设部、国家质量技术监督局以国经贸资（2000）223 号联合印发了《关于进一步推进"中国绿色照明工程"的意见》，要求对中国的绿色照明工程进一步提高认识，加强领导；完善标准，制定办法，规范市场，强化监督和管理；采取有效措施，加快高效照明电器产品的推广应用。

在国家有关部门和社会各界的大力支持和积极配合下，"中国绿色照明工程"在第一个五年间取得了明显的成效：

（1）完成用户照明节电意识和照明电器产品、元器件产品生产企业基础状况调查，摸清了照明电器行业发展及照明节能潜力的基本情况。

（2）制定并颁布 4 项高效照明电器产品国家标准（GB 16843—1997《单端荧光灯的安全要求》，GB 16844—1997《普通照明用自镇流灯的安全要求》，GB/T 17262—1998《单端荧光灯性能要求》和 GB/T 17262—1998《普通照明用自镇流灯性能要求》），并组织高效照明电器产品的监督抽查及质量分析会议，引导照明电器产品市场有序发展。

（3）组织高效照明电器产品的技术开发、项目示范及应用推广，促进了生产企业的技术进步。

（4）广泛开展照明节电的科普宣传、培训教育、国际教育、国际交流与合作，使绿色照明工程逐步得到社会的认同和支持。

3. 绿色照明与照明节能的关系

绿色照明是一项系统工程，主要是在提高系统（光源、灯具、启动设备）总效率的基础上，综合考虑照明方式、照明控制、天然光利用及加强维护管理等因素，坚持以人为本，通过科学的照明设计，来为人们创造一个高效、舒适、安全、经济、有效的工作和生活环境。

照明节能所倡导的理念是在满足所需要的视觉环境或所要达到的照明效果的前提下实施终端节电。因此，当前国际上认为，在考虑和制定照明节能政策、法规和措施时，所遵循的唯一正确的原则是：必须在保证有足够的照明数量和质量的前提下，尽可能节能。

由此可见，绿色照明和照明节能两者的目的是相同的，内容是完全统一的。

任务 1-2 照明电光源

电光源泛指各种通电后能发光的器件，而用作照明的电光源则称为照明电光源。电光源问世已 100 多年了，产品至今已经历了多次重大革新，目前电光源主要有白炽灯和卤钨灯、荧光灯和高强度气体放电灯以及场致发光灯和半导体灯，其中白炽灯和卤钨灯、荧光灯和高强度气体放电灯是重要的照明电光源，主要用于照明领域；而场致发光灯和半导体灯则主要用于指示照明灯或作为显示器件。本节主要介绍电光源的分类及性能指标、常用照明电光源和照明电光源的选用。

1.2.1 电光源的分类及性能指标

照明电光源是照明灯具的核心部分，光源的种类不同，其主要性能也不相同。了解电光源的种类及相应的性能指标是合理选择和使用电光源必不可少的基础知识。

1. 电光源的分类

电光源按其工作原理可分为固体发光光源和气体放电光源两大类，如图 1.18 所示。

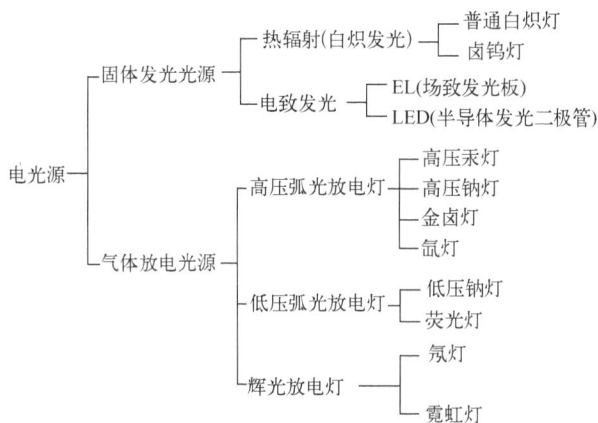

图 1.18　电光源的分类

1）固体发光光源

固体发光光源主要包括热辐射光源和电致发光光源两类。

热辐射光源是以热辐射作为光辐射的电光源，包括白炽灯和卤钨灯，其发光原理都是以钨丝为辐射体，通电后达到白炽温度，产生光辐射。

电致发光光源是直接把电能转换成光能的电光源，包括场致发光灯和半导体灯。

2）气体放电光源

气体放电光源是利用电流通过气体（或蒸气）而发光的光源，它们主要以原子辐射形式产生光辐射。

按放电形式的不同，气体放电光源可分为辉光放电灯和弧光放电灯。辉光放电灯的特点是工作时需要更高的电压，但放电电流较小，一般为 $10^{-6} \sim 10^{-1}$ A，霓虹灯属于辉光放电灯。弧

光放电灯的特点是放电电流较大，一般在 10^{-1}A 以上。照明工程广泛应用的是弧光放电灯。

弧光放电灯按管内气体（或蒸气）压力的不同，又可分为低气压弧光放电灯和高气压弧光放电灯。低气压弧光放电灯主要包括荧光灯和低压钠灯。高气压弧光放电灯包括高压汞灯、高压钠灯、金属卤化物灯和氙灯等。相比之下，高气压弧光放电灯的表面积较小，但其功率却较大，致使管壁的负荷比低气压弧光放电灯要高得多（往往超过 $3W/cm^2$），因此又称高气压弧光放电灯为高强度气体放电灯，简称 HID 灯。

（1）气体放电的全伏安特性

图 1.19 为气体放电灯工作线路，通过改变电源电压 U_0 来测量在不同放电电流 I 时的灯管电压，就可以得到气体放电灯的全伏安特性，其特性曲线如图 1.20 所示。

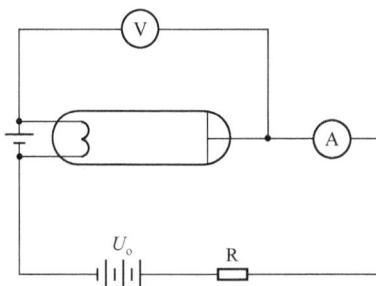

图 1.19　气体放电灯工作线路

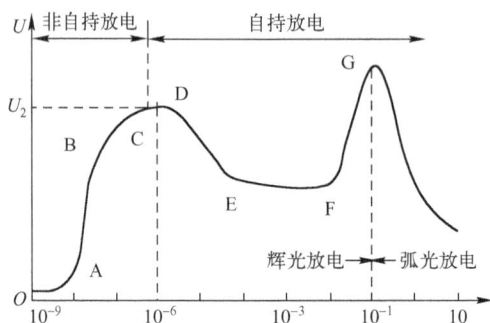

图 1.20　气体放电灯的全伏安特性曲线

图 1.20 中曲线的 OC 段是非自持放电，即如除去外致电离则电流立即停止，电流约在 10^{-6}A 以下。当放电电流增加到有足够的电荷积累后，达到着火点 D 点便可以自持放电，但稳定的自持放电是从 E 点开始的，自持放电包括辉光放电和弧光放电。大多数弧光放电灯都具有相似的伏安特性，即放电电流增大时，因电子和离子的密度增大，导电率增大，维持放电所必须的电压反而降低，致使伏安特性曲线的斜率变负（G 点之后的特性），或者说具有负的伏安特性。弧光放电的负伏安特性是一种不稳定的工作特性，若将其单独接到电源上，将会导致电流无限制地减少或增加，直到灯管熄灭或被电流击穿而损坏为止。所以，必须用具有正伏安特性的限流装置来抵消这种负伏安特性，才能保证其稳定工作。

（2）气体放电光源的主要附件

各种气体放电灯一般都配备相应的电气附件，以保证光源的启动和工作特性。放电灯常用的附件有镇流器、启辉器和补偿电容等。

① 镇流器。防止电流失控、保证放电灯在其正常的电特性下工作是镇流器的基本功能。由于镇流器具有上升的伏安特性，当回路电流增大时，镇流器的电压将增大，作用于灯管上的电压减小，因此电流便能够稳定。镇流器的种类主要有电阻镇流器、电感镇流器、电容镇流器和电子镇流器等。

电阻镇流器可用于直流电源供电的气体放电灯，但会引起较大的功率损耗，使灯的总效率降低。所以，在交流供电的情况下一般不使用电阻镇流器。

电感镇流器用于工频交流供电的气体放电灯，它不但起限流的作用，而且在启动时能产生一个高压脉冲，使灯管顺利启动；设计正确的电感镇流器能使电源电压和灯管电流之间产生 $55° \sim 65°$ 的相位差，以减少工作电流波形的畸变，从而保证放电灯能更稳定地工作。电压镇流器在工作中消耗的功率比电阻镇流器小很多，一般为灯管功率的 $10\% \sim 30\%$（功率越小，镇流器的损耗比越高），但电感镇流器会使电路的功率因数降低，一般在 $0.43 \sim 0.55$，大大增加了供电系统的无功负荷，同时线路电流较大，不仅引起电源电流波形畸变，而且增大了线路损耗，因此，建议在气体放电灯线路末端将功率因数补偿到 $0.85 \sim 0.9$。

电容镇流器一般用于高频交流电源而不适用于工频交流电源，因为在工频交流电源每半周开始时，对电容充电的启动能量在灯中会产生持续时间很短但却很有害的强峰值脉冲电流，致使灯的光通量输出具有显著的脉冲性质。但在高频电源中，电容镇流器具有很好的性能，并且需要的电容量较小，镇流器尺寸较小。

电子镇流器是 20 世纪 80 年代引进我国的，经过多年的研究和改进，目前已经大量使用了这种环保节能产品。其优点主要有：环境适应性强，在 $150 \sim 250$V 状态下均可正常工作，环境温度较低的情况下都能使灯一次快速启辉，可延长灯管使用寿命；节能效率高，电子镇流器本身损耗很小，再加上灯管工作条件改善了，故发出同样的光通量所消耗的电功率也相应减少了；功率因数高，$\cos\varphi$ 在 0.99 以上，对电网无污染，对办公设备无干扰；外形美观新颖、结构紧凑、质量小、安装方便；安全可靠性高、无闪烁、无噪声。

② 启辉器。在热阴极气体放电灯中灯丝需要加热，因此在一般的接线中用一个启辉器来自动接通和断开灯丝的加热电路。常用的启辉器是采用膨胀系数不同的双金属电极自动通断灯丝加热电路（如图 1.21 所示）。接通电源后，启辉器内在双金属片和静触头之间的气隙产生辉光放电，外壳内温度急剧升高，把弯曲的双金属片加热到 $800 \sim 1000℃$，使其变形触点闭合，接通电路对灯丝进行预热。启辉器触点闭合后，辉光放电停止，双金属片冷却，触点断开，为下一次启动做好准备。

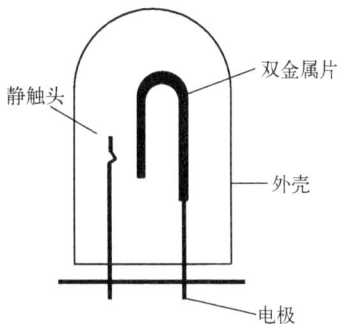

图 1.21　启辉器结构示意图

③ 补偿电容。气体放电灯电流和电压间有相位差,若串接的镇流器为电感性的,照明线路的总功率因数就会降得很低,一般为 0.33 ~ 0.52。为减少线路损耗,提高线路的功率因数,有效的措施是在镇流器的输入端接入一个适当的电容,即把它并联跨接在交流电源上,这样,电容器取得了相位超前的电流,就部分抵消了灯管电路中的滞后电流。利用电容器可方便地使功率因数得到校正,通常可将总功率因数提高到 0.85 以上。

注意高强度气体放电灯一般都需要针对各生产厂家的光源配备适合的电气配件,不宜随意选用,也不宜相互代用(如把荧光高压汞灯的镇流器用到钠灯上),否则,将会大大影响光源的启动特性、工作特性和使用寿命。

2. 照明电光源的主要性能指标

电光源的性能指标通常是用参数表示光源的光电特性,这些参数由制造厂家提供给用户,作为选择和使用光源的依据。

1)额定电压

光源的额定电压是指光源及其附件所组成的回路所需电源电压的额定值。光源只有在额定电压下工作时才具有最好的效果,才能获得各种规定的特性。因此在进行照明电气设计时,应保证供电电源的质量。

2)灯泡(灯管)功率

灯泡(灯管)在工作时所消耗的功率,是灯泡(灯管)的设计功率值。通常灯泡(灯管)按一定的额定功率等级制造,额定功率指灯泡(灯管)在额定电流下所消耗的功率。

3)光通量输出

光通量输出是指灯泡在工作时所发出的光通量,是光源的重要性能指标。通常以额定光通量来表明光源的发光能力,光源在额定电压、额定功率条件下工作时的光通量输出即为额定光通量。

光源的光通量输出与许多因素有关,但在正常使用下,光通量输出主要与点燃时间有关,点燃时间越长其光通量输出越低。大部分光源在点燃初期(100h 以内)光通量的衰减较多,随着点燃时间的增加(100h 以后)光通量的衰减速度相对减慢。因此,光源的额定光通量有两种定义方法:一种是指光源的初始光通量,即新光源刚开始点燃时的光通量输出,一般用于在整个使用过程中光通量衰减不大的光源,如卤钨灯;另一种是指光源点燃了100h 后的光通量输出,一般用于光通量衰减较大的光源,如白炽灯和荧光灯。

4)发光效率

灯泡消耗单位电功率所发出的光通量,即灯泡的光通量输出与它取用的电功率之比称为光源的发光效率,简称光效,单位是 lm/W。光效是表征光源经济效果的参数之一。

5)寿命

寿命是光源的重要性能指标,通常用点燃的小时数表示。

光源从第一次点燃起,一直到损坏熄灭为止,累计点燃的小时数称为光源的全寿命。电光源的全寿命有相当大的离散性,因此常用平均寿命和有效寿命来定义光源的寿命。

(1)平均寿命。取一组光源作试样,从一同点燃起到50%的光源试样损坏为止的累计点

燃时间的平均值就是该组光源的平均寿命。一般情况下，光通量衰减较小的光源常用平均寿命作为其寿命指标，产品样本上给出的就是平均寿命，如卤钨灯。

（2）有效寿命。有些光源（如荧光灯）的光通量在其全寿命中衰减相当显著，当光源的光通量衰减到一定程度时，虽然光源尚未损坏，但它的光效明显下降，继续使用极不经济。所以这类光源通常用有效寿命作为其寿命指标。光源从点燃起一直到光通量衰减为额定值的某一百分数（一般取 70% ~ 80%）所累计点燃小时数就称为光源的有效寿命。

6）颜色特性

光源的颜色特性包含色表和显色性，是光源的重要性能指标。

光源的色表取决于光源的色温（或相关色温），CIE 将其分为三类，即暖色调光源、中间色调光源和冷色调光源；光源的显色性取决于光源的光谱功率分布，用显色指数表示，显色指数越大，表明光源的显色性越好。

7）启燃与再启燃时间

（1）启燃时间。光源接通电源到光源的光通量输出达到额定值所需要的时间就是光源的启燃时间。热辐射光源的启燃时间一般不足 1s，可以认为是瞬时启燃的；气体放电光源的启燃时间从几秒钟到几分钟不等，取决于放电光源的种类。

（2）再启燃时间。正常工作着的光源熄灭后再将其点燃所需要的时间就是光源的再启燃时间。大部分高压气体放电灯的再起燃时间比启燃时间更长，这是因为再启燃时要求这类灯冷却到一定的温度后才能正常启燃，即增加了冷却所需要的时间。

启燃与再启燃时间影响着光源的应用范围。例如，频繁开关光源的场所一般不用启燃和再启燃时间长的光源，应急照明用的光源一般应选用瞬时启燃或启燃时间短的光源。

8）闪烁与频闪效应

（1）闪烁。用交流电点燃电光源时，在各半个周期内，光源的光通量随着电流的增减发生周期的明暗变化的现象称为闪烁。闪烁的频率较高，通常与电流频率成倍数关系。一般情况下，肉眼不宜觉察到由交流电引起的光源闪烁。

（2）频闪效应。在以一定频率变化的光线照射下，观察到的物体运动呈现静止或不同于实际运动状态的现象称为频闪效应。具有频闪效应的光源照射周期性运动的物体时会降低视觉分辨能力，严重时会诱发各种事故，所以，具有明显闪烁和频闪的光源其使用范围将受到限制。

3. 光源型号命名

我国的轻工行业标准 QB 2274—1996 规定了各种电光源产品的型号命名方法。电光源的型号命名包括 5 部分。第一部分为字母，由表示光源名称主要特征的 3 个以内词头的汉语拼音首字母组成；第二部分和第三部分一般为数字，主要表示光源的电参数；第四部分和第五部分为字母或数字，由表示灯结构特征的 1 ~ 2 个词头的汉语拼音首字母或有关数字组成。照明设计中常用的白炽光源和气体放电光源的型号命名如表 1.9 和表 1.10 所示。

型号的各部分按表 1.9 和表 1.10 所列顺序直接编排。当相邻部分同为数字时，用短横线 "－" 分开；同一部分有多组数字时，用斜线 "／" 分开；相邻同为字母时，用圆点 "·" 分开。

表 1.9　常用白炽光源的型号命名表

电光源名称	型号的组成						
	第一部分	第二部分	第三部分	第四部分		第五部分	
				代号	代表意义	代号	代表意义
普通照明灯泡	PZ	额定电压（V）	额定功率（W）	S N	磨砂 内涂白	B E	卡口 螺口
普通照明双螺旋形灯泡	PZS						
反射型普通照明灯泡	PZF					M P G	蘑菇形玻壳 P 形玻壳 球形玻壳
装饰灯泡	ZS			P G B	P 形玻壳 球形玻壳 烛形玻壳		
局部照明灯泡	JZ						
铁路信号灯泡	TX						
船用照明灯泡	CY						
飞机灯泡	FJ		额定电流（A）	—		—	—
飞机跑道灯泡	PD						
聚光灯泡	JG		额定功率（W）				
照明管型卤钨灯	LZG			Fa R	单插脚灯头 凹式灯头		

表 1.10　常用气体放电光源的型号命名表

电光源名称	型号的组成						
	第一部分	第二部分	第三部分	第四部分		第五部分	
				代号	代表意义	代号	代表意义
直管型荧光灯	YZ	额定功率（W）	—	RZ RB RD RR RN RL HO LV LA HU	中性白色 白色 白炽灯色 日光色 暖白色 冷白色 红色 绿色 蓝色 黄色	毫米数	管径
快速启动荧光灯	YK						
瞬时启动荧光灯	YS						
U 形荧光灯	YU						
环形荧光灯	YH						
普通测光标准荧光灯	YCB						
普通照明用自镇流荧光灯	YPZ	额定电压（V） 额定功率（W）	略			D —	电子式 电感式
黑光荧光灯	ZY	—	额定功率（W）	—		TZ	透紫玻璃
紫外杀菌灯	ZW					—	—
荧光高压汞灯	GGY						
低压钠灯	ND	额定功率（W）	—	LC ZL	漏磁变压器 镇流器		
照明金属卤化物灯	JLZ			KN D NTV	钪钠灯 镝灯 钠铊铟灯	T P D	管形 梨形 球形

例如，型号 PZ220 - 40S·E 表示为 220V、40W 的普通照明白炽灯泡（磨砂，螺口灯头），P—"谱（pu）"的第一个字母；Z—"照（zhao）"的第一个字母；220—灯泡的额定电压为 220V；40—灯泡的额定功率为 40W；S—玻壳为磨砂玻璃；E—灯头为螺口。而 YZ40 - RR32 表示为 220V、40W 直管形荧光灯（日光色、φ32mm 管径），Y—"荧（ying）"的第一个字母；Z—"直（zhi）"的第一个字母；40—灯管的额定功率为 40W；RR—光源的颜色特征为日光色；32—灯管的直径为 32mm。

1.2.2 常用照明电光源

在照明工程中使用的各种各样的电光源，按其工作原理可分为两大类：一类是热辐射光源，如白炽灯、卤钨灯等；另一类是气体放电光源，如荧光灯、高强度气体放电灯和氙灯等。此外，LED 灯在照明系统中的应用也越来越广泛了。

1. 白炽灯

白炽灯是最早出现的电光源，它是利用电流流过钨丝形成白炽体的高温热辐射发光。白炽灯具有构造简单、使用方便、能瞬间点燃、无频闪现象、显色性能好、容易调光、价格便宜等特点，但因热辐射中只有百分之几到百分之十几为可见光，故发光效率低，一般为 7～19lm/W。由于钨丝存在蒸发现象，故寿命较短，平均寿命为 1000h，抗震性能低。为减少钨丝的蒸发，40W 以下的灯泡为真空灯泡，40W 以上则充以惰性气体。白炽灯结构图和实物图分别如图 1.22 和图 1.23 所示。

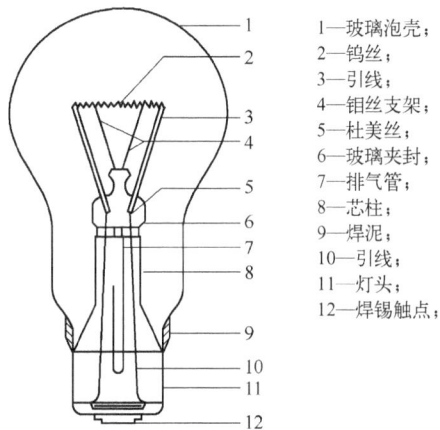

1—玻璃泡壳；
2—钨丝；
3—引线；
4—钼丝支架；
5—杜美丝；
6—玻璃夹封；
7—排气管；
8—芯柱；
9—焊泥；
10—引线；
11—灯头；
12—焊锡触点；

图 1.22　白炽灯结构图

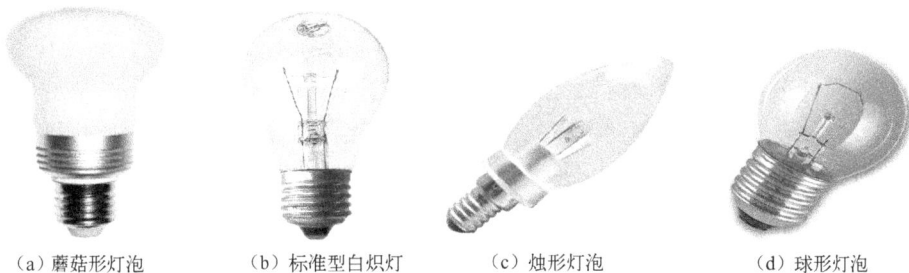

（a）蘑菇形灯泡　　　（b）标准型白炽灯　　　（c）烛形灯泡　　　（d）球形灯泡

图 1.23　白炽灯实物图

31

白炽灯用途很广，除普通白炽灯外，还有磨砂灯、漫射灯、反射灯、装饰灯、水下灯、局部照明灯。白炽灯的灯头有螺口和插口两种。普通白炽灯参数如表 1.11 所示。

表 1.11　普通白炽灯参数

灯泡型号	额定值			极限值		外形尺寸（mm）			平均寿命（h）
	电压（V）	功率（W）	光通量（lm）	功率（W）	光通量（lm）	D	螺口式灯头 L≤	插口式灯头 L≤	
PZ220 – 15		15	110	16.1	95				
PZ220 – 25		25	220	26.5	183				
PZ220 – 40		40	350	42.1	301	61	110	1085	
PZ220 – 60		60	630	62.9	523				
PZ220 – 100	220	100	1250	104.5	1075				1000
PZ220 – 150		150	2090	156.5	1797	81	175		
PZ220 – 200		200	2920	208.5	2570				
PZ220 – 300		300	4610	312.5	4057	111.5	240	—	
PZ220 – 500		500	8300	520.0	7304				
PZ220 – 1000		1000	18600	1040.5	16368	131.5	281		

注：① 灯泡可按需要制成磨砂、乳白色及内涂白色的玻壳，但其光参数允许较表中值降低使用：磨砂玻壳降低 3%，内涂白色玻壳降低 15%，乳白色玻壳降低 25%。

② 外形尺寸：D 为灯泡外径，L 为灯泡长度。

使用白炽灯的注意事项：

（1）应按额定电压使用白炽灯，因为电压的变化对白炽灯的寿命和光效影响较大。如电压高出其额定电压值 5% 时，白炽灯的寿命将缩短 50%，故电源电压偏移不宜大于 ±2.5%。

（2）白炽灯的钨丝冷态电阻比热态电阻要小得多，所以起燃时电流约为额定值的 6 倍以上。

（3）白炽灯发热的玻壳表面温度较高。其温度近似值如表 1.12 所示。

表 1.12　白炽灯玻璃壳表面温度近似值表

白炽灯额定功率（W）	15	25	40	60	100	150	200	300	500
玻壳表面温度（℃）	42	64	94	111	120	151	147.5	131	178

2. 卤钨灯

由于白炽灯的钨丝在热辐射的过程中蒸发并附着在灯泡内壁，从而使发光效率降低，寿命缩短。为减缓这一进程，人们在灯泡内充以少量的卤化物（如溴、碘），利用卤钨循环原理来提高灯的发光效率和寿命。卤钨灯结构示意图如图 1.24 所示。

卤钨循环作用是指从灯丝蒸发出来的钨在灯泡内与卤素反应形成挥发性的卤化钨，因为灯泡内壁温度很高而不能附着其上，通过扩散、对流，当到了高温灯丝附近又被分解成卤素和钨，钨被吸附在灯丝表面，而卤素又和蒸发出来的钨发生反应，如此反复使灯泡发光效率提高 30%，寿命延长 50%。为使卤钨灯泡内壁的卤化钨能处于气态而不至于有钨附着在灯泡内壁上，灯泡壁的温度要比白炽灯高很多（约 600℃），相应灯泡内气压也高，为此灯泡

（a）两端引出　　　　　　　　　　（b）单端引出

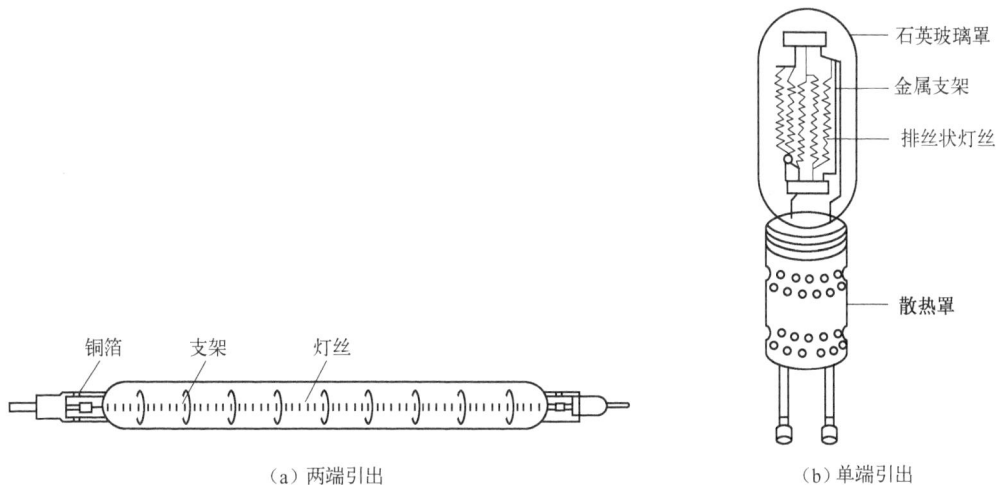

图 1.24　卤钨灯结构示意图

壳必须使用耐高温的石英玻璃。

卤钨灯的光谱能量分布与白炽灯相近似，也是连续的。卤钨灯具有体积小、功率大、能瞬间点燃、可调光、无频闪效应、显色性好、发光效率高等特点，故多用于较大空间和要求高照度的场所，如电视转播照明、摄影、绘图等场所。卤钨灯的缺点是抗震性差，在使用中应注意以下几点：

（1）为保持正常的卤钨循环，故对管形灯应水平放置，倾角范围为 ±4°。

（2）不宜靠近易燃物，连接灯脚的导线宜用耐高温导线，且接触要良好。

（3）卤钨灯灯丝细长又脆，要避免受震动或撞击，也不宜作为移动式局部照明。

3. 荧光灯

荧光灯俗称日光灯，是一种低压汞蒸气弧光放电灯。它是利用汞蒸气在外加电压的作用下产生弧光放电时发出大量的紫外线和少许的可见光，再靠紫外线激励涂覆在灯管内壁的荧光粉，从而再发出可见光来。由于荧光粉的配料不同，发出可见光的光色也不同，常见荧光灯的结构如图 1.25 所示。在真空的玻璃管体内充入一定量的稀有气体，并装入少许的汞粒，管内壁涂覆一层荧光粉。管的两端分别装有可供短时间点燃的钨丝，在荧光灯正常工作时又作为电极用。

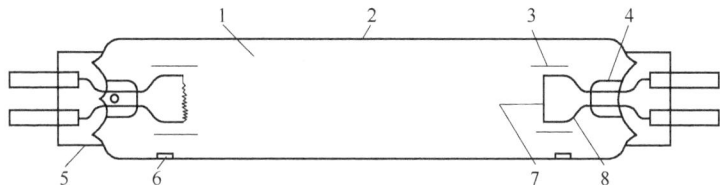

1—氩和汞蒸气；2—荧光粉涂层；3—电极屏罩；4—芯柱；5—两引线的灯帽；6—汞；7—电极；8—引线

图 1.25　荧光灯的结构

在荧光灯工作电路中常有一个称做启辉器的配件，启辉器结构如图 1.26 所示，其作用是能将电路自动接通 1～2s 后又将电路自动断开。

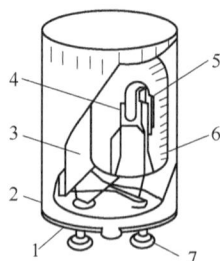

1—绝缘底座；2—外壳；3—电容器；4—静触头；5—双金属片；6—玻璃壳内充惰性气体；7—电极

图 1.26 启辉器结构图

荧光灯的工作原理如图 1.27 所示，图中 K 是启辉器，L 是镇流器（实质是一个铁芯电感线圈）。当开关 S 接通电源后，首先启辉器内产生辉光放电，致使双金属片可动电极受热伸开，使两极短接，从而有电流通过荧光灯灯丝，灯丝加热后靠涂覆在钨丝上的碱土氧化物发射电子，并使灯管内的汞气化。这时由于启辉器两极短接后辉光放电随之停止，热源消失，故在短时间（1～2s）内双金属片冷却收缩又恢复断路，就在启辉器由通路到断路的这一瞬间，由于突然断开灯丝加热电流，导致镇流器线圈电流突然减小，由 $e = -L di/dt$ 可知，在镇流器线圈两端便会感应产生很高的感应电势，这一感应电势与电源电压叠加在荧光灯管两端，瞬间使管内两极间形成很强的电场，则使灯丝发射的电子以高速从一端射向另一端，同时撞击汞蒸气微粒，促使汞蒸气电离导通产生弧光放电发出紫外线，激励荧光物发出可见光。灯管起燃后，在灯管两端就有电压降（约 100V），使启辉器上电压达不到启辉电压，而不再起作用。镇流器在灯管起燃和起燃后，都起着限制和稳定电流的作用。

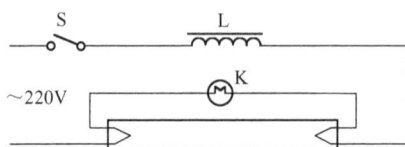

S—开关；L—镇流器；K—启辉器

图 1.27 荧光灯的工作原理图

荧光灯具有发光效率高、寿命长、表面温度低、显色性较好、光通分布均匀等特点，应用广泛。荧光灯的缺点主要有在低温环境下启动困难，而且光效显著减弱，荧光灯最佳环境温度为 20～35℃；另外，荧光灯功率因数低，约为 0.5，而且受电网电压影响很大，电压偏移太大，会影响光效和寿命，甚至不能启动。目前常用电子镇流器，利用电子电路取代电感线圈，可使功率因数提高到 0.9 以上，同时解决了荧光灯随交流电流的变化而引起的频闪现象。

20 世纪 70 年代以来，荧光灯朝细管径、紧凑型方向发展。普通直管荧光灯管径为 40.5mm 和 38mm 两种，紧凑型和细管荧光灯如图 1.28 所示。目前我国已成功地开发 T8 型 36W（26mm）荧光灯，与普通直管荧光灯相比：其显色指数达到 85～95（T12 为 55～70），光效提高到 97lm/W，使用寿命提高到 8000h。紧凑型节能荧光灯，包括单端荧光灯和普通照明自镇流荧光灯（简称节能灯），其结构有 H、U 等多种形式，使用三基色荧光粉，显色性好；其光效是白炽灯的 5～7 倍；寿命是白炽灯的 5 倍。普通直管荧光灯管型号及参

数如表 1.13 所示。

图 1.28　紧凑型和细管荧光灯

表 1.13　普通直管荧光灯管型号及参数

| 灯管型号 | 功率（W） | 光通量（lm） | 工作电压（V） | 外形尺寸（mm） | | | 灯头型号 | 平均寿命（h） |
				L 最大值	L_1 最大值	L_1 最小值	D 最大值	
YZ20RR		775							
YZ20RL	20	835	57	604	589.8	586.8	40.5		3000
YZ20RN		880							
YZ30RR		1295							
YZ30RL	30	1415	81	908.8	894.6	891.6	40.5	G13	
YZ30RN		1465							5000
YZ40RR		2000							
YZ40RL	40	2200	103	1213.6	1199.4	1196.4	40.5		
YZ40RN		2285							

注：① 型号中 RR 表示发光颜色为日光色（色温为 6500K）；RL 表示发光颜色为冷白色（色温为 4500K）；RN 表示发光颜色为暖白色（色温为 2900K）。

② 灯管使用时必须配备相应的启辉器和镇流器。

③ 外形尺寸：L 为灯管净长度，L_1 为灯管长度，D 为灯管直径。

4. 高强度气体放电灯（HID 灯）

（1）高压汞灯。高压汞灯分荧光高压汞灯、反射型荧光高压汞灯和自镇流荧光高压汞灯三种。反射型荧光高压汞灯玻璃壳内壁上镀有铝反射层，具有定向光反射性能，做简单的投光灯使用。自镇流荧光高压汞灯是利用自身的钨丝代做镇流器。荧光高压汞灯的构造和工作线路如图 1.29 所示。其工作原理是，在接通电源后，第一主电极与辅助电极间首先击穿产生辉光放电，使管内的汞蒸发，再导致第一主电极与第二主电极击穿，发生弧光放电产生紫外线，使管壁荧光物质受激励而产生大量的可见光。

高压汞灯具有光效率高、耐震、耐热、寿命长等特点。但缺点是不能瞬间点燃，启动时间长，且显色性差。电压偏移对光通输出影响较小，但电压波动过大，如电压突然降低 5%以上时，可导致灯自动熄灭，再次启动又需 5 ~ 10s，故电压变化不宜大于 5%。

（2）高压钠灯。高压钠灯是在放电发光管内充入适量的氩或氙惰性气体，并加入足够的钠，主要以高压钠蒸气放电，其辐射光波集中在人眼较灵敏的区域内，故光效高，约为荧光高压汞灯的两倍，可达 110lm/W，且寿命长，但显色性欠佳，平均显色指数为 21。电源电压

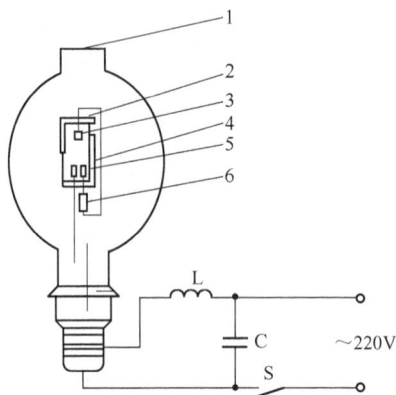

1—外泡壳；2—放电管；3、4—主电极；5—辅助电极；6—灯丝；

L—镇流器；C—补偿电容器；S—开关

图1.29 荧光高压汞灯的构造和工作线路图

的变化对高压钠灯的光电参数影响较为显著，当电压突降5%以下时，可造成灯自行熄灭，而再次启动又需约10～15s。环境温度的变化对高压钠灯的影响不显著，它能在－40～100℃范围工作。高压钠灯的构造和工作线路如图1.30所示。高压钠灯除光效高、寿命长以外，还具有紫外线辐射小、透雾性能好、耐震等特点，适用于照度要求较高的大空间照明。

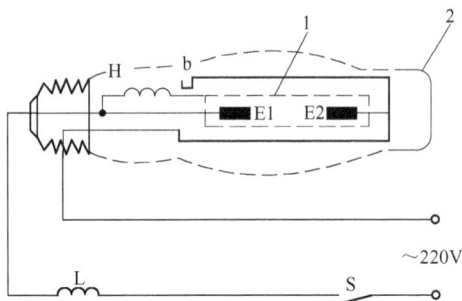

S—开关；L—镇流器；H—加热线圈；b—双金属片；E1、E2—电极；

1—陶瓷放电管；2—玻璃外壳

图1.30 高压钠灯的构造和工作线路图

（3）金属卤化物灯。它是在荧光高压汞灯的基础上为改善光色而发展起来的新一代光源，与荧光高压汞灯类似，但在放电管中，除充有汞和氩气外，另加入能发光的以碘化物为主的金属卤化物，其外形图如图1.31所示。当放电管工作时，使金属卤化物气化，靠金属卤化物的循环作用，不断向电弧提供相应的金属蒸气，使金属原子在电弧中受激发而辐射该金属卤化物的特征光谱线。选择不同的金属卤化物品种和比例，便可制成不同光色的金属卤化物灯。金属卤化物灯的构造和工作线路如图1.32所示。与高压汞灯相比，其光效更高（70～100lm/W），显色性良好，平均显色指数为60～90、紫外线辐射弱，但寿命较高压汞灯低。

这种灯在使用时需配用镇流器，1000W钠、铊、铟灯尚需加触发器启动。电源电压变化不但影响光效、管压、光色，而且电压变化过大时，灯会有熄灭现象，为此，电源电压不宜超过±5%。

图 1.31　金属卤化物灯外形图

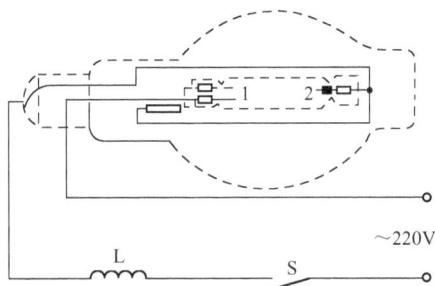

1、2—主电极；S—开关；L—镇流器

图 1.32　金属卤化物灯的构造和工作线路图

5. 氙灯

氙灯为惰性气体放电弧光灯，其光色很好。氙灯按电弧的长短又可分为长弧氙灯和短弧氙灯，其功率较大，光色接近日光，因此有"人造小太阳"之称。高压氙灯有耐低温、耐高温、耐震、工作稳定、功率较大等特点。长弧氙灯特别适合于广场、车站、港口、机场等大面积场所照明。短弧氙灯是超高压氙气放电灯，其光谱要比长弧氙灯更加连续，与太阳光谱很接近，称为标准白色高亮度光源，显色性好。

氙灯紫外线辐射强，在使用时不要用眼睛直接注视灯管，用做一般照明时，要装设滤光玻璃，安装高度不宜低于 20m。氙灯一般不用镇流器，但为提高电弧的稳定性和改善启动性能，目前小功率管形氙灯仍使用镇流器。氙灯需采用触发器启动，每次触发时间不宜超过 10s，灯的工作温度高，因此，灯座及灯头引入线应耐高温。

6. 霓虹灯

霓虹灯是一种辉光放电灯，它的灯管细而长，可以根据装饰的需要弯成各种图案或文字，用做广告或指示最为适宜。在霓虹灯电路中接入必要的控制装置，可以得到循环变化的彩色图案和自动明灭的灯光闪烁，营造一种生动活泼的气氛。

霓虹灯由电极、引入线、灯管组成。灯光的直径为 6～20mm，发光效率与管径有关。灯管抽成真空后再充入少量氩、氖、氦等惰性气体或少量汞。有时还在灯管内壁涂以各种颜色的荧光粉或各种透明材料，使霓虹灯能发出各种鲜艳的色彩。

霓虹灯的特点是高电压、小电流。一般通过设计的漏磁式变压器给霓虹灯供电。根据安全要求，一般霓虹灯变压器的二次侧空载电压不大于 15kV，二次侧短路电流比正常运行电

流高 15%～25%。

安装使用霓虹灯的注意事项：

（1）霓虹灯变压器的二次电压较高，为 6～15kV，故二次回路与所有金属构架、建筑物等必须完全绝缘。一般高压线采用单股铜线穿玻璃管绝缘，以策安全，并防止漏电。

（2）霓虹灯变压器应尽量靠近霓虹灯安装，一般安放在支撑霓虹灯的构架上，并用密封箱子作防水保护；变压器中性点及外壳必须可靠接地；霓虹灯管和高压线路不能直接敷设在建筑物或构架上，与它们至少需保持 50mm 的距离，这可用专用的玻璃支持头支撑来获得。两根高压线之间间距也不宜小于 50mm。

（3）高压线路离地应有一定的高度，以防止人体触及。

（4）霓虹灯变压器电抗大，线路功率因数低，为 0.2～0.5。为改善功率因数，需配备相应的电容器进行补偿。

7. LED 灯

LED（Light Emitting Diode），即发光二极管，是一种半导体固体发光器件，它是利用固体半导体芯片作为发光材料，当两端加上正向电压，半导体中的载流子发生复合引起光子发射而产生光。LED 可以直接发出红、黄、蓝、绿、青、橙、紫和白色的光。LED 灯如图 1.33 所示。

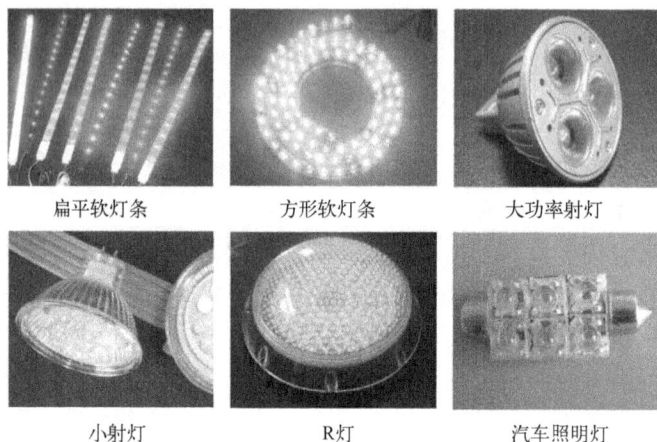

| 扁平软灯条 | 方形软灯条 | 大功率射灯 |
| 小射灯 | R灯 | 汽车照明灯 |

图 1.33　LED 灯

半导体发光二极管（LED）为第三代半导体照明光源。这种产品具有很多梦幻般优点。

（1）光效率高：光谱几乎全部集中于可见光频率，效率可以达到 80%～90%。而光效差不多的白炽灯可见光效率仅为 10%～20%。

（2）光线质量高：由于光谱中没有紫外线和红外线，故没有热量，没有辐射，属于典型的绿色照明光源。

（3）能耗小：单体功率一般为 0.05～1W，通过集群方式可以量体裁衣地满足不同的需要，浪费很少。以其作为光源，在同样亮度下耗电量仅为普通白炽灯的 1/10～1/8。

（4）可靠耐用、寿命长：没有钨丝、玻壳等容易损坏的部件，非正常报废率很小，维护费用极为低廉。光通量衰减到 70% 的标准寿命是 10 万小时。

（5）应用灵活、色彩多样：体积小，可以平面封装，易开发成轻薄短小的产品，做成点、线、面各种形式的具体应用产品。可根据要求，调出任意颜色和各种变化。

（6）安全、环保：单位工作电压为 1.5～5V，工作电流为 20～70mA，低电压、冷光源可以安全触摸，不会引起火灾；热量低、无频闪、无辐射。废弃物可回收，没有污染，不含汞元素。

（7）响应时间短：适应频繁开关及高频运作的场合。

1.2.3 照明电光源的选用

1. 电光源性能比较

目前，在照明领域里还未能制造出一种在光效、光色、寿命、显色性和性能价格比等方面都十全十美的电光源，它们的特性各不相同且各有优缺点，所以在进行照明设计时应当细心对比分析，按照实际情况择优选用。表 1.14 所示的常用照明电光源性能参数比较和表 1.15 所示的 CIE 1983 年发布的各种场所对灯性能的要求及推荐的灯，可以作为照明设计的重要依据，供设计选用光源时参考。

表 1.14 常用照明电光源性能参数比较

光源种类 特性参数	普通照明 白炽灯	管形、单 端卤钨灯	低压卤 钨灯	直管荧 光灯	紧凑型 荧光灯	荧光高 压汞灯	高压钠灯	金属卤 化物灯
额定功率范围（W）	10～1500	60～5000	20～75	4～200	5～55	50～1000	35～1000	35～3500
光效（lm/W）[1]	7.3～25	14～30		60～100	44～87	32～55	64～140	52～130
平均寿命（h）	1000～2000	1500～2000		8000～15000	5000～10000	10000～20000	12000～24000	3000～10000
相关色温（K）	2400～2900	2800～3300		2500～6500		4400～5500	1900～2900	3000～6500
一般显色指数（R_a）	95～99	95～99		70～95	>80	30～60	23～85	60～90
启动稳定时间	瞬时			1～4s	10s[3]或快速[4]	4～8min	4～8min	4～10min
再启动时间	瞬时			1～4s	10s[3]或快速[4]	5～10min	10～15min	10～15min
功率因数	1.0			0.33～0.53[5]		0.44～0.67	0.44	0.4～0.61
频闪效应	不明显			明显	明显	明显	明显	明显
表面亮度[2]	大			小	小	较大	较大	大
电压变化对光通量输出的影响	大			较大	较大	较大	大	较大
环境温度变化对光通量输出的影响	小			大	大	较小	较小	较小
耐震性能	较差	差		较好	较好	好	较好	好
所需附件	无			镇流器、启辉器[5]		镇流器	镇流器	镇流器 触发器

注：表中所列参数为 2000 年数据，随着光源技术的发展，这些参数都会变化，选择时应以当前数据为准。

① 光效为不含镇流器损耗时的数据。

② 指发光体表面的平均亮度。

③ 电感式镇流器。

④ 电子式镇流器。

⑤ 一体化紧凑型荧光灯可视为"无附件"。

表 1.15　各种场所对灯性能的要求及推荐的灯（CIE·1983）

使用场所		要求的灯性能①			推荐的灯⑤（优先选用：☆　可用：○）											
		光输出②	显色性能③	色温④	白炽灯		荧光灯				汞灯	金属卤化物灯		高压钠灯		
					I	H	S	H.C	3	C	F	S	H.C	S	I.C	H.C
工业建筑	高顶棚	高	Ⅲ/Ⅳ	1/2	○	○						○	○		○	
	低顶棚	中	Ⅲ/Ⅱ	1/2			☆					○	○			
办公室、学校		中	Ⅲ/Ⅱ/ⅠB	1/2			☆		☆	○		○	○	○	○	
商店	一般照明	高/中	Ⅱ/ⅠB	1/2	○	○	○	☆	☆	○			☆			☆
	陈列照明	中/小	ⅠB/ⅠA	1/2	☆	☆		☆								☆
饭店与旅馆		中/小	ⅠB/ⅠA	1/2	☆	☆	○	○	☆	☆			○			☆
博物馆		中/小	ⅠA/ⅠB	1/2				☆	○							
医院	诊断	中/小	ⅠB/ⅠA	1/2	☆	○			☆							
	一般	中/小	Ⅱ/ⅠB	1/2	☆	○				○						
住宅		小	Ⅱ/ⅠB/ⅠA	1/2	☆			○				☆	○			
体育馆⑥		中	Ⅱ/Ⅲ	1/2		○						☆	☆	○	☆	

注：① 各种使用场所都需要高光效的灯，不但灯的光效要高，而且照明总效率也要高，同时应满足显色性的要求，并适合特定应用场合的其他要求。

② 光输出值高低按以下分类：高输出值时大于10000lm；中输出值时为3000～10000lm；小输出值时小于3000lm。

③ 显色指数的分级如下：ⅠA级时 $R_a \geq 90$；ⅠB级时 $90 > R_a \geq 80$；Ⅱ级时 $80 > R_a \geq 60$；Ⅲ级时 $60 > R_a \geq 40$；Ⅳ级时 $40 > R_a$。

④ 色温分类如下：1类 <3300K；2类 3300～5300K；3类 >5300K。

⑤ 各种灯的符号：白炽灯（I：钨丝白炽灯；H：卤钨灯）；荧光灯（S：标准型荧光灯；H.C：高显色性荧光灯；3：三基色窄谱带荧光灯；C：小型荧光灯〈紧凑型〉）；高压钠灯（S：标准型；I.C：改显色型；H.C：高显色型）；汞灯（F：荧光高压汞灯）；金属卤化物灯（S：标准型；H.C：高显色型）。

⑥ 需要电视转播的体育照明，应满足电视演播照明的要求。

2. 电光源的选用

选用电光源时应综合考虑照明设施的要求、使用环境及经济合理性等因素。

1）按照明设施的目的和用途选择电光源

不同场所照明设施的目的和用途不同，对光源的性能要求也不相同。所以选用电光源时应首先满足照明设施对光源性能的要求。一般情况下，各种使用场所都需要高效的光源，同时还应考虑显色性、色温等其他性能的要求。

一般照明场所对显色性的要求不高，一般选用显色指数 R_a 为 40～60 的光源即可满足要求；而对显色性要求较高的场所，则一般应选用显色指数 $R_a \geq 80$ 的光源。例如，色检查、临床检查、美术馆等场所应选用 $R_a > 90$ 的光源，印刷厂、纺织厂、饭店、酒店、医院、精密加工、写字楼、住宅等场所应选用 R_a 为 80～90 的光源。

光源色温的选择，首先应考虑照明场所光环境的舒适程度和照度水平。若环境对舒适程度要求较高时，照度水平较低（低于100lx）的休息类场所，宜使用暖色调光源，给人温馨、放松的感觉；照度水平在 100～200lx 的场所，宜使用中间色调光源；照度水平较高（高于200lx）的办公阅读等场所，宜使用中间色调和冷色调光源。还应注意光源的色表与环境色彩的搭配，若要显示环境色彩固有的面貌，宜选用与日光或接近日光的光源；若要增强环境的

色调，宜选用与环境色调相类似的光源，如环境色调为木质本色，则可选用橙黄色的白炽灯作为光源增加色调。另外，在温暖气候条件下宜选用冷色调光源，在寒冷气候条件下宜选用暖色调光源，一般气候条件下宜选用中间色调光源。

此外，频繁开关灯的场所，宜选用白炽灯或卤钨灯，而不宜选用气体放电灯，因为气体放电灯开关频繁时会缩短寿命；需要连续调光的场所，宜采用热辐射光源，如白炽灯，因为除了白炽灯，其他光源要做到连续调光比较困难，成本较高；要求瞬时点燃的照明装置，如各种场所的应急照明和不能中断照明的重要场所，不能使用启动和再启动时间长的光源；美术馆展品照明不宜采用紫外线辐射量多的光源。

2）按环境的要求选择光源

不同的环境条件往往限制一些光源的使用，必须按环境许可的条件选择。例如，低温度场所不宜采用配有电感镇流器的预热式荧光灯管，以免启动困难；空调房间不宜选用发热量大的白炽灯和卤钨灯等，以减少空调用电量；电源电压波动急剧的场所不宜采用易自熄的HID 灯；机床等旋转运动设备旁的局部照明灯不宜采用具有明显频闪效应的气体放电光源；具有震动或靠近易燃物品的场所不宜采用卤钨灯。对防止电磁干扰要求严格的场所，不宜选用气体放电光源。因为气体放电光源会产生高次谐波，形成电磁干扰。

3）按投资与运行费选择光源

照明设施的初投资主要包含照明灯具和照明电气设备费用、材料费用和安装费用等。运行费则主要包括年电力费、年耗用灯泡费、照明装置的维护维修费（如清扫及更换灯泡费用等）以及折旧费等，其中电费和维护费占较大比重。通常照明装置的运行费用超过初投资。

由于光源的光效直接影响着照明灯具的数量，即投资费用，光源的寿命直接影响着维护费用，所以按经济合理原则选择光源时，不应单纯比较光源的价格，而应优先选择高光效、长寿命的电光源。因为一些高效、长寿命光源虽然价格较高，但使用数量减少，运行维护费用降低，经济上和技术上可能是合理的。

任务 1-3　照明器

由电光源、照明灯具以及其附件共同组成的照明装置称为照明器。习惯上，人们通常将照明器称为照明灯具，简称灯具。照明器除了具有固定光源、保护光源、装饰美化环境、使光源与电源可靠连接的作用外，同时还担任着对光源产生的光通量进行重新分配、定向控制以及防止光源产生眩光的重要作用。

1.3.1　照明器的特性

照明器的光源特性主要包括光强的空间分布、遮光角和光通量输出比三个重要指标。

1. 光强的空间分布

光强在空间重新分配的特性是照明器最主要的光学特性，也是进行照明计算的重要依据。

1）有关术语

（1）配光与配光特性

照明器在空间各个方向上的光强分布称为配光，即光的分配。光源本身也有配光，但把光源装入照明器以后，光源原先的配光发生了改变，这主要是照明器的配光起了作用。配光特性主要是指光源和照明器在空间各方向上的光强分布状态。配光特性可以有不同的表示方法，如数学解析式法、表格法及曲线法等。

（2）光中心与光轴

把具有一定尺寸的光源（或照明器）看做是一个点，它的光认为就是从该点发出的，该点所在的位置就称为光中心。一般发光体的光中心就是该发光体的几何中心，对敞开式以及用非透明材料制成的照明器，光中心即为出光口的中心。通过光中心的竖垂线被称为光轴，如图 1.34 所示。

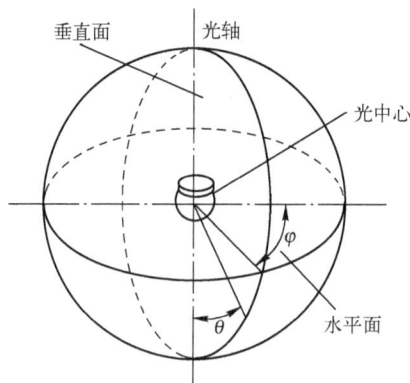

图 1.34　配光术语

（3）垂直角与垂直面

观察光中心的方向与光轴向下方向所形成的夹角称为垂直角，又称投光角，用 θ 或 γ 表示。垂直角所在的平面称为垂直面。

（4）水平角与水平面

如果选某一垂直面为基准面，那么观察方向所在的垂直面与基准垂直面之间形成的夹角就是水平角，用 φ 或 C 表示。垂直于光轴的任意平面均称为水平面。

2）照明器的配光曲线

当同样的电光源配以不同的照明器时，光源在空间各个方向产生的发光强度是不同的。描述照明器在空间各个方向光强的分布曲线称为配光曲线。配光曲线是衡量照明器光学特性的重要指标，是进行照度计算和决定照明器布置方案的重要依据。配光曲线可用极坐标法、直角坐标法、等光强曲线法来表示。

（1）极坐标配光曲线

在通过光源中心的测光平面上，测出灯具在不同角度的光强，从某一给定的方向起，以角度为函数，将各个角度的光强用矢量标注出来，连接矢量顶端的连线就是灯具配光的极坐标配光曲线。

① 对称配光曲线。就一般照明器而言，照明器的形状基本上都是相对于光轴的旋转对称体。其光强在空间的分布也是轴对称的（如白炽灯）。通过照明器的轴线，任取一测光平面，

则该平面内的配光曲线就可以表明照明器的光强在空间的对称分布状况。对称配光曲线如图 1.35 所示。

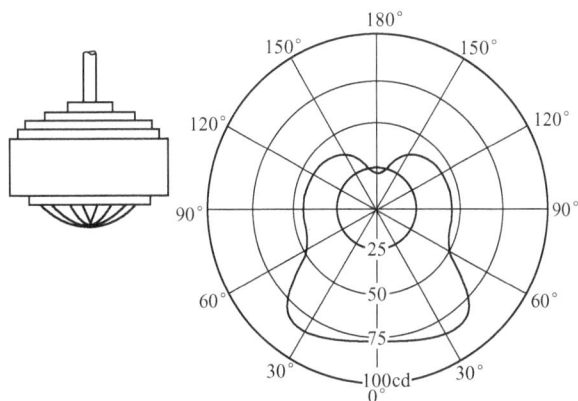

图 1.35 乳白玻璃水晶吊灯的配光曲线

② 非对称配光曲线。非对称配光特性照明器中最典型的是由直管荧光灯组成的照明器。非对称配光特性照明器的光强空间分布不再对光轴呈旋转对称。为了表明这类照明器的光强在空间的分布特性，一般选用 C_0、C_{45}、C_{90} 三个测光垂直面，至少用 C_0、C_{90} 两个垂直面的光强说明非对称照明器的空间配光情况。简式荧光灯照明器 C_0、C_{90} 平面的配光曲线，如图 1.36 所示。

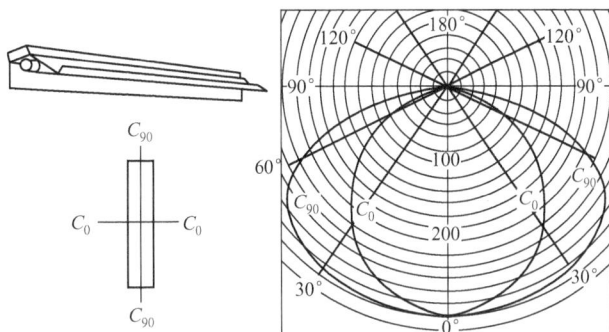

图 1.36 简式荧光灯照明器配光曲线

配光曲线上的每一点表示照明器在该方向上的光强。如果已知照明器计算点的投光角 θ，便可在配光曲线上查到照明器在该点上对应的光强 I_θ。

一般在设计手册和产品样本中给出的照明器配光曲线是统一按光通量为 1000lm 的假想光源来提供的。若实际光源的光通量不是 1000lm，可根据下面公式换算：

$$I_\theta = \Phi I'_\theta / 1000$$

式中　Φ——光源的实际光通量（lm）；

　　　I'_θ——光源的光通量为 1000lm 时，在 θ 方向上的光强（cd）；

　　　I_θ——光源在 θ 方向上的实际光强（cd）。

应该指出，不同资料对 C_0、C_{45}、C_{90} 等水平角测光垂直面的规定可能存在差异，使用中要注意加以区别。

（2）直角坐标配光曲线

对于聚光很强的投光灯，其光强集中分布在一个很小的立体空间角内，极坐标配光曲线难以

表达其光强的分布特性，因而配光曲线一般绘制在直角坐标系上，直角坐标的纵轴表示光强大小，横轴表示投光角的大小。用这种方法绘制的曲线称为直角坐标配光曲线，如图 1.37 所示。

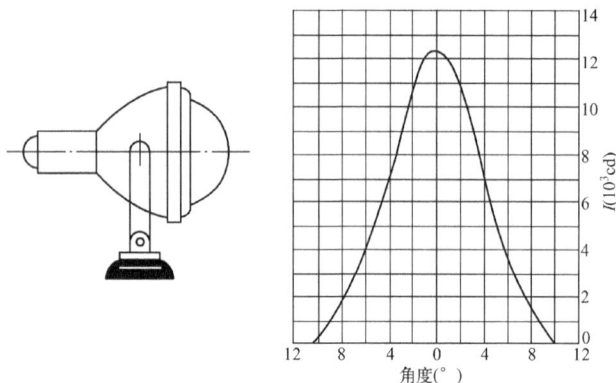

图 1.37　直角坐标配光曲线

（3）等光强配光曲线

对一般照明器来说，极坐标配光曲线是表示光强分布最常用的方法。而对于光强分布不对称的灯具，常采用等光强配光曲线表示光强。

① 圆形等光强配光曲线。为了正确、方便地表示发光体空间的光分布，假想发光体放在一球体内并向球体表面发射光，它可以表示该发光体光强在空间各方向的分布情况。

如图 1.38 所示为等面积天顶投影等光强配光曲线，该曲线给出了灯具在半球上的全部

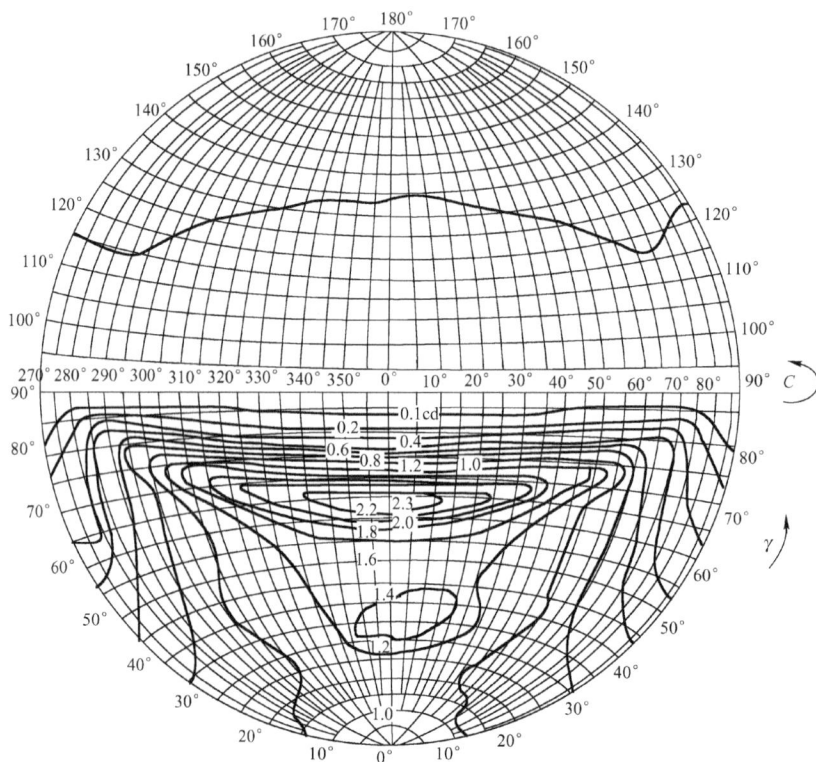

图 1.38　等面积天顶投影等光强配光曲线

光强分布。在围绕灯具的球表面上，将等光强的点连接起来即可构成圆形等光强配光曲线，并以相等的投影面积来表示相等的包围灯具的球面面积。这种等光强配光曲线在街道照明中应用较多，沿水平中心线上的角度 C 定义为路轴方向的方位角，其中 $C=0°$ 表示与道路同方向，$C=90°$ 和 $C=270°$ 表示与道路垂直的方向。沿着周围的角度 γ 表示偏离下垂线的角度，其中 $\gamma=0°$ 表示灯具垂直向下。

等面积天顶投影等光强配光曲线可用于求解街道照明灯具投影到道路表面的光通量。

② 矩形等光强配光曲线。泛光灯的光分布为窄光束，通常用矩形等光强配光曲线表示其光强分布特性，如图 1.39 左半部所示。图中角度的选择范围应与光分布的范围相符，纵坐标和横坐标上的角度分别表示垂直和水平方位。在等光强配光曲线中，可以计算出垂直和水平网格线所包围的每一个矩形内的光通量。

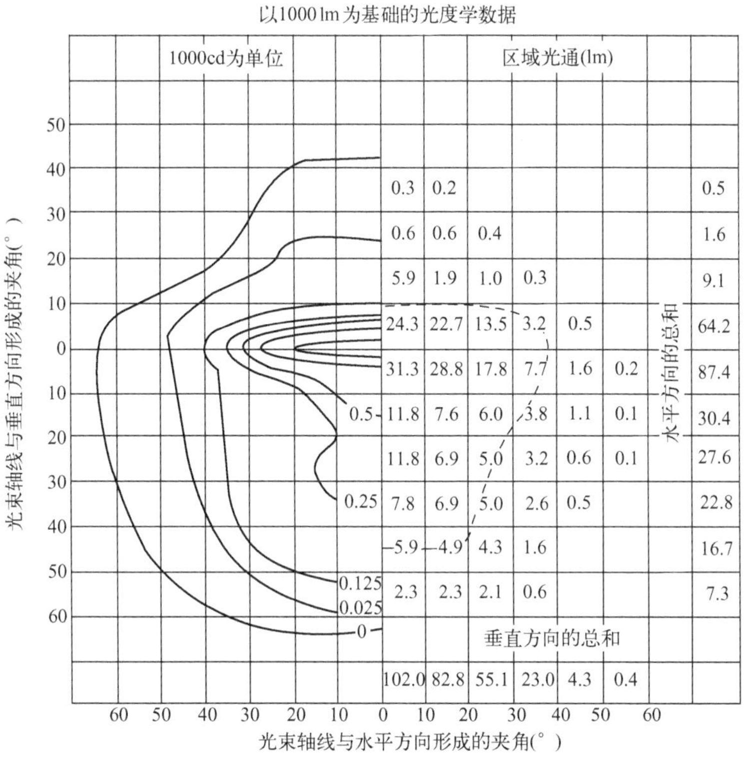

图 1.39　泛光照明等光强配光曲线与区域光通量

（4）列表法和解析式法

照明器配光特性的表示方法除了以上介绍的几种外，还可以采用列表法和解析式法表示。

① 列表法。配光特性用列表形式表示，它与极坐标表示法是完全一样的，只是将曲线用表中数值表示而已。在实际应用中两者结合使用，可能会使光强估算值更精确一些。如表 1.16 所示为 GC5 型深照型工厂灯的配光特性。

表 1.16　GC5 型深照型工厂灯的配光特性（1000lm）

θ（°）	0	10	20	30	40	50	60	70	80	90
I_θ（cd）	171	149	143	143	143	142	130	90	40	0

② 解析式法。为了使照明计算标准化，并促进照明器的外观及其光强分布趋向规范化，英国 CIBS 提出了 10 种标准理论光强分布。表 1.17 列出的 10 种理论光强分布的配光函数，即为解析式法表示的配光特性，相应的配光曲线如图 1.40 所示。这也是以照明器内光源光通量输出为 1000lm 为制图依据的。

表 1.17　英国 CIBS 标准理论配光特性

类　别	配光函数	类　别	配光函数	类　别	配光函数	类　别	配光函数
BZ—1	$I_\theta = I_0 \cos^4\theta$	BZ—4	$I_\theta = I_0 \cos^{1.5}\theta$	BZ—7	$I_\theta = I_0(2 + \cos\theta)$	BZ—9	$I_\theta = I_0\ (1 + \sin\theta)$
BZ—2	$I_\theta = I_0 \cos^3\theta$	BZ—5	$I_\theta = I_0\cos\theta$	BZ—8	$I_\theta = I_0$	BZ—10	$I_\theta = I_{90°}\sin\theta$
BZ—3	$I_\theta = I_0 \cos^2\theta$	BZ—6	$I_\theta = I_0\ (1 + 2\cos\theta)$				

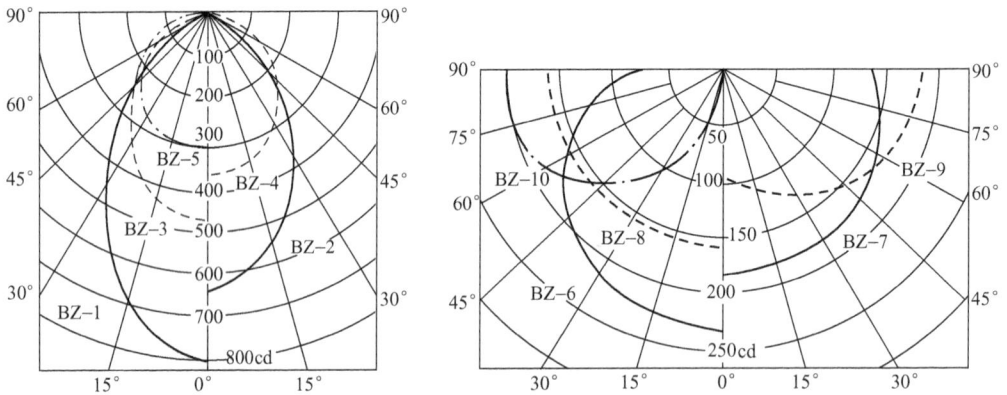

图 1.40　英国 CIBS 标准理论配光曲线

2. 遮光角

照明器的遮光角又称为保护角，指的是灯具出光沿口遮蔽光源发光体使之完全看不见的方位与水平线的夹角，以 α 表示。在此遮光角范围内光源的光线被遮挡，避免了直射眩光。

对于一般照明器，遮光角指的是灯丝（发光体）最低点（或最边缘点）与灯具沿口的连线，与出光沿口水平线的夹角，如图 1.41 所示。对于荧光灯来说，由于它本身的表面亮度低，一般不宜采用半透明的扩散材料制成灯罩来限制眩光，而采用铝合金（或不锈钢）格栅来有限地限制眩光。格栅的遮光角定义为一个格片底边看到下一个格片顶部的连线与水平线之间的夹角，如图 1.42 所示。不同形式的格栅遮光角是不同的；即使同一格栅，因观察方位不同，其值也会不同。在图 1.42 中，沿长方形格栅的长度、宽度、对角线三个方向上的遮光角应分别取值。

一般地，格栅的遮光角越大，光强分布就越窄，效率也就越低；反之，遮光角越小，光强分布就越宽，效率也就越高。而防止眩光的作用却与遮光角的大小成正比。对于一般办公室照明，格栅遮光角的横轴方向（垂直灯管）通常取为 45°，纵轴方向（沿灯管长方向）取为 30°；对于商店照明，格栅遮光角横轴方向应取 25°，纵轴方向取 15°。

（a）透明灯泡　　　　　　　　　　（b）乳白灯泡

（c）双管荧光灯下方敞口控照型照明器　　（d）双管荧光灯下口透明控照型照明器

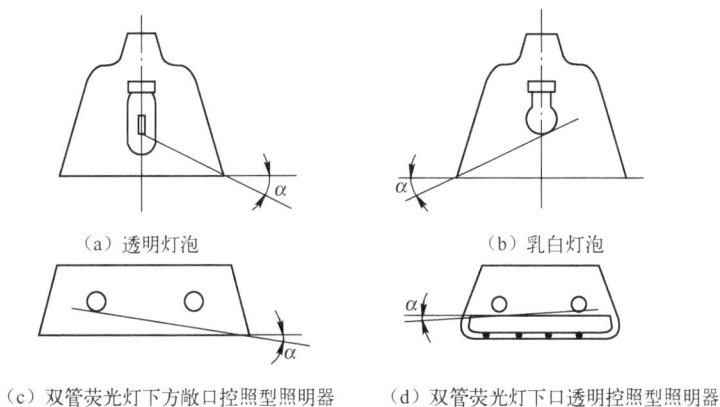

图 1.41　一般照明器的遮光角

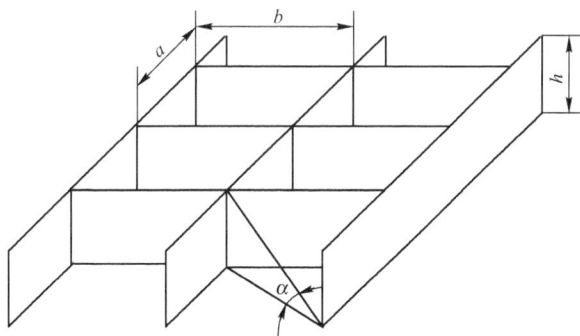

图 1.42　格栅型荧光灯的遮光角

3．光通量输出比

照明器的光通量输出比又称为照明器的效率，指的是在规定条件下，照明器发出的光通量 Φ_2 与照明器内的全部光源所发出的总光通量 Φ_1 之比。照明器效率与选用照明器材料的反射率或透射率以及照明器的形状有关。照明器效率用 η 表示，即

$$\eta = \Phi_2 / \Phi_1$$

照明器效率表明照明器对光源所发光通量的利用程度，照明器效率越高，光源光通量的利用率就越高。在选择照明器时，根据照明场所的情况和要求，应尽可能选用效率较高的照明器。

敞开式照明器的效率取决于照明器开口面积与反射罩面积的比值。为了尽量减少灯光在照明器内部的损失，要求该比值越大越好。反射罩的形状不应该造成灯光在灯罩内出现多次反射。照明器效率一般应在 0.8 以上。

1.3.2　照明器的分类

照明器的分类方法很多，本节主要介绍以下 4 种常用分类方法。

1. 按安装方式和用途分类

1）按安装方式分类

照明器按照安装方式可以分为悬吊式、吸顶式、壁装式、嵌入式、落地式、台式、地脚灯以及发光顶棚、高杆灯、庭院灯、移动式、疏散指示灯、应急灯、建筑临时照明等。部分常见安装方式的照明器如图 1.43 所示，它们的特点和用途如表 1.18 所示。

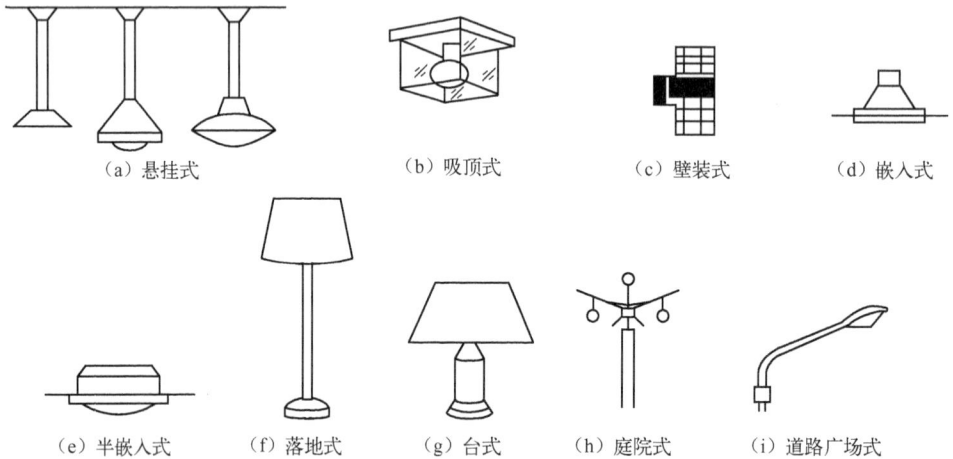

（a）悬挂式　　　　（b）吸顶式　　　　（c）壁装式　　　（d）嵌入式

（e）半嵌入式　　（f）落地式　　（g）台式　　（h）庭院式　　（i）道路广场式

图 1.43　照明器按照安装方式分类

表 1.18　各种安装方式照明器的特点和用途

安装方式	特　　点
壁灯	安装在墙壁上、庭柱上，用于局部照明、装饰照明或没有顶棚的场所的照明
吸顶灯	将照明器吸附在顶棚面上，主要用于没有吊顶的房间。吸顶式的光带适用于计算机房、变电房等
嵌入式	适用于有吊顶的房间，照明器是嵌入在吊顶内安装的，可以有效消除眩光。与吊顶结合能形成美观的装饰艺术效果
半嵌入式	将照明器的一半或一部分嵌入顶棚，其余部分露在顶棚外，介于吸顶式和嵌入式之间，适用于顶棚吊顶深度不够的场所，在走廊处应用较多
吊灯	最普通的一种照明器的安装形式，主要利用吊杆、吊链、吊管、吊灯线来吊装照明器
地脚灯	主要作用是照明走廊，便于人员行走，应用在医院病房、公共走廊、宾馆客房、卧室等
台灯	主要放在写字台上、工作台上、阅览桌上，作为书写阅读使用
落地灯	主要用于高级客房、宾馆、带茶几沙发的房间，以及家庭的床头或书架旁
庭院灯	灯头或灯罩多数向上安装，灯管和灯架多数安装在庭院地坪上，特别适用于公园、街心花园、宾馆以及机关学校的庭院内
道路广场灯	主要用于夜间的通行照明。广场灯用于车站前广场、机场前广场、港口、码头、公共汽车站广场、立交桥、停车场、集合广场、室外体育场等
移动式灯	用于室内外移动性的工作场所，以及室外电视、电影的摄影等场所
自动应急照明灯	适用于宾馆、饭店、医院、影剧院、商场、银行、邮电、地下室、会议室、动力站房、人防工程、隧道等公共场所，可以作应急照明、紧急疏散照明、安全防灾照明等

2）按照明器用途分类

照明器根据用途可分为实用性照明器和装饰性照明器。

（1）实用性照明器。实用性照明器指符合高效率和低眩光的要求，并以照明功能为主的

照明器。实用性照明器首先考虑实用功能，其次再考虑装饰效果。大多数常用照明器为实用性照明器，如民用照明器、工矿照明器、舞台照明器、车船照明器、街道照明器、障碍标志性照明器、应急事故照明器、疏散指示照明器、室外投光照明器和陈列室用的聚光照明器等。

（2）装饰性照明器。装饰性照明器的作用主要是美化环境、烘托气氛，首先应该考虑照明器的造型和光线的色泽，其次再考虑照明器的效率和限制眩光。装饰性照明器一般由装饰性零部件围绕着电光源组合而成，如豪华的大型吊灯、草坪灯等。如图 1.44 所示给出了几种室内装饰性照明器。

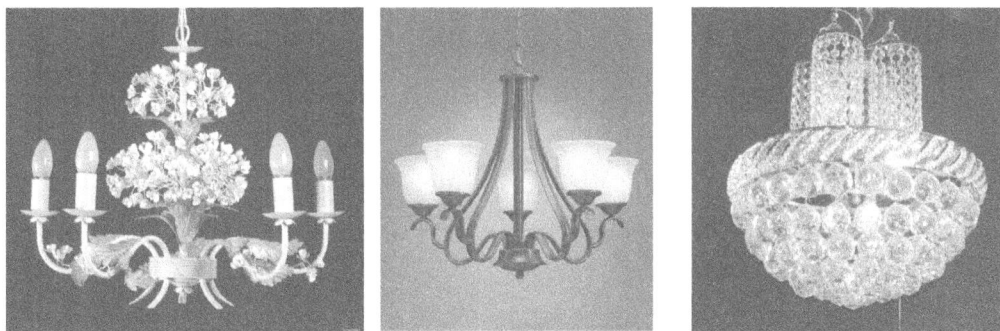

图 1.44　室内装饰性照明器

2. 按外壳结构和防护等级分类

1）按照明器外壳结构分类

照明器按外壳的结构特点分类如图 1.45 和表 1.19 所示。

表 1.19　按照明器结构特点分类

结　构	特　点
开启型	光源与外界空间直接接触（无罩）
闭合型	透明罩将光源包合起来，但内外空气仍能自由流通
密闭型	透明罩固定处加严密封闭，与外界隔绝相当可靠，内外空气不能流通
防爆型	符合《防爆电气设备制造检验规程》的要求，能安全地在有爆炸危险性介质的场所使用，有安全型和隔爆型；安全型在正常运行时不产生火花电弧，或把正常运行时产生火花电弧的部件放在独立的隔爆室内；隔爆型在照明器的内部产生爆炸时，火焰通过一定间隙的防爆面后，不会引起照明器外部的爆炸
防震型	照明器采取防震措施，安装在有震动的设施上

2）按照明器外壳防护等级分类

为了防止固体异物触及或沉积在照明器带电部件上引起触电、短路等危险，防止雨水等进入照明器内造成危险，照明器具有多种外壳防护方式起到保护电气绝缘和光源的作用。目前采用特征字母"IP"后面跟两个数字来表示照明器的防尘、防水等级。第一个数字表示对

人、固体异物或尘埃的防护能力，第二个数字表示对水的防护能力，详细说明如表1.20和表1.21所示。

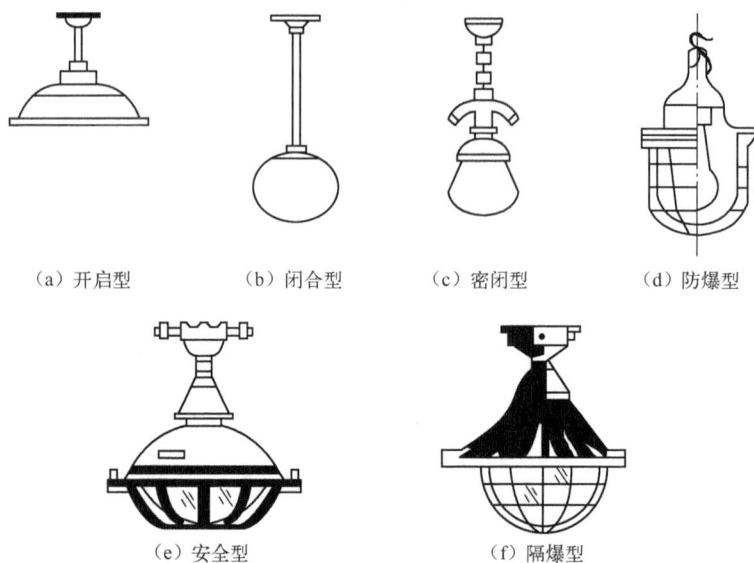

（a）开启型　　　（b）闭合型　　　（c）密闭型　　　（d）防爆型

（e）安全型　　　　　　　　（f）隔爆型

图1.45　照明器按外壳结构特点分类

表1.20　防护等级特征字母IP后面第一位数字的意义

数　字	防护范围	说　　明
0	无防护	对外界的人或物无特殊的防护
1	防止直径大于50mm的固体外物侵入	防止人体（如手掌）因意外而接触到灯具内部的零件，防止较大尺寸（直径大于50mm）的外物侵入
2	防止直径大于12mm的固体外物侵入	防止人的手指接触到灯具内部的零件，防止中等尺寸（直径大于12mm）的外物侵入
3	防止直径大于2.5mm的固体外物侵入	防止直径或厚度大于2.5mm的工具、电线及类似的小型外物侵入而接触到灯具内部的零件
4	防止直径大于1.0mm的固体外物侵入	防止直径或厚度大于1.0mm的工具、电线及类似的小型外物侵入而接触到灯具内部的零件
5	防止外物及灰尘	完全防止外物侵入，虽不能完全防止灰尘侵入，但灰尘的侵入量不会影响灯具的正常运作
6	防止外物及灰尘	完全防止外物及灰尘侵入

表1.21　防护等级特征字母IP后面第二位数字的意义

数　字	防护范围	说　　明
0	无防护	对水或湿气无特殊的防护
1	防止水滴侵入	垂直落下的水滴（如凝结水）不会对灯具造成损坏
2	倾斜15°时，仍可防止水滴侵入	当灯具由垂直倾斜至15°时，滴水不会对灯具造成损坏

续表

数 字	防护范围	说 明
3	防止喷洒的水侵入	防雨或防止与垂直的夹角小于60°的方向所喷洒的水侵入灯具而造成损坏
4	防止飞溅的水侵入	防止各个方向飞溅而来的水侵入灯具而造成损坏
5	防止喷射的水侵入	防止来自各个方向由喷嘴射出的水侵入灯具而造成损坏
6	防止大浪侵入	装设于甲板上的灯具,可防止因大浪的侵袭而造成的损坏
7	防止浸水时水的侵入	灯具浸在水中一定时间或水压在一定的标准以下,可确保不因浸水而造成损坏
8	防止沉没时水的侵入	灯具无限期沉没在指定的水压下,可确保不因浸水而造成损坏

显然,在防尘能力和防水能力之间存在一定的依赖关系,也就是说第一个数字和第二个数字间有一定的依存关系,其可能的组合如表1.22所示。

表1.22 IP后面两位数字可能的组合

可能配合的组合		第二位特征数字								
		0	1	2	3	4	5	6	7	8
第一位特征数字	0	IP00	IP01	IP02						
	1	IP10	IP11	IP12						
	2	IP20	IP21	IP22	IP23					
	3	IP30	IP31	IP32	IP33	IP34				
	4	IP40	IP41	IP42	IP43	IP44				
	5	IP50				IP54	IP55			
	6	IP60					IP65	IP66	IP67	IP68

例如,能防止直径大于1mm的固体异物进入内部,并能防溅水的照明器其代号表示为IP44。如仅需用一个特征数字表示防护等级,被省略的数字必须用字母X代替,如IPX5(防喷水)或IP6X(无尘埃进入)等。照明器外壳防护等级至少为IP2X,防护等级IP20的照明器不需要标上标记。

3. 按防触电保护分类

为了保证电气安全,照明器所有带电部分必须采用绝缘材料等加以隔离。照明器的这种保护人身安全的措施称为防触电保护,根据防触电保护方式,照明器可分为0、Ⅰ、Ⅱ和Ⅲ4类,每一类照明器的主要性能及其应用情况如表1.23所示。

从电气安全角度看,0类照明器的安全保护程度低,Ⅰ、Ⅱ类较高,Ⅲ类最高。在照明设计时,应综合考虑使用场所的环境、操作对象、安装和使用位置等因素,选用合适类别的照明器。在使用条件或使用方法恶劣的场所应使用Ⅲ类照明器,一般情况下可采用Ⅰ类或Ⅱ类照明器。

表1.23 照明器的防触电保护分类

照明器等级	照明器主要性能	应用说明
0类	依赖基本绝缘防止触电,一旦绝缘失效,靠周围环境提供保护,否则,易触及部分和外壳会带电	安全程度不高,适用于安全程度好的场合,如空气干燥、尘埃少、木地板等条件下的吊灯、吸顶灯

照明器等级	照明器主要性能	应用说明
Ⅰ类	除基本绝缘外，易触及的部分及外壳有接地装置，一旦基本绝缘失效时，不致有危险	用于金属外壳的照明器，如投光灯、路灯、庭院灯等
Ⅱ类	采用双重绝缘或加强绝缘作为安全防护，无保护导线（地线）	绝缘性好，安全程度高，适用于环境差、人经常触摸的照明器，如台灯、手提灯等
Ⅲ类	采用特低安全电压（交流有效值不超过50V），灯内不会产生高于此值的电压	安全程度最高，可用于恶劣环境，如机床工作灯、儿童用灯等

4. 按照明器的配光特性分类

1）按光通量在上、下空间分布的比例分类

照明器按光通量在上、下空间分布的比例可分为直接型、半直接型、漫射型、半间接型、间接型等。照明器按光通量在上、下空间分布的比例分类如表1.24所示。

表1.24　照明器按光通量在上、下空间分布的比例分类

类型		直接型	半直接型	漫射型	半间接型	间接型
光通量分布特性（占照明器总光通量）	上半球	0%～10%	10%～40%	40%～60%	60%～90%	90%～100%
	下半球	100%～90%	90%～60%	60～40%	40%～10%	10%～0%
特点		光线集中，工作面上可获得充分照度	光线能集中在工作面上，空间也能得到适当照度，比直接型眩光小	空间各个方向光强基本一致，可达到无眩光	增加了反射光的作用，使光线比较均匀柔和	扩散性好，光线柔和均匀。避免了眩光，但光的利用率低
示意图						

（1）直接型。光源的全部或90%以上光通量直接投射到被照物体上。特点是亮度大，光线集中，方向性强，给人以明亮、紧凑的感觉；效率高，但容易产生强烈的眩光与阴影。例如，装设有反光性能良好的不透明灯罩、灯光向下直射到工作面的筒灯、点射灯等，如图1.46所示。直接型照明器常用于公共厅堂（超市、仓库、厂房）或需局部照明的场所。

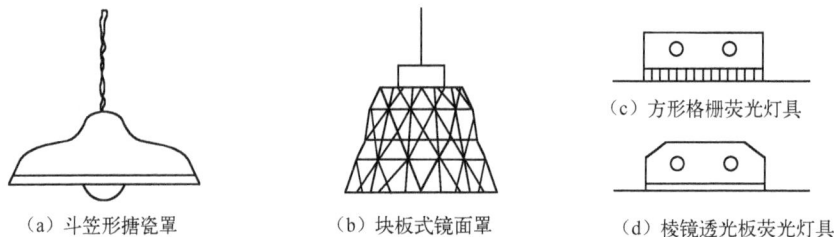

（a）斗笠形搪瓷罩　　　（b）块板式镜面罩　　　（c）方形格栅荧光灯具

（d）棱镜透光板荧光灯具

图1.46　直接型照明器

（e）下射灯（普通灯泡）　　　（f）下射灯（反射型灯）　　　（g）镜面反射罩，单向格栅荧光灯具

（h）点射灯（装在导轨上）

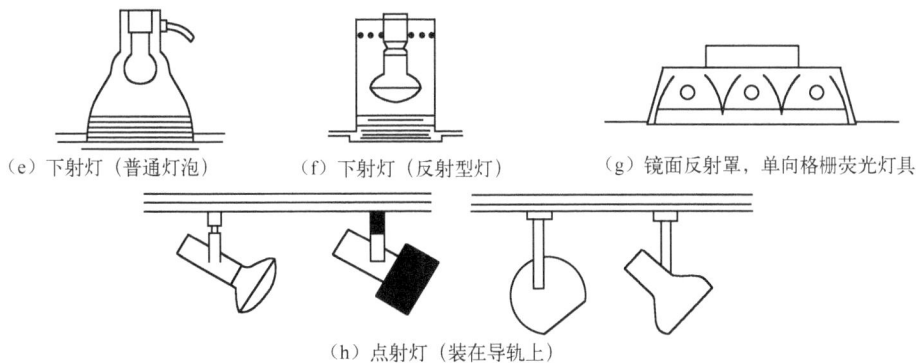

图 1.46　直接型照明器（续）

（2）半直接型。光源的 60%～90% 光通量直接投射到被照物体上，而有 10%～40% 经过反射后再投射到被照物体上。它的亮度仍然较大，但比直接照明柔和，能够改善房间内的亮度对比。用半透明的塑料和玻璃做灯罩的灯，都属此类，如图 1.47 所示。常用于办公室、卧室、书房等。

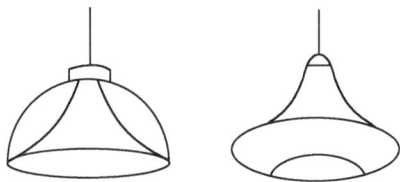

图 1.47　半直接型照明器

（3）漫射型。利用半透明磨砂玻璃、乳白色的玻璃制成封闭式的灯罩，造型美观，使光线形成多方向的漫射。其光线柔和，有很好的艺术效果，但是光的损失较多，光效较低，适用于起居室、会议室和一些大的厅堂照明，如典型的乳白玻璃球形灯等，如图 1.48 所示。

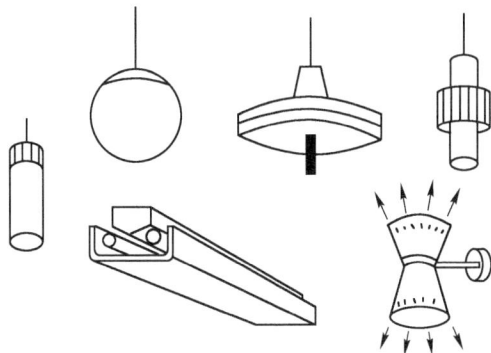

图 1.48　漫射型照明器

（4）半间接型。这类照明器上半部用透明材料、下半部用漫射投光材料制成，由于上半部光通量的增加，增强了室内反射光的照明效果，使光线更加均匀柔和，但在使用过程中，

上部很容易积灰尘，从而影响照明器的效率。

（5）间接型。光源90%以上的光先照到墙上或顶棚上，再反射到被照物体上，光线柔和，无眩光和明显阴影，使室内具有安详、平和的气氛，适用于卧室、起居室等场所照明。例如，灯罩朝上开口的吊灯、壁灯及室内吊顶照明等都属于此类，如图1.49所示。

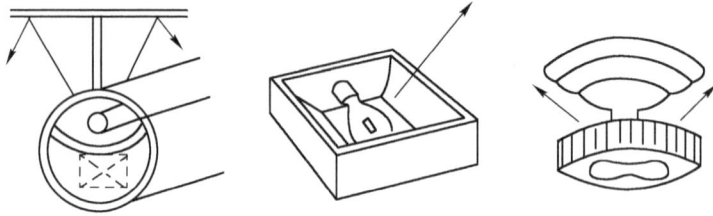

图1.49　间接型照明器

2）按配光特性分类

（1）直接型照明器按配光曲线分类。带有反射器的直接型照明器，其光强分布范围较大，具体分类方法如表1.25所示。

表1.25　直接型照明器按配光曲线分类

类　　别	特　　点
正弦分布型	光强是角度的函数，在 $\theta = 90°$ 时，光强最大
广照型	最大的光强分布在较大的角度处，可在较为广阔的面积上形成均匀的照度
均匀配照型	各个角度的光强基本一致
配照型	光强是角度的余弦函数，在 $\theta = 0°$ 时，光强最大
深照型	光通量和最大光强值集中在 $\theta = 0° \sim 30°$ 所对应的立体角内
特深照型	光通量和最大光强值集中在 $\theta = 0° \sim 15°$ 所对应的立体角内

（2）投光灯（泛光灯）按光束角分类。投光灯是利用反射器和折射器在限定的立体角内获得高光强的灯具，是泛光灯、探照灯和聚光灯（射灯）的统称。

泛光灯是指光束发射角（即光束宽度，简称光束角）大于10°的投光灯，通过转动可以指向任意方向。探照灯通常采用具有直径大于0.2m的出光口并产生近似平行光束的高光强投光灯。聚光灯（射灯）通常是具有直径小于0.2m的出光口并形成一般不大于20°发射角的集中光束的投光灯。其分类方法和用途如表1.26所示。

表1.26　投光灯按光束角分类

编号	光束名称	光束角（°）	最低光束角效率（%）	适　用　场　所
1	特狭光束	10～18	35	远距离照明、细高建筑立面照明
2	狭光束	18～29	30～36	足球场四角布灯照明、垒球场、细高建筑立面照明
3	中等光束	29～46	34～45	中等高度建筑立面照明
4	中等光束	46～70	38～50	较低高度建筑立面照明
5	宽光束	70～100	42～50	篮球场、排球场、广场、停车场
6	很宽光束	100～130	46	低矮建筑立面照明，货场、建筑工地
7	特宽光束	>130	50	低矮建筑立面照明

（3）道路照明器按光强分布分类。道路照明器按光强分布分成截光型、半截光型、非截光型三类。截光型照明器由于严格限制水平光线，给人的感觉是"光从天上来"，几乎感觉不到眩光，同时可以获得较高的路面亮度。非截光型照明器不限制水平光，眩光严重，但它能把接近水平的光照射到周围的建筑物上，看上去有一种明亮感。半截光型介于截光型与非截光型之间，给人的感觉是"光从建筑物来"，有眩光但不太严重，横向光线也有一定的延伸。一般道路照明主要选择截光型和非截光型照明器。道路照明器按光强分布分类及其适用场所如表 1.27 所示。

表 1.27　道路照明器按光强分布分类及其适用场所

分　类	最大光强方向	在指定角度方向上所发出的光强最大允许值		光 学 性 能	适 用 场 所
		90°	80°		
截光型	0°～65°	10cd/1000lm	30cd/1000lm	属窄配光灯具，对道路轴向的光作了严格限制，即使周围环境是暗的情况也感觉不到眩光	用于快速路、主干路和郊外的重要地点
半截光型	0°～75°	50cd/1000lm	100cd/1000lm	对道路轴向的光作了适当的限制，而又使光尽量向外延伸	用于快速路、主干路、次干路
非截光型	—	1000cd	—	对沿道路轴向的光不作限制，光源基本裸露，没有保护角，眩光大	用于支路及交通量小的道路或四周明亮的街道

5. 按照明器使用的光源分类

按照明器所使用的光源分类有白炽灯灯具、荧光灯灯具、高强度气体放电灯灯具等。其分类和选型如表 1.28 所示。

表 1.28　按照明器使用的光源分类和选型

性能＼分类	白炽灯灯具	荧光灯灯具	高强度气体放电灯灯具
配光控制	容易	难	较易
眩光控制	较易	易	较难
显色性	优	良	差（金属卤化物灯，显改钠灯除外）
调光	容易	较难	难
红外线占灯功率的百分比（%）	83	41	48～64
适用场所	因光效低和发热量大，所以不适用于要求高强度的场所，适用于局部照明、照度要求低的场所、开关频繁的场所、要求暖色调的场所及装饰照明	用于顶棚高度为 5～6m 以下的低顶棚公共建筑场所，如商店、办公楼、学校教室	用于顶棚高度大于 5～6m 的公共和工业建筑

1.3.3　照明器的选用

1. 选型的基本原则

在 1.3.2 节介绍照明器类型的同时，对各类照明器的使用场所也进行了简要的介绍。选

择照明器首先要满足使用功能和照明质量的要求，同时还要考虑安装与检修维护方便、运行费用低等因素。照明器的选择一般应遵循以下基本原则：

（1）合适的配光特性和适宜的保护角。

（2）满足使用场所环境条件要求。

（3）具有合适的安全防护等级。

（4）具有良好的经济性能，初投资及运行费用低。

（5）与建筑风格和环境气氛相协调。

2. 根据配光特性选型

（1）在各种办公室和公共建筑物中，房间的顶棚和墙壁均要求有一定的亮度，要求房间各面有较高的反射比，并需要有一部分光直接射到顶棚和墙上，此时可采用半直接型、漫射型照明器，从而获得舒适的视觉条件与良好的艺术效果。为了节能，在有空调的房间内还可选用空调灯具。

（2）在高大的建筑物内，照明器安装高度在 6m 以下时，宜采用深照型或配照型照明器；安装高度在 6 ～ 15m 时，宜采用特深照型照明器；安装高度在 15 ～ 30m 时，宜采用高纯铝深照型或其他高光强照明器。

（3）在要求垂直照度（教室黑板）时，可采用倾斜安装的照明器，或选用不对称配光的照明器。

（4）室外照明，宜采用广照型照明器。大面积的室外场所，宜采用投光灯或其他高光强照明器。

3. 根据环境条件选型

（1）在正常环境中，宜选用开启型照明器。

（2）有较大震动的场所，宜选用有防震措施的照明器。

（3）照明器安装在易受机械损伤的位置时，应加装保护网或采取其他的保护措施。

（4）对有装饰要求的照明，除满足照度要求外，还应选择有艺术装饰效果、与建筑风格和环境气氛相协调的照明器。

（5）特殊场所的照明，应根据环境特点选用符合要求的专用照明器。表 1.29 给出了特殊场所的照明器选型，可供选择时参考。

表 1.29　特殊场所的照明器选型

场　　所	环　境　特　点	对灯具造型的要求	适 用 场 所
多尘场所	大量粉尘积在灯具上造成灯具污染，效率下降（不包括有可燃或有爆炸危险的场所）	（1）采用尘密灯； （2）灰尘不多的场所可采用开启式灯具； （3）采用不易污染的反射型灯泡	水泥、面粉、煤粉等生产车间
潮湿场所	特别潮湿环境，相对湿度在 95% 以上，常有冷凝水出现，降低绝缘性能，产生漏电或短路，增加触电危险	（1）灯具的引入线处严格密封； （2）采用带瓷质灯头的开启式灯具	浴室、蒸汽泵房

续表

场　　　所	环境特点	对灯具造型的要求	适用场所
腐蚀性场所	有大量腐蚀介质气体或在大气中有大量盐雾、二氧化硫气体场所，对灯具的金属部件有腐蚀作用	（1）腐蚀性严重的场所采用密闭防腐灯，外壳由抗腐蚀的材料制成； （2）对灯具内部易受腐蚀的部件实行密封隔离； （3）对腐蚀性不太强烈的场所可采用半开启式灯具	如电镀、酸洗、铸铝等车间及散发腐蚀性气体的化学车间等
火灾危险场所	（1）生产、使用、加工、储存可燃气体（H—1级）的场所； （2）有固体可燃物（H—3级）的场所	（1）为防止灯泡火花或热点成为火源而引起火灾； （2）在 H—1 级场所采用保护型灯具； （3）固定安装的灯具，在 H—2 级场所采用将光源隔离、密闭的灯具，如防水防尘灯具；在 H—3 级场所采用一般开启式灯具，但应与固体可燃材料保持一定的安全距离	H—1 级：地下油泵间、储油槽、变压器维修和储存间 H—2 级：煤粉生产车间、木工锯料间 H—3 级：纺织品库，原棉库，图书、资料、档案库
爆炸危险场所	空间有爆炸性气体蒸气（Q—1、Q—2、Q—3级）和粉尘、纤维（G—1、G—2）的场所，当介质达到适当温度时形成爆炸性混合物，在有燃烧源或热点温升达到闪点情况下能引起爆炸的场所	采用具有防爆间隙的隔爆型灯或具有密闭性的增安型灯，并限制灯具外壳表面温度。 Q—1、G—1 级用隔爆型灯； Q—2 级用增安型灯； Q—3、G—2 级用防水防尘灯	Q—1 级：非桶装储漆间 Q—2 级：汽油洗涤间、液化和天然气配气站、蓄电池仓 Q—3 级：喷漆室、干燥间

4．根据经济性能选型

照明器的经济性由初期投资和年运行费用（包括电费、更换光源费、维护管理费和折旧费等）两个因素决定。一般情况下，以选用光效高、寿命长的照明器为宜。

在经济条件比较优越的地区，一般应优先选用新型、高效、节能产品，虽然一次性投资较大，但电费和维护管理费用却可以得到有效降低。

由于现代建筑风格的多样性、使用功能的复杂性和环境特点的差异性，很难确定选择照明器的统一标准。总之，要选择恰当的照明器，必须先掌握各类照明器的光学特性和电气性能，熟悉各类建筑物的使用功能、环境特点及照明要求，密切与建筑专业协调配合，在此基础上，再综合考虑上述两项因素，力争获得良好的经济效果。

思考题 1

1．光的本质是什么？可见光的波长范围是多少？

2．什么是光谱光效能？什么是光谱光效率？

3．说明下列常用光度量的定义及其单位：

（1）光通量；

（2）光强（发光强度）；

（3）照度；

（4）亮度。

4．简述材料反射比、透射比和吸收比的含义，以及三者之间的关系。

5. 简述视觉识别阈限、暗视觉、明视觉和中介视觉的含义。

6. 什么是眩光、不舒适眩光和失能眩光？

7. 光源的色表、色温、色调及显色性和显色指数的含义是什么？

8. 简述绿色照明的宗旨及与照明节能的关系。

9. 常用照明电光源分几类？各类主要有哪几种光源？

10. 照明电光源有哪些性能指标？它们如何反映电光源的性能？

11. 频闪现象是如何形成的？频闪现象有什么缺点？应如何消除？

12. LED 灯有哪些特点？LED 在照明工程中有哪些用途？应如何看待其发展前景？

13. 灯具有哪些作用？它有哪些光学特性？

14. 灯具的配光特性有哪几种主要的表示方法？各有什么特点？

15. 非对称配光灯具的光强空间分布如何表示？

16. 什么是灯具的保护角？其作用是什么？

17. 什么是灯具的距高比？什么是灯具的 1/2 照度角？灯具允许的距高比如何确定？

18. 灯具主要有哪些分类方法？

19. 选择灯具应主要考虑哪些因素？

学习单元2
电气照明系统设计

项目任务	任务 2-1	照度计算	学时	12
	任务 2-2	照明光照设计		
	任务 2-3	照明电气设计		
教学载体	教学课件及教材相关内容			
教学目标	知识方面	掌握利用系数法和单位容量法计算平均照度；掌握照明光照设计的基本知识和照明电气设计的主要程序及内容，了解点光源直射照度计算、不舒适眩光计算和照明光照节能知识		
	技能方面	能够正确运用照度计算和负荷计算，进行灯具布置和导线设备选择，解决工程实际中具体问题		
过程设计	任务布置及知识引导—分组学习、讨论和收集资料—学生编写报告，制作 PPT、集中汇报—教师点评或总结			
教学方法	项目教学法			

照明是人类文明的象征，在社会高度发达的今天，照明已几乎渗透到人类活动的所有领域。照明工作者需要使用最经济的手段、最科学的方法，为人类创造明亮舒适的环境，提高工作效率，改善生活质量。

照明设计的最终目的是在建筑物内创造一个人工的照明环境，以满足人们生活、学习、工作的需要。在进行照明设计时，要正确规划照明系统，首先要确定所采用的照明方式和照明种类、数量，以达到照度标准的要求，在此基础上再考虑照明质量问题。照明设计的完善程度应根据照明标准衡量，其照明效果应达到相应质量要求。

电气照明设计必须遵循下列原则：

（1）遵循有关标准，保证照明质量。包括 JGJ 16—2008《民用建筑电气设计规范》、GB 50034—2013《建筑照明设计标准》及有关行业标准，满足人们的生活，保证视觉所需的照明质量。

（2）合理布置灯具，使用安全方便。灯具应合理布置，限制眩光，照明力度均匀，使视觉舒适，同时确保照明装置的合理装设，保证灯具使用安全，维护方便。

（3）照明装置应高效节能、经济实用。照明装置应首选高效节能产品，但也要考虑经济实用，尽可能减少工程投资。

（4）与环境和谐，给建筑增辉。照明装置应与周围环境协调。在满足照度标准、照明质量及安全经济的前提下，尽可能讲究艺术，给人以美感。

任务2-1 照度计算

照度计算是照明系统设计的基础，通常包括两个方面：一方面是在照明系统（包括光源、灯具等）已知的情况下计算被照面上的照度；另一方面是根据所需的照度和照明布置，确定照明器（光源、灯具）的数量及其功率。

照度计算的方法很多，举例如下：

（1）按照光的照射方式，可分为直射照度计算、反射照度计算和平均照度计算。

（2）按照光源的种类，可分为点光源的照度计算、线光源的照度计算和面光源的照度计算等。

（3）按照计算的步骤和方法来划分，常用的有逐点计算法、利用系数法和单位容量法三种计算方法，它们的特点和适用范围如下。

① 逐点计算法：适用于计算任意面上某一点的直射照度。

② 利用系数法：此法考虑了直射光和反射光两部分所产生的照度，因此准确度较高，但计算步骤比较复杂。适用于一般室内均匀照明的平均照度计算。

③ 单位容量法：适用于对某一场所平均照度的粗略估算，方法最简单，但准确性较差。

2.1.1 平均照度计算

当灯具的形式和布置方案确定之后，就可以根据室内的照度标准要求，确定每盏灯的灯容量及装设总容量，反之，也可根据已知的灯容量，计算出工作面的照度，以检验其是否符合照度标准要求。

照度计算的方法通常有利用系数法、单位容量法和逐点计算法三种。在具体设计中，平均照度计算常用的是利用系数法，此法比较准确，但步骤较复杂，因而一般采用单位容量法或逐点计算法进行计算。任何一种计算方法，都只能做到基本上准确。计算结果的误差范围在 10% ~ 20% 之内是允许的。

在计算水平照度时，如无特殊要求，通常采用距地面 0.75m 的工作面或地平面作为计算面。

1. 利用系数法的概念

利用系数法是按照光通量进行照度计算的，故又称流明计算法（或流明法）。它是根据房间的几何形状、照明器的数量和类型来确定工作面平均照度的计算法。流明法既要考虑直射光通量，也要考虑反射光通量。

落到工作面上的光通量可分为两个部分，一部分是从灯具发出的光通量中直接落到工作面上的部分（称为直接部分）；另一部分是从灯具发出的光通量经室内表面反射后最后落到工作面上的部分（称为间接部分）。两者之和为灯具发出的光通量中最后落到工作面上的部分，该值与工作面的面积之比称为工作面上的平均照度。若每次都要计算落到工作面上的直接光通量与间接光通量，则计算变得相当复杂。为此，人们引入了利用系数的概念，即事先计算出各种条件下的利用系数，供设计人员使用。

1）利用系数

对于每个灯具来说，由光源发出的额定光通量与最后落到工作面上的光通量之比称为光源光通量利用系数（简称利用系数），即

$$U = \frac{\Phi_f}{\Phi_s} \tag{2-1}$$

式中　U——利用系数；

Φ_f——由灯具发出的最后落到工作面上的总光通量（lm）；

Φ_s——每个灯具中光源发出的总光通量（lm）。

2）室内平均照度

有了利用系数的概念，室内平均照度可根据以下公式进行计算：

$$E_{av} = \frac{\Phi_s NUK}{A} \tag{2-2}$$

式中　E_{av}——工作面平均照度（lx）；

N——灯具数；

A——工作面面积（m²）；

K——维护系数，见表 2.1。

3）维护系数

灯具在使用过程中，会因光源光通量的衰减、灯具和房间的污染而引起照度下降。

表 2.1　维护系数 K

环境污染特征	工作房间或场所	维护系数	灯具擦洗次数（次/年）
清洁	办公室，阅览室，仪器、仪表装配车间	0.8	2

环境污染特征	工作房间或场所	维护系数	灯具擦洗次数（次/年）
一般	商店营业厅、影剧院观众厅、机加工车间	0.7	2
污染严重	铸工、锻工车间，厨房	0.6	2
室外	道路和广场	0.7	2

2．利用系数法

室形指数、室空间比是计算利用系数的主要参数。

1）室形指数（Room Index）

室形指数用来表示照明房间的几何特征，是计算利用系数时的重要参数。

室形指数（RI）可通过下列方式求取。

矩形房间：
$$RI = \frac{lw}{h(l+w)} \tag{2-3}$$

正方形房间：
$$RI = \frac{a}{2h} \tag{2-4}$$

圆形房间：
$$RI = \frac{r}{h} \tag{2-5}$$

式中　l——房间的长度（m）；

　　　a——房间的宽度（m）；

　　　w——房间的长（宽）度（m）；

　　　r——圆形房间的半径（m）；

　　　h——灯具开口平面距工作面的高度（m）。

为便于计算，一般将室形指数划分为 0.6、0.8、1.0、1.25、1.5、2.0、2.5、3.0、4.0、5.0 共 10 个级数。采用室形指数进行平均照度计算是国际上较为通用的方法。

2）室空间比

如图 2.1 所示，为了表示房间的空间特征，可以将房间分成三个部分，即顶棚空间，灯

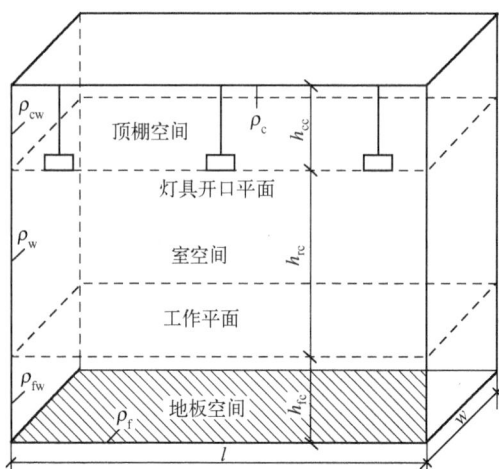

图 2.1　房间的空间特性

具开口平面到顶棚之间的空间；地板空间，工作面到地面之间的空间；室空间，灯具开口平面到工作面之间的空间。

（1）室空间比的计算

室空间比同样适用于利用系数的计算，它用来表示室内空间的比例关系。其计算方法如下。

室空间比：

$$\mathrm{RCR} = 5h_{\mathrm{rc}}\frac{l+w}{lw} \tag{2-6}$$

顶棚空间比：

$$\mathrm{CCR} = 5h_{\mathrm{cc}}\frac{l+w}{lw} = \frac{h_{\mathrm{cc}}}{h_{\mathrm{rc}}}\mathrm{RCR} \tag{2-7}$$

地板空间比：

$$\mathrm{FCR} = 5h_{\mathrm{fc}}\frac{l+w}{lw} = \frac{h_{\mathrm{fc}}}{h_{\mathrm{rc}}}\mathrm{RCR} \tag{2-8}$$

式中　h_{rc}——室空间的高度（m）；

h_{cc}——顶棚空间的高度（m）；

h_{fc}——地板空间的高度（m）。

从式（2-3）和式（2-6）可知，$\mathrm{RI} \times \mathrm{RCR} = 5$。

室空间比 RCR 也分为 1、2、3、4、5、6、7、8、9、10 共 10 个级数。

（2）有效空间反射比

灯具开口平面上方空间中，一部分光被吸收，还有一部分光线经多次反射从灯具开口平面射出。

为了简化计算，把灯具开口平面看成一个具有有效反射比为 ρ_{cc} 的假想平面，光在这假想平面上的反射效果同在实际顶棚空间的效果等价。同理，地板空间的有效反射比可定义为 ρ_{fc}。

① 假如空间由若干表面组成，以 A_i、ρ_i 分别表示为第 i 表面的面积及其反射比，则平均反射比 ρ 可由下面公式求出，即

$$\rho = \frac{\sum \rho_i A_i}{\sum A_i} = \frac{\sum \rho_i A_i}{A_{\mathrm{s}}} \tag{2-9}$$

式中　A_{s}——顶棚（或地板）空间内所有表面的总面积（m²）。

② 有效空间反射比 ρ_{e}。

$$\rho_{\mathrm{e}} = \frac{\rho A_0}{(1-\rho)A_{\mathrm{s}} + \rho A_0} = \frac{\rho}{\rho + (1-\rho)\dfrac{A_{\mathrm{s}}}{A_0}} \tag{2-10}$$

式中　A_0——顶棚（或地板）平面面积（m²）；

ρ——顶棚（或地板）空间各表面的平均反射比。

3）室内平均照度的确定

（1）确定房间的各特征量。计算室形指数 RI 或室空间比 RCR、顶棚空间比 CCR、地板空间比 FCR。

（2）确定顶棚空间有效反射比。当顶棚空间各面反射比不等时，应该利用式（2-9）求出各面的平均反射比 ρ，然后代入式（2-10），求出顶棚空间有效反射比 ρ_{cc}。

$$\rho = \frac{\sum \rho_r A_t}{\sum A_i} = \frac{\rho_c lw + \rho_{cw} [2(lh_{cc} + wh_{cc})]}{lw + 2(lh_{cc} + wh_{cc})} = \frac{\rho_c + 0.4\rho_{cw} CCR}{1 + 0.4CCR}$$

$$\frac{A_t}{A_0} = \frac{lw + 2h_{cc}(l+w)}{lw} = 1 + 0.4CCR$$

$$\rho_{cc} = \frac{\rho}{\rho + (1-\rho)\dfrac{A_s}{A_0}} = \frac{\rho}{\rho + (1-\rho)(1 + 0.4CCR)}$$

（3）确定墙面平均反射比。由于房间开窗或装饰物遮挡等所引起的墙面反射比的变化，在求利用系数时，墙面反射比 ρ_w 应该采用其加权平均值，即利用式（2-9）求得：

$$\rho = \frac{\sum \rho_t}{\sum A_i}$$

（4）确定利用系数。在求出室空间比 RCR、顶棚有效反射比 ρ_{cc}、墙面平均反射比 ρ_w 以后，按所选用的灯具从计算图表中即可查得其利用系数 U。当 RCR、ρ_{cc}、ρ_w 不是图表中分级的整数时，可从利用系数（U）表（如表2-2所示）中查接近 ρ_{cc}（70%、50%、30%、10%）的列表中接近 RCR 的两个数组（RCR_1，U_1）、（RCR_2，U_2），然后采用内插法求出对应室空间比 RCR 的利用系数 U。

$$U = U_1 + \frac{U_2 - U_1}{RCR_2 - RCR_1}(RCR - RCR_1)$$

（5）确定地板空间有效反射比。地板空间与顶棚空间一样，可利用同样的方法求出有效反射比 ρ_{fc}。

$$\rho = \frac{\sum \rho_i A_i}{\sum A_i} = \frac{\rho_f lw + \rho_{fw}[2(lh_{fc} + wh_{fc})]}{lw + 2(lh_{fc} + wh_{fc})} = \frac{\rho_f + 0.4\rho_{fw} FCR}{1 + 0.4FCR}$$

$$\frac{A_s}{A_0} = \frac{lw + 2h_{fc}(l+w)}{lw} = 1 + 0.4FCR$$

$$\rho_{fc} = \frac{\rho A_0}{(1-\rho)A_s + \rho A_0} = \frac{\rho}{\rho + (1-\rho)(1 + 0.4FCR)}$$

（6）确定利用系数的修正值。利用系数表（如表2.2所示）中的数值是按 $\rho_{fc} = 20\%$ 情况下计算的。当 ρ_{fc} 不是该值时，若要获得较为精确的结果，利用系数需加以修正（如表2.3所示）。当 RCR、ρ_{fc}、ρ_w 不是图表中分级的整数时，可从其修正系数表中查接近 ρ_{fc}（30%、10%、0%）的列表中接近 RCR 的两个数组（RCR_1、γ_1）、（RCR_2、γ_2），然后采用内插法求出对应室空间比 RCR 的利用系数的修正值 γ。

$$\gamma = \gamma_1 + \frac{\gamma_2 - \gamma_1}{RCR_2 - RCR_1}(RCR - RCR_1)$$

（7）确定室内平均照度 E_{av}。

$$E_{av} = \frac{\Phi_s N K \gamma U}{lw}$$

表2.2 利用系数（U）表

有效顶棚反射系数 ρ_{cc}	0.70				0.50				0.30				0.10			
墙反射系数 ρ_w	0.70	0.50	0.30	0.10	0.70	0.50	0.30	0.10	0.70	0.50	0.30	0.10	0.70	0.50	0.30	0.10
空间比 RCR																
1	0.75	0.71	0.67	0.63	0.67	0.63	0.60	0.57	0.59	0.56	0.54	0.52	0.52	0.50	0.48	0.46
2	0.68	0.61	0.55	0.50	0.60	0.54	0.50	0.46	0.53	0.48	0.45	0.41	0.46	0.43	0.40	0.37
3	0.61	0.53	0.46	0.41	0.54	0.47	0.42	0.38	0.47	0.42	0.38	0.34	0.41	0.37	0.34	0.31
4	0.56	0.46	0.39	0.34	0.49	0.41	0.36	0.31	0.43	0.37	0.32	0.28	0.37	0.33	0.29	0.26
5	0.51	0.41	0.34	0.29	0.45	0.37	0.31	0.26	0.39	0.33	0.28	0.24	0.34	0.29	0.25	0.22
6	0.47	0.37	0.30	0.25	0.41	0.33	0.27	0.23	0.36	0.29	0.25	0.21	0.32	0.26	0.22	0.19
7	0.43	0.33	0.26	0.21	0.38	0.30	0.24	0.20	0.33	0.26	0.22	0.18	0.29	0.24	0.20	0.16
8	0.40	0.29	0.23	0.18	0.35	0.27	0.21	0.17	0.31	0.24	0.19	0.16	0.27	0.21	0.17	0.14
9	0.37	0.27	0.20	0.16	0.33	0.24	0.19	0.15	0.29	0.22	0.17	0.14	0.25	0.19	0.15	0.12
10	0.34	0.24	0.17	0.13	0.30	0.21	0.16	0.12	0.26	0.19	0.15	0.11	0.23	0.17	0.13	0.10

表2.3 地板空间有效反射系数不等于20%时对利用系数的修正表

有效顶棚反射系数 ρ_{cc}	0.80				0.70				0.50			0.30		
墙反射系数 ρ_w	0.70	0.50	0.30	0.10	0.70	0.50	0.30	0.10	0.50	0.30	0.10	0.50	0.30	0.10
地板空间有效反射系数30%（$\rho_{fc}0.2=1.00$）														
室空间比 RCR														
1	1.092	1.082	1.075	1.068	1.077	1.070	1.054	1.059	1.049	1.044	1.040	1.028	1.026	1.023
2	1.079	1.066	1.055	1.047	1.068	1.057	1.048	1.029	1.041	1.033	1.027	1.026	1.021	1.017
3	1.070	1.054	1.042	1.033	1.061	1.048	1.037	1.028	1.034	1.027	1.020	1.024	1.017	1.012
4	1.062	1.045	1.033	1.024	1.055	1.040	1.029	1.021	1.030	1.022	1.015	1.022	1.015	1.010
5	1.056	1.038	1.026	1.018	1.050	1.034	1.024	1.015	1.027	1.018	1.012	1.020	1.013	1.008
6	1.052	1.033	1.021	1.014	1.047	1.030	1.020	1.012	1.024	1.015	1.009	1.019	1.012	1.006
7	1.047	1.029	1.018	1.011	1.043	1.026	1.017	1.009	1.022	1.013	1.007	1.018	1.019	1.005
8	1.044	1.026	1.015	1.009	1.040	1.024	1.015	1.007	1.020	1.012	1.006	1.017	1.009	1.004
9	1.040	1.024	1.014	1.007	1.037	1.022	1.014	1.006	1.019	1.011	1.005	1.016	1.009	1.004
10	1.037	1.022	1.012	1.006	1.034	1.020	1.012	1.005	1.017	1.010	1.004	1.015	1.009	1.003
有效顶棚反射系数 ρ_{cc}	0.80				0.70				0.50			0.30		
墙反射系数 ρ_w	0.70	0.50	0.30	0.10	0.70	0.50	0.30	0.10	0.50	0.30	0.10	0.50	0.30	0.10
地板空间有效反射系数10%（$\rho_{fc}0.2=1.00$）														
室空间比 RCR														
1	0.923	0.929	0.935	0.940	0.933	0.939	0.943	0.948	0.956	0.960	0.963	0.973	0.976	0.979
2	0.931	0.942	0.950	0.958	0.940	0.949	0.957	0.963	0.962	0.968	0.974	0.976	0.980	0.985
3	0.939	0.951	0.961	0.969	0.940	0.957	0.966	0.973	0.967	0.975	0.981	0.978	0.983	0.988
4	0.944	0.958	0.969	0.978	0.950	0.963	0.973	0.980	0.972	0.980	0.986	0.980	0.986	0.991
5	0.949	0.954	0.976	0.983	0.954	0.968	0.978	0.985	0.975	0.983	0.989	0.981	0.988	0.993
6	0.953	0.969	0.980	0.986	0.958	0.972	0.982	0.989	0.979	0.985	0.992	0.982	0.989	0.995
7	0.957	0.973	0.983	0.991	0.961	0.975	0.985	0.991	0.979	0.987	0.994	0.983	0.990	0.996
8	0.960	0.976	0.986	0.993	0.963	0.977	0.987	0.993	0.981	0.988	0.995	0.984	0.991	0.997
9	0.963	0.978	0.987	0.994	0.965	0.979	0.989	0.994	0.983	0.990	0.996	0.985	0.992	0.998
10	0.965	0.980	0.989	0.995	0.967	0.981	0.990	0.995	0.984	0.991	0.997	0.986	0.993	0.998
地板空间有效反射系数0%（$\rho_{fc}0.2=1.00$）														
室空间比 RCR														
1	0.859	0.870	0.879	0.886	0.873	0.884	0.893	0.901	0.916	0.923	0.929	0.948	0.954	0.960
2	0.871	0.887	0.903	0.919	0.886	0.902	0.916	0.928	0.926	0.938	0.949	0.954	0.963	0.971
3	0.882	0.904	0.915	0.942	0.898	0.918	0.934	0.947	0.945	0.961	0.964	0.958	0.969	0.979
4	0.893	0.919	0.941	0.958	0.908	0.930	0.948	0.961	0.945	0.961	0.974	0.961	0.974	0.984
5	0.903	0.931	0.953	0.969	0.914	0.939	0.958	0.970	0.951	0.967	0.980	0.964	0.977	0.988
6	0.911	0.940	0.961	0.976	0.920	0.945	0.965	0.977	0.955	0.972	0.985	0.966	0.979	0.991
7	0.917	0.947	0.967	0.981	0.924	0.950	0.970	0.982	0.959	0.975	0.988	0.968	0.981	0.993
8	0.922	0.953	0.971	0.985	0.929	0.955	0.975	0.986	0.963	0.978	0.991	0.970	0.983	0.995
9	0.928	0.958	0.975	0.998	0.933	0.959	0.980	0.989	0.966	0.980	0.993	0.971	0.985	0.996
10	0.933	0.962	0.979	0.991	0.937	0.963	0.983	0.992	0.969	0.982	0.995	0.973	0.987	0.997

注：地板空间有效反射系数20%的修正系数。

【实例 2.1】 有一教室长 6.6m、宽 6.6m、高 3.6m，在离顶棚 0.5m 的高度内安装 8 只 YG1 – 1 型 40W 荧光灯，课桌高度为 0.75m。教室内各表面的反射比如图 2.2 所示，试计算课桌面上的平均照度（荧光灯光通量取 2400lm，维护系数 $K = 0.8$）。YG1 – 1 型荧光灯利用系数（U）表、利用系数的修正表依次参见表 2.2、表 2.3。

解：已知：$l = 6.6\text{m}$、$w = 6.6\text{m}$、$\Phi_\text{s} = 2400\text{lm}$、$K = 0.8$，$N = 8$；$h_\text{cc} = 0.5\text{m}$、$\rho_\text{c} = 0.8$、$\rho_\text{cw} = 0.5$；$h_\text{rc} = 2.35\text{m}$、$\rho_\text{w} = 0.5$；$h_\text{fc} = 0.75\text{m}$、$\rho_\text{f} = 0.1$、$\rho_\text{fw} = 0.3$。

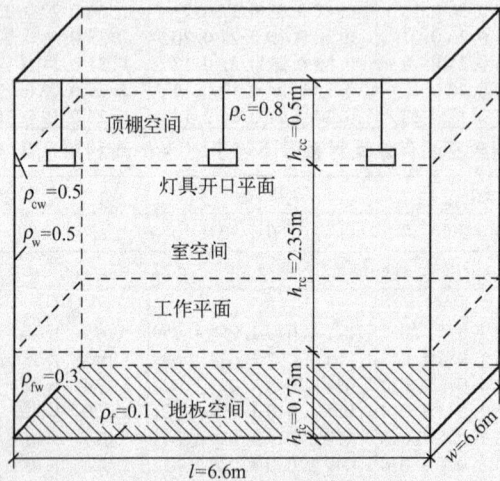

图 2.2 房间的空间特征示例

（1）确定室空间比 RCR、顶棚空间比 CCR、地板空间比 FCR。

$$\text{RCR} = 5h_\text{rc}\frac{l+w}{l\times w} = 5\times 2.35\times\frac{6.6+6.6}{6.6\times 6.6} = 3.561$$

$$\text{CCR} = \frac{h_\text{cc}}{h_\text{rc}}\text{RCR} = \frac{0.5}{2.35}\times 3.561 = 0.758$$

$$\text{FCR} = \frac{h_\text{fc}}{h_\text{rc}}\text{RCR} = \frac{0.8}{2.35}\times 3.561 = 1.212$$

（2）确定 ρ_cc、利用系数 U，以及 ρ_fc、U 的修正值 γ。

① 求解 ρ_cc、U，即

$$\rho = \frac{\rho_\text{c} + 0.4\rho_\text{cw}\text{CCR}}{1+0.4\text{CCR}} = \frac{0.8 + 0.4\times 0.5\times 0.758}{1+0.4\times 0.758} = 0.73$$

$$\rho_\text{cc} = \frac{\rho}{\rho + (1-\rho)(1+0.4\text{CCR})} = \frac{0.73}{0.73 + (1-0.73)(1+0.4\times 0.758)} = 67.5\%$$

取 $\rho_\text{cc} = 70\%$，$\rho_\text{w} = 50\%$，$\text{RCR} = 3.561$

查表 2.2，得 $(\text{RCR}_1, U_1) = (3, 0.53)$、$(\text{RCR}_2, U_2) = (4, 0.46)$

利用系数 $U = U_1 + \dfrac{U_2 - U_1}{\text{RCR}_2 - \text{RCR}_1}(\text{RCR} - \text{RCR}_1) = 0.491$

② 求解 ρ_{fc}、γ，即

$$\rho = \frac{\rho_f + 0.4\rho_{fw}\text{FCR}}{1 + 0.4\text{FCR}} = \frac{0.1 + 0.4 \times 0.3 \times 1.212}{1 + 0.4 \times 1.212} = 0.1653$$

$$\rho_{fc} = \frac{\rho}{\rho + (1-\rho)(1 + 0.4\text{FCR})} = \frac{0.1653}{0.1653 + (1 - 0.1653)(1 + 0.4 \times 1.212)} = 11.8\%$$

因为 $\rho_{fc} \neq 20\%$，则取 $\rho_{fc} = 10\%$、$\rho_{cc} = 70\%$、$\rho_w = 50\%$、$\text{RCR} = 3.561$

查表 2.3，得 $(\text{RCR}_1, \gamma_1) = (3, 0.957)$、$(\text{RCR}_2, \gamma_2) = (4, 0.963)$

利用系数的修正值 $\gamma = \gamma_1 + \dfrac{\gamma_2 - \gamma_1}{\text{RCR}_2 - \text{RCR}_1}(\text{RCR} - \text{RCR}_1) = 0.96$

③ 确定 E_{av}。

$$E_{av} = \frac{\Phi_s NK\gamma U}{lw} = \frac{2400 \times 8 \times 0.8 \times 0.96 \times 0.491}{6.6 \times 6.6} = 166.21\text{lx}$$

3. 概算曲线与单位容量法

1）概算曲线

为了简化计算，把利用系数法计算的结果制成曲线，并假设受照面上的平均照度为100lx，求出房间面积与所用灯具数量的关系曲线，该曲线称为概算曲线。它适用于一般均匀照明的照度计算。

应用概算曲线进行平均照度计算时，应已知以下条件：

（1）灯具类型及光源的种类和容量（不同的灯具有不同的概算曲线）。

（2）计算高度（即灯具开口平面距离工作面的高度）。

（3）房间的面积。

（4）房间的顶棚、墙壁、地面的反射比。

（1）换算公式

根据以上条件（墙壁反射比应取墙和窗户的加权平均反射比），就可从概算曲线上查得所需灯具的数量 N。

概算曲线是在假设受照面上的平均照度为100lx、维护系数为 K' 的条件下绘制的。因此，如果实际需要的平均照度为 E、实际采用的维护系数为 K，那么实际采用的灯具数量 n 可按下列公式进行换算：

$$n = \frac{EK'N}{100K} \text{或} E = \frac{100Kn}{K'N} \tag{2-11}$$

式中　　n——实际采用的灯具数量；

　　　　N——根据概算曲线查得的灯具数量；

　　　　K——实际采用的维护系数；

　　　　K'——概算曲线上假设的维护系数（常取0.7）；

　　　　E——设计所要求的平均照度（lx）。

（2）确定平均照度的步骤

各种灯具的概算曲线是由灯具生产厂商提供的，如图2.3所示的是 YG1-1 型 $1 \times 40\text{W}$ 荧光灯

具的概算曲线。根据概算曲线，对室内灯具数量的计算就显得十分简便。其计算步骤如下：

① 确定灯具的计算高度 h。

② 室内的面积 A。

③ 根据室内面积 A、灯具计算高度 h，在灯具概算曲线上查出灯具的数量。如果计算高度 h 处于图中 h_1 与 h_2 之间，则采用内插法进行计算。

④ 通过式（2-11），即可计算出所需灯具的数量 n（或所要求的平均照度 E）。

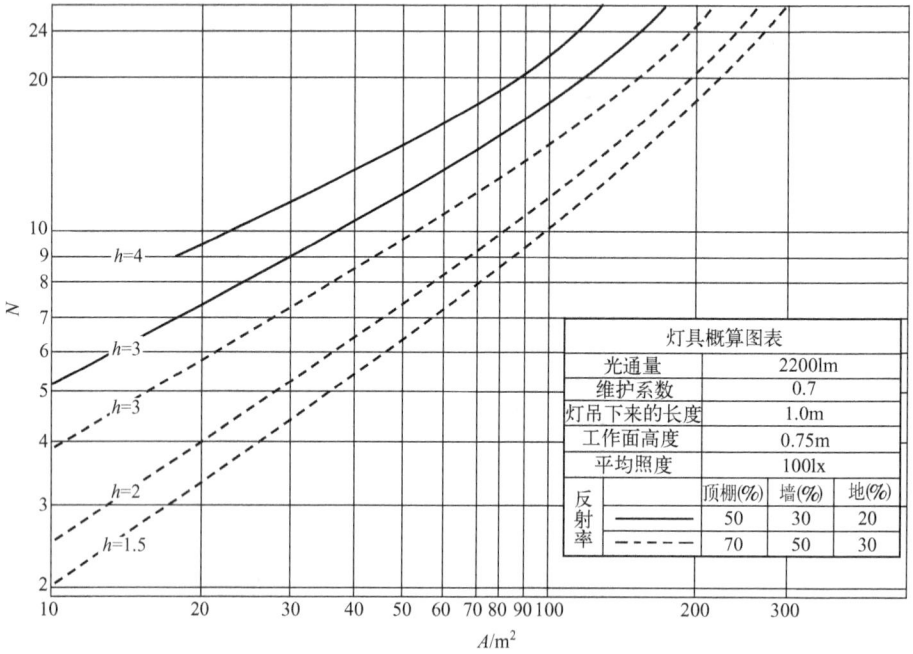

图 2.3　YG1-1 型 1×40W 荧光灯具的概算曲线

2）单位容量法

在实际照明设计中，常采用"单位容量法"对照明用电量进行估算，即根据不同类型灯具、不同室空间条件，列出"单位面积光通量（lm·m^{-2}）"或"单位面积安装电功率（W·m^{-2}）"的表格，以便查用。单位容量法是一种简单的计算方法，只适用于方案设计时的近似估算。

（1）光源比功率法。以"W·m^{-2}"来表示就是通常所说的"光源比功率法"，它是指单位面积上照明光源的安装电功率，即

$$\omega = \frac{nP}{A} \tag{2-12}$$

式中　ω——光源的比功率（W·m^{-2}）；

　　　n——灯具数量；

　　　P——每个灯具的额定功率（W）；

　　　A——房间面积（m^2）。

（2）估算光源的安装功率。表 2.4 给出了 YG1-1 型荧光灯的比功率，其他光源的比功率

可参阅有关照明设计手册。由已知条件（计算高度、房间面积、所需平均照度、光源类型）可从表2.4中查出相应光源的比功率 ω。因此，受照房间的光源总功率为 $\sum P = nP = \omega A$。

表2.4 YG1-1型荧光灯的比功率

计算高度/m	房间面积/m²	平均照度/lx					
		30	50	75	100	150	200
2～3	10～15	3.2	5.2	7.8	10.4	15.6	21
	15～25	2.7	4.5	6.7	8.9	13.4	18
	25～50	2.4	3.9	5.8	7.7	11.6	15.4
	50～150	2.1	3.4	5.1	6.8	10.2	13.6
	150～300	1.9	3.2	4.7	6.3	9.4	12.5
	300 以上	1.8	3.0	4.5	5.9	8.9	11.8
3～4	10～15	4.5	7.5	11.3	15	23	30
	15～20	3.8	6.2	9.3	12.4	19	25
	20～30	3.2	5.3	8.0	10.8	15.9	21.2
	30～50	2.7	4.5	6.8	9.0	13.6	18.1
	50～120	2.4	3.9	5.8	7.7	11.6	15.4
	120～300	2.1	3.4	5.1	6.8	10.2	13.5
	300 以上	1.9	3.2	4.9	6.3	9.5	12.6

其中，每盏灯的功率为 $P = \dfrac{\sum P}{n} = \dfrac{\omega A}{n}$，或者灯具数量为 $n = \dfrac{\omega A}{P}$。

照度计算是电气照明设计的重要环节，正确进行照度计算，对于光源和灯具的选择、功率的确定及灯具的布置都十分重要。

2.1.2 点光源直射照度计算

由光源直接入射到被照表面的光通量所产生的照度，称为直射照度。本小节主要讲述点光源对某一受照点产生的直射照度的计算方法。

点光源的直射照度计算简称点算法，点算法比较适用于剧场舞台、会议厅、讲台等局部照明的计算。这里介绍较常用的两种计算方法，即平方反比法和空间等照度曲线法。

1．平方反比法

点光源的直射照度计算应符合距离平方反比定律、余弦定律和照度相加（光能叠加原理）三个基本定律。

1）距离平方反比定律和余弦定律

当光源斜照一个平面时，设被照表面法线与入射光线间的夹角为 α，则

$$E_{\text{h}} = E_{\text{n}} \cos \alpha$$

式中，$E_{\text{n}} = I_{\theta}/r^2$

于是水平面照度（如图2.4所示）为

$$E_\mathrm{h} = (I_\theta/r^2)\cos\alpha = (I_\theta/r^2)\cos\theta \tag{2-13}$$

式中　E_h——点光源在水平面上某点产生的照度（lx）；

$\quad\ \ I_\theta$——照射方向 E 的光强（cd）；

$\quad\ \ r$——点光源至被照点的距离（m）；

$\quad\ \ \alpha$——被照面法线与入射光线夹角（度）。

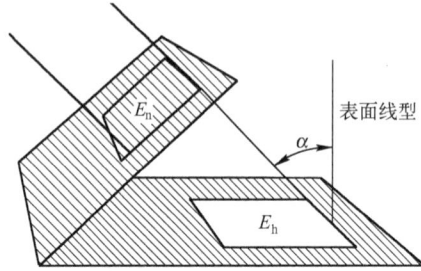

图 2.4　光源斜照平面的照度计算图例

余弦定律同样适用于计算垂直照度和水平照度（如图 2.5 所示）。

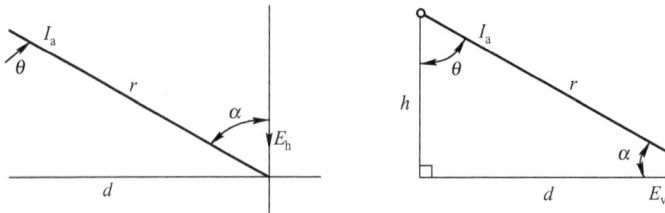

图 2.5　计算水平照度与垂直照度的图例

点光源对垂直面上一点产生的照度为

$$E_\mathrm{v} = (I_\theta/r^2)\cos\alpha = (I_\theta/r^2)\sin\theta \tag{2-14}$$

在实际计算中，用灯具悬挂高度 h 代替照射距离 r 比较方便，经换算可得：

水平照度

$$E_\mathrm{h} = (I_\theta/h^2)\cos^3\theta$$

垂直照度

$$E_\mathrm{v} = (I_\theta/h^2)\sin\theta \times \cos^2\theta$$

【实例 2.2】　　一个光源具有 3000cd 的均匀光强分布，光源悬挂高度为 4m，求距灯下 3m 远的 P 点的水平照度与垂直照度（如图 2.6 所示）。

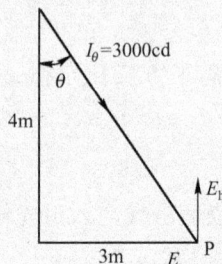

图 2.6　水平照度与垂直照度计算

解：$\theta = \arctan(3/4) = \arctan(0.75) = 37°$

$\cos\theta = \cos37° = 0.798$

$\sin\theta = \sin37° = 0.602$

已知 $I_\theta = 3000\text{cd}$，$h = 4\text{m}$，将其代入式（2-13）和式（2-14），得

P 点水平照度：

$$E_h = (I_\theta/r^2)\cos^3\theta = (3000/16) \times 0.51 = 95.61\text{lx}$$

P 点垂直照度：

$$E_v = (I_\theta/h^2)\sin\theta \times \cos^2\theta = (3000/16) \times 0.637 \times 0.602 = 71.9\text{lx}$$

2）照度相加（关于一点同时受若干灯照射时的照度值计算）

在广场、大厅、体育馆、办公室和影视舞台等场所，平面的一点通常都同时受到若干灯的照射，关于这一点的照度值计算步骤如下。

（1）算出每一个灯具在该点的照度值。得出 E_{s1}，E_{s2}，E_{s3}，$\cdots$，E_{sn}。

（2）将上述各照度值相加的总和即为该点的照度值，如下式：

$$E_s = E_{s1} + E_{s2} + E_{s3} + \cdots + E_{s1}$$

2. 空间等照度曲线法

空间等照度曲线法是点光源直射照度计算的另一方法。进行设计工作时利用事先绘制好的等照度曲线计算照度，可使计算工作大大简化。等照度曲线是统一按照灯的假设光通量为1000lm 绘制的，通常由灯具生产厂家提供。

如图 2.7 所示是直口扁圆吸顶灯的空间等照度曲线。图中纵坐标为灯具悬挂高度，横坐标是计算点至灯下的水平距离。从图上可以直接查到灯的光通量为 1000lm 时空间任一点的水平照度。例如，在灯下 3.5m 的水平面上，距灯 2m 远的一点水平照度为 7lx。当灯具内灯的实际光通量为 Φ_1 时，考虑使用中的减光损失，则任一点直射光的实际水平照度为

$$E_h = \Phi_1\varepsilon MF/1000 \tag{2-15}$$

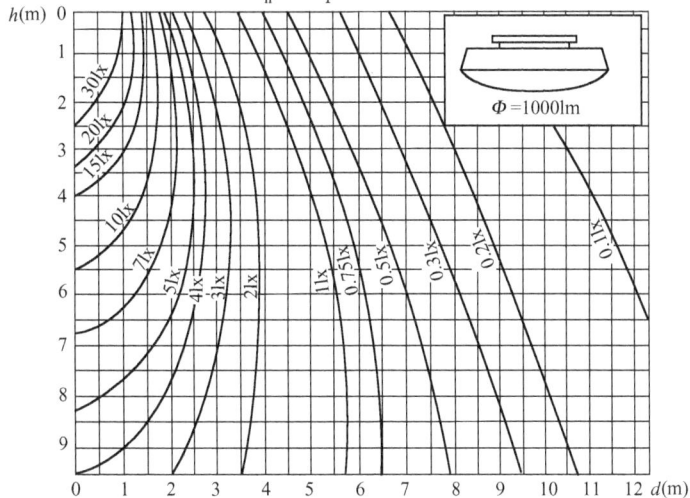

图 2.7 空间等照度曲线示例（直口扁圆吸顶灯）

式中　E_h——照明灯具在空间一点产生的直射光水平照度（lx）；

　　　Φ_1——灯具内灯的总光通量（lm）；

　　　ε——假定灯的光通量为1000lm时计算点的相对照度，由等照度曲线上查出（lx）；

　　　MF——维护系数。照明设备使用久后，工作面照度值会下降，这是由于光源的老化和灯具的污染等引起的，计算时要考虑维护系数MF，以补偿这些因素的影响，其数值可查表2.5（有些文献采用照度补偿系数k，$k=1/\text{MF}$）。

表2.5　维护系数 MF 的值

环 境 特 征	场 所 举 例	MF	
		白炽灯、气体放电灯	卤钨灯
清洁	仪表装配车间、超净车间、计算机房、办公室、住宅	0.75	0.80
一般	机加工车间、机械装配车间、商店、影剧院观众厅	0.70	0.75
污染严重	锻工车间、铸工车间、水泥厂、锅炉房	0.65	0.70

注：① 本表以每1～2个月擦洗一次灯具为依据；如果每隔半年擦洗一次，表中数据应乘以0.9。

　　② 本表仅适用于直接型、半直接型灯具。

下面举例说明空间等照度曲线的应用。

【实例2.3】　采用GC-39深照型灯具对一车间进行照明。该灯具的空间等照度曲线如图2.8（a）所示，光源（400W高压汞灯）的光通量为20000lm，维护系数 $MF=0.7$。灯具的出口面至工作的高度为12.2m，布灯方案如图2.8（b）所示。试求点A的水平照度。

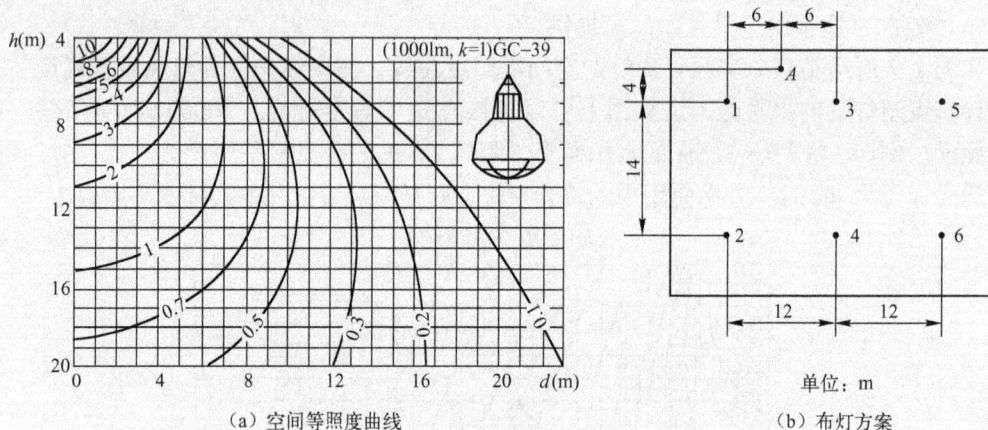

（a）空间等照度曲线　　（b）布灯方案

图2.8　GC-39深照型灯具的空间等照度曲线及布灯图

解：由布灯方案可知，灯1和灯3对点A的照度贡献是一样的，灯2和灯4对点A的照度贡献也相同。下面分别计算、查找曲线。

① 对灯1和灯3，有

$$d=\sqrt{4^2+6^2}=7.2\text{m}, h=12.2\text{m}$$

由图2.8（a）所示曲线查找 $d=7.2$ 和 $h=12.2$ 的交点，可估计得近似值 $e_1=e_3=0.9$。

② 对灯2和灯4，有

$$d = \sqrt{(14+4)^2 + 6^2} = 19\text{m}, h = 12.2\text{m}$$

由图 2.8（a）所示曲线可估计得近似值 $e_2 = e_4 = 0.1$。

③ 对灯 5，有

$$d = \sqrt{4^2 + (12+6)^2} = 18.4\text{m}, h = 12.2\text{m}$$

由图 2.8（a）所示曲线可估计得近似值 $e_5 = 0.12$

④ 对灯 6，有

$$d = \sqrt{(14+4)^2 + (12+6)^2} = 25.4\text{m}, h = 12.2\text{m}$$

由图 2.8（a）所示曲线可估计得近似值 $e_6 = 0.05$

⑤ 根据式（2-15），点 A 的总照度为

$$E_{\text{h}} = [20000 \times 0.7 \times (2 \times 0.9 + 2 \times 0.1 + 0.12 + 0.05)/1000] = 30.38\text{lx}$$

即点 A 的水平照度值为 30lx。

点照度计算的原理并不复杂，但是用常规计算工具进行详细的逐点计算要耗费大量的重复劳动。现在这项工作可以借助计算机去完成，计算机还能将计算结果用形象的图形表达出来。

2.1.3　不舒适眩光的计算

在建筑室内照明中眩光的出现是令人烦恼的问题。眩光乃是一种视觉条件，产生眩光的原因是由于视野内亮度分布不适当或由于亮度的变化幅度太大，或由于空间或时间上存在着极端的对比，以致引起不舒适或降低观察物体的能力，或同时产生这两种现象。

根据眩光对视觉功能的影响，可以分为失能眩光或不舒适眩光。前者引起视物的视觉障碍，在生理上使视觉器官受到影响，因此，有人称它为生理眩光。后者是长期在它的作用下会感觉到不舒适，在心理上产生不良感觉，因此，有人称它为心理眩光。

根据眩光形成的方式，还可分为直接眩光、间接眩光、反射眩光等。直接眩光是正在观察物体的方向或接近于这一方向存在发光体时所引起的眩光。间接眩光是不在观察物体方向存在发光体时所引起的眩光。这些眩光时常出现于室内照明中。眩光对于生理和心理有严重的危害性，而且对于劳动生产率也有明显的影响。眼睛在视野内遇到非常强烈的光或光不太强而背景很暗，这时会引起可见度降低，以致于难以看到物体；还会引起眼睛流泪、痛疼，甚至眼睑痉挛等，前一效应称为眩目，后一效应称为羞明。此外，眩光还可引起视觉疲劳。

眩光对于心理有着明显的作用，影响着人们的情绪，给人不舒适的感觉。眩光的心理作用要受到个人差别的影响，而且与性别、年龄、环境、职业、习惯等因素有关。

此外，根据国外照明专家的研究结果证明，眩光对劳动生产率也有明显的影响，使劳动生产率下降。

本节着重对国际照明委员会制定的"室内照明的不舒适眩光"——CIE 统一眩光值（UGR）予以介绍。

1. CIE 关于室内照明的不舒适眩光

1979 年以前，国际上尚无统一的眩光计算式，但是照明技术的飞速发展要求眩光计算和评价有统一的方法，并可用计算机编排程序。在各国的眩光计算式尚未统一之前，CIE 在 1975—1979 年间，曾探讨在各国的眩光限制系统中可取得一致的计算公式，进而发现北美的计算公式与英国的计算公式有很好的一致性。1978 年南非的艾因霍恩（Ein – horh）在综合各国眩光计算公式的基础上，提出了一个可行的数学折中的公式，在 1979 年的 19 届 CIE 大会上得到与会者的赞同，并要求在其后的实践中加以验证。其公式为

$$\mathrm{CGI} = 8\log2\left[\frac{1 + E_\mathrm{d}1500}{E_\mathrm{d} + E_\mathrm{i}} \cdot \sum\frac{L^2\omega}{p^2}\right] \tag{2-16}$$

式中　CGI——CIE 眩光指数；

E_d——全部光源在人眼睛上产生的直接垂直照度（lx）；

E_i——人眼睛上的间接照度（lx）；

L——每个眩光源亮度（cd/m²）；

ω——每个眩光源的立体角（sr）；

p——古斯位置数。

该公式作为 CIE TC3.4 的工作成果，并在 CIE55 号（1983 年）出版物中发表。但此公式只是一个过渡性公式，由此公式开发一个实用的眩光评价系统有一定的难度，因此需对公式做一些简化。后来的 CIE TC3.13 认为如下的统一眩光值（UGR）函数式是方便的。

$$\mathrm{UGR} = c_1\log(c_2 \cdot f_{房间}\sum f_{灯具}) \tag{2-17}$$

式中　c_1、c_2——常数，由霍普金森（Hopkinson）眩光指数公式中选取；

$f_{房间}$——与房间和背景亮度有关的因数；

$f_{灯具}$——与灯具及其位置有关的因数。

将上述函数式定量化，成为式（2-17）形式，式中略去式（2-16）中的直接照度，而 UGR 只取决于间接照度。为了实际应用，当在房间工作环境中，在建议的使用范围内，使用此公式影响甚小。式（2-17）在 CIE 117 号（1995 年）出版物的"室内照明的不舒适光"中予以发表。

2. 统一眩光值（UGR）公式法

UGR 按式（2-17）计算：

$$\mathrm{UGR} = 8\lg\frac{0.25}{L_\mathrm{b}}\sum\frac{L_\mathrm{a}^2 \cdot \omega}{P^2} \tag{2-18}$$

式中　L_b——背景亮度（cd/m²）；

L_a——观察者方向每个灯具发光部分的亮度（cd/m²）；

ω——每个灯具发光部分对观察者眼睛所形成的立体角（sr）；

P——每个单独灯具的位置指数。

UGR 值的计算图如图 2.9 所示。

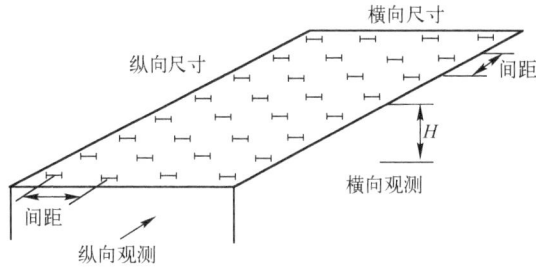

图 2.9 用同一种灯具以相同间距安装在一个水平平面上的一般照明布置

纵向观测： x ＝横向尺寸

　　　　　y ＝纵向尺寸

横向观测： x ＝纵向尺寸

　　　　　y ＝横向尺寸

（1）背景亮度 L_b 由式（2-19）确定：

$$L_b = \frac{E_i}{\pi} \tag{2-19}$$

式中　E_i——观察者眼睛方向的间接照度（lx）；

此计算一般用计算机完成。

（2）灯具亮度 L_a 由式（2-20）确定：

$$L_a = \frac{I_a}{A \cdot \cos\alpha} \tag{2-20}$$

式中　I_a——观察者眼睛方向的灯具发光强度（cd）；

　　　$A \cdot \cos\alpha$——灯具在观察者眼睛方向的投影面积（m²）；

　　　α——灯具表面法线与观察者眼睛方向所夹的角度（°）。

（3）立体角 ω 由式（2-21）确定：

$$\omega = \frac{A_p}{r^2} \tag{2-21}$$

式中　A_p——灯具发光部件在观察者眼睛方向的表面面积（m²）；

　　　r——灯具发光部件中心到观察者眼睛之间的距离（m）。

灯具的位置指数 P 即古斯位置指数按图 2.10 生成的 H/R 和 T/R 的比值，由古斯位置指数表 2.6 确定。

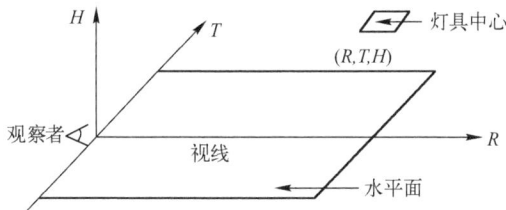

图 2.10　以观察者位置为原点的位置指数坐标

系统坐标（R，T，H），对应灯具中心，生成 H/R 和 T/R 的比值。

位置指数是根据表2.6从参数 T/R 和 H/R 用插值法得到的。要注意位置指数以参数 T/R 为对称，表仅列出了这个参数的非负数数值，即仅取 T/R 的绝对值生成的数据。

建议灯具的 T/R 值如果超出表格范围（$0\sim3$）后忽略不计。另外，H/R 数值大时，在表2.6中某些位置是空的。这些位置是被观察者的眼眶和前额所遮挡的位置，此时灯具对 UGR 无眩光感。

3．UGR 公式应用条件

统一眩光值公式的应用条件为：

（1）UGR 适用于简单的立方体形房间的一般照明装置设计，不适用于间接照明和发光顶棚的房间。

（2）UGR 适用于灯具发光部分对眼睛所形成的立体角 $0.1\text{sr}>\omega>0.0003\text{sr}$ 的情况。

表2.6　古斯位置指数表

H/R T/R	0.00	0.10	0.20	0.30	0.40	0.50	0.60	0.70	0.80	0.90	0.100	0.110	0.120	0.130	0.140	0.150	0.160	0.170	0.180	0.190
0.00	1.00	1.26	1.53	1.90	2.35	2.65	3.50	4.20	5.00	6.00	7.00	8.10	9.25	10.35	11.7	13.15	14.70	16.20	—	—
0.01	1.05	1.22	1.45	1.80	2.20	2.75	3.40	4.10	4.80	5.80	6.80	8.00	9.10	10.30	11.60	13.00	14.60	16.10	—	—
0.02	1.12	1.30	1.50	1.80	2.20	2.66	3.18	3.88	4.60	5.50	6.50	7.60	8.75	9.85	11.20	12.70	14.00	15.70	—	—
0.03	1.22	1.38	1.60	1.87	2.25	2.70	3.25	3.90	4.60	5.45	6.45	7.40	8.40	9.50	10.95	12.10	13.70	15.00	—	—
0.04	1.32	1.47	1.70	1.96	2.35	2.80	3.3	3.80	4.60	5.40	6.40	7.30	8.30	9.40	10.60	11.90	13.20	14.60	15.00	—
0.05	1.42	1.60	1.82	2.10	2.48	2.91	3.40	3.88	4.70	5.50	6.40	7.30	8.30	9.40	10.50	11.75	13.00	14.40	15.70	—
0.06	1.55	1.72	1.98	2.30	2.65	3.10	3.60	4.10	4.80	5.60	6.40	7.35	9.40	9.40	10.50	11.70	13.00	14.10	15.40	—
0.07	1.70	1.88	2.12	2.48	2.87	3.30	3.78	4.30	4.88	6.60	6.50	7.40	8.50	9.50	10.30	11.70	12.85	14.00	15.20	—
0.08	1.82	2.00	2.32	2.70	3.08	3.50	3.92	4.50	5.10	6.75	6.60	7.50	8.60	9.50	10.60	11.75	12.80	14.00	15.10	—
0.09	1.95	2.20	2.54	2.90	3.30	3.70	4.20	4.75	5.30	6.00	6.75	7.70	8.70	9.65	10.75	11.80	12.90	14.00	15.00	15.00
0.10	2.11	2.40	2.75	3.10	3.50	3.91	4.40	5.00	5.60	6.20	7.00	7.90	8.80	9.75	10.80	11.90	12.95	14.00	15.00	15.00
0.11	2.30	2.55	2.92	3.30	3.72	4.20	4.70	5.25	5.80	6.55	7.20	8.15	9.00	9.90	10.95	12.00	13.00	14.00	15.00	16.00
0.12	2.40	2.70	3.12	3.50	3.90	4.35	4.85	5.50	6.05	6.70	8.30	7.20	10.00	11.02	12.01	13.10	14.06	15.00	16.00	
0.13	2.55	2.90	3.30	3.70	4.20	4.65	5.20	5.75	6.30	7.00	7.70	8.55	9.35	10.20	11.21	12.25	13.20	14.00	15.00	16.00
0.14	2.70	3.10	3.50	3.90	4.35	4.85	5.35	5.85	6.50	7.25	8.00	8.70	9.50	10.30	11.30	12.25	13.25	14.06	15.00	16.00
0.15	2.85	3.15	3.65	4.10	4.55	5.00	5.50	6.20	6.80	7.50	8.20	8.85	9.70	10.55	11.50	12.50	13.30	14.05	15.02	16.00
0.16	2.95	3.40	3.80	4.25	4.75	5.20	5.75	6.30	7.00	7.65	8.40	9.00	9.80	10.80	11.75	12.64	13.40	14.00	15.10	16.00
0.17	3.10	3.55	4.00	4.50	4.90	5.40	5.95	6.50	7.20	7.80	8.50	9.20	10.00	10.85	11.85	12.75	13.45	14.40	15.10	16.00
0.18	3.25	3.70	4.20	4.65	5.10	5.60	6.10	6.75	7.40	8.00	8.66	9.35	10.10	11.00	11.90	12.80	13.50	14.10	16.00	
0.19	3.43	3.86	4.30	4.75	5.20	5.70	6.30	6.90	7.50	8.17	8.60	9.60	10.20	11.00	12.00	12.82	13.55	14.20	15.10	16.00
0.20	3.50	4.00	4.50	4.90	5.25	5.80	6.40	7.10	7.70	8.30	8.90	9.70	10.40	11.10	12.00	12.85	13.60	14.30	15.10	16.00
0.21	3.60	4.17	4.65	4.05	5.50	6.00	6.05	7.20	7.82	8.45	9.00	9.75	10.50	11.20	12.10	12.90	13.72	14.35	15.10	16.00
0.22	3.75	4.25	4.72	5.20	5.60	6.10	6.70	7.35	8.00	8.55	9.15	9.85	10.60	11.40	12.20	12.95	13.70	14.40	15.15	16.00

H/R \ T/R	0.00	0.10	0.20	0.30	0.40	0.50	0.60	0.70	0.80	0.90	0.100	0.110	0.120	0.130	0.140	0.150	0.160	0.170	0.180	0.190
0.23	3.65	4.35	4.80	5.25	5.70	6.22	6.80	7.40	8.10	8.65	9.30	9.90	10.70	11.50	12.25	13.00	13.75	14.40	15.20	16.00
0.24	3.95	4.40	4.90	5.35	5.80	6.30	6.90	7.50	8.20	8.80	9.40	10.00	10.80	11.55	12.25	13.00	13.80	14.45	15.20	16.00
0.25	4.00	4.50	4.95	5.40	5.85	6.40	6.95	7.55	8.25	8.55	9.50	10.05	10.85	11.60	12.32	13.00	13.80	14.50	15.25	16.00
0.26	4.07	4.55	5.05	5.47	5.95	6.45	7.00	7.65	8.36	8.95	9.55	10.10	10.90	11.63	12.35	13.00	13.80	14.50	15.25	16.00
0.27	4.10	4.60	5.10	5.53	6.00	6.50	7.05	7.70	8.40	9.00	9.60	10.16	10.92	11.45	12.35	13.00	13.80	14.50	15.25	16.00
0.28	4.15	4.62	5.15	5.56	6.05	6.55	7.08	7.73	8.45	9.05	9.65	10.20	10.95	11.65	12.35	13.00	13.80	14.50	15.25	16.00
0.29	4.20	4.65	5.17	5.60	6.07	6.57	7.12	7.75	8.50	9.10	9.70	10.23	10.95	11.65	12.35	13.00	13.80	14.50	15.25	16.00
0.30	4.22	4.67	5.20	5.65	6.12	6.60	7.15	7.80	8.55	9.12	9.70	10.23	10.93	11.65	12.35	13.00	13.80	14.50	15.25	16.00

（3）灯具为双对称配光。

（4）灯具高出人眼睛的安装高度 H_0 为 2m。

（5）同一类灯具为均匀等间距布置，$S_0 = 0.25m$，$H_0 = 0.5m$。

（6）观测位置一般在纵向和横向两面墙的中点，视线水平朝前观测，房间的尺寸 x 转换为 R 的倍数，z、y 取决于观测方向，如图 2.10 所示。

（7）坐姿观测者眼睛的高度通常取 1.2m，站姿观测者眼睛的高度通常取 1.7m。

（8）房间表面为：高出地面大约 0.75m 的工作面、灯具安装表面及这两个表面之间的墙面。

（9）工作面或常用工作面下面的地板空间，假设反射比相同，数值取 0.2。

（10）背景亮度为 127.32cd/m²，（1cd/m² 相当 10πlm/m²）。

以上阐述了统一眩光值（UGR）的公式计算法，还有 UGR 值的查表法和 UGR 值的眩光限制曲线法，这里不做介绍了。

任务2-2 照明光照设计

如果光源不加处理，既不能充分发挥光源的效能，也不能满足室内照明环境的需要，有时还会引起眩光。直射光、反射光、漫射光和透射光，在室内照明中具有不同用处。在一个房间内如果有过多的明亮点，不但互相干扰，而且造成能源的浪费；如果漫射光过多，也会由于缺乏对比而造成室内气氛平淡，甚至因其不能加强物体的空间体量而影响人对空间的错误判断。

因此，利用不同材料的光学特性，如透明、不透明、半透明，以及不同表面质地制成各种各样的照明设备和照明装置，重新分配照度和亮度，根据不同的需要来改变光的发射方向和性能，是室内照明应该研究的主要问题。例如，利用光亮的镀银的反射罩作为定向照明，或用于雕塑、绘画等的聚光灯；利用经过酸蚀刻或喷砂处理成的毛玻璃或塑料灯罩，形成漫射光来增加室内柔和的光线等。

2.2.1 照明方式和种类

照明方式是指照明设备按其安装部位或光的分布而构成的基本制式。就安装部位而言，

有一般照明（包括分区一般照明）、局部照明和混合照明等。按光的分布和照明效果可分为直接照明和间接照明。选择合理的照明方式，对改善照明质量、提高经济效益和节约能源等有重要作用，并且还关系到建筑装修的整体艺术效果。

照明方式的选择应符合以下规定：

（1）当不适合装设局部照明或采用混合照明不合理时，宜采用一般照明。

（2）当某一工作区需要高于一般照明照度时，宜采用分区一般照明。

（3）对于照度要求较高，工作位置密度不大，且单独装设一般照明不合理的场所，宜采用混合照明。

（4）在一个工作场所内不应只装设局部照明。

1．一般照明

一般照明是指不考虑局部的特殊需要，为照亮整个室内而采用的照明方式。一般照明由对称排列在顶棚上的若干照明灯具组成，室内可获得较好的亮度分布和照度均匀度，所采用的光源功率较大，而且有较高的照明效率。这种照明方式耗电大，布灯形式较呆板。一般照明方式适用于无固定工作区或工作区分布密度较大的房间，以及照度要求不高但又不会导致出现不能适应的眩光和不利光向的场所，如办公室、教室等。均匀布灯的一般照明，其灯具距离与高度的比值不宜超过所选用灯具的最大允许值，并且边缘灯具与墙的距离不宜大于灯间距离的1/2，可参考有关的照明标准设置。

为提高特定工作区照度，常采用分区一般照明。根据室内工作区布置的情况，将照明灯具集中或分区集中设置在工作区的上方，以保证工作区的照度，并将非工作区的照度适当降低为工作区的1/5～1/3。分区一般照明不仅可以改善照明质量，获得较好的光环境，而且节约能源。分区一般照明适用于某一部分或几部分需要有较高照度的室内工作区，并且工作区是相对稳定的，如旅馆大门厅中的总服务台、客房，图书馆中的书库等。

2．局部照明

局部照明是指为满足室内某些部位的特殊需要，在一定范围内设置照明灯具的照明方式。通常将照明灯具装设在靠近工作面的上方。局部照明方式在局部范围内以较小的光源功率获得较高的照度，同时也易于调整和改变光的方向。局部照明方式常用于下述场合，如局部需要有较高照度的、由于遮挡而使一般照明照射不到某些范围的、需要减小工作区内反射眩光的、为加强某方向光照以增强建筑物质感的。但在长时间持续工作的工作面上仅有局部照明容易引起视觉疲劳。

3．混合照明

混合照明是指由一般照明和局部照明组成的照明方式。混合照明是在一定的工作区内由一般照明和局部照明的配合起作用，保证应有的视觉工作条件。良好的混合照明方式可以做到：增加工作区的照度，减少工作面上的阴影和光斑，在垂直面和倾斜面上获得较高的照度，减少照明设施总功率，节约能源。混合照明方式的缺点是视野内亮度分布不匀。为了减少光环境中的不舒适程度，混合照明照度中的一般照明的照度应占该等级混合照明总照度的5%～10%，且不宜低于20lx。混合照明方式适用于有固定的工作区，照度要求较高并需要

有一定可变化光的方向的照明的房间，如医院的妇科检查室、牙科治疗室，缝纫车间等。

照明种类可分为：正常照明、事故照明、警卫照明、障碍照明及彩灯和装饰照明。

1）正常照明

在正常情况下，为顺利地完成工作、保证安全和能看清周围的物体而设置的照明，称为正常照明。正常照明的方式有三种：一般照明、局部照明和混合照明。所有居住的房间和供工作、运输、人行的走道，以及室外庭院和场所等，均应设置正常照明。

2）事故照明

在正常照明因故障而熄灭后，供继续工作或人员疏散照明，称为事故照明。建筑物在下列场所应装设事故照明。

（1）影剧院、博物馆和商场等公共场所，供人员疏散的走廊、楼梯和太平门等处。

（2）高层民用建筑的疏散楼梯、消防电梯及其前室、配电室、消防控制室、消防泵房和自备发电机房，以及建筑高度超过 24m 的公共建筑内的疏散走道、观众厅、餐厅和商场营业厅等人员密集的场所。

（3）医院的手术室和急救室的事故照明应采用能瞬时可靠点燃的照明光源，一般采用白炽灯或卤钨灯。若事故照明作为正常照明的一部分经常点燃，而在发生事故时又不需要切换电源的情况下，也可用其他光源。当采用蓄电池作为疏散用事故照明的电源时，要求其连续供电的时间不应少于 30min。事故照明的照度，不应低于工作照明总照度的 10%。仅供人员疏散用的事故照明的照度，应不小于 0.5lx。

3）警卫照明

在重要的场所，如值班室、警卫室、门房等地方所设置的照明，称为警卫照明。一般宜利用正常照明中能单独控制的一部分，或利用事故照明中的一部分作为警卫照明。

4）障碍照明

在建筑物上装设的作为障碍标志用的照明，称为障碍照明。如装设在高层建筑顶端的航空障碍照明，装在水面上的航道障碍照明等。一般采用能透雾的红光灯具，有条件时宜采用闪光照明灯。

5）彩灯和装饰照明

由于建筑规划和市容美化的要求，以及节日装饰或室内装饰的需要而设置的照明，称为彩灯照明和装饰照明。一般用功率为 15W 左右的彩色白炽灯做此类照明光源。

其中，事故照明包括备用照明、安全照明和疏散照明，其适用原则应符合下列规定：

（1）当正常照明因故障熄灭后，对需要确保正常工作或活动继续进行的场所，应装设备用照明。

（2）当正常照明因故障熄灭后，对需要确保处于危险之中的人员安全的场所，应装设安全照明。

（3）当正常照明因故障熄灭后，对需要确保人员安全疏散的出口和通道，应装设疏散照明。

（4）值班照明宜利用正常照明中能单独控制的一部分或利用应急照明的一部分或全部。

（5）警卫照明应根据需要，在警卫范围内装设。

（6）障碍照明的装设应严格执行所在地区航空或交通部门的有关规定。

2.2.2 照明质量评价

1. 光源的色温与显色性

光源的发光颜色与温度有关，当温度不同时，光源发出光的颜色是不同的。因此光源的发光颜色常用色温这一概念来表示，所谓色温是指光源发射光的颜色与黑体（能吸收全部光辐射而不反射、不透光的理想物体）在某一温度下发射的光的颜色相同时的温度，用绝对温标 K 表示。

光源的显色性是指光源呈现被照物体颜色的性能。评价光源显色性可采用显色指数表示。光源的显色指数越高，其显色性越好。一般取 80 ～ 100 为优，50 ～ 79 为一般，当小于 50 为较差。

光源的色温与显色性都取决于辐射的光谱组成。不同的光源可能具有相同的色温，但其显色性却有很大差异；同样，色温有明显区别的两个光源，但其显色性可能大体相同。因此不能从某一光源的色温做出有关显色性的任何判断。

光源的颜色宜与室内表面的配色互相协调，比如，在天然光和人工光同时使用时，可选用色温在 4000 ～ 4500K 之间的荧光灯和气体光源比较合适。照明光源的显色分组及其适用场所可根据表 2.7 选取。在照明设计中应协调显色性要求与光源光效的关系。

表 2.7 照明光源的显色分组及其适用场所

显色分组	一般显色指数（R_a）	类属光源示例	适用场所示例
I	$R_a \geq 80$	白炽灯、卤钨灯、稀土节能荧光灯、三基色荧光灯、高显色高压钠灯	美术展厅、化妆室、客室、餐厅、宴会厅、多功能厅、酒吧、咖啡厅、高级商店营业厅、手术室
II	$60 \leq R_a < 80$	荧光灯、金属卤化物灯	办公室、休息室、普通餐厅、厨房、普通报告厅、教室、阅览室、自选商店、候车室、室外比赛场地
III	$40 \leq R_a < 60$	荧光高压汞灯	行李房、库房、室外门廊
IV	$R_a < 40$	高压钠灯	变色要求不高的库房、室外道路照明

2. 眩光

眩光是由于视野中的亮度分布或亮度范围不合适，或存在极端的对比，以致引起不舒适感觉或降低观察细部或目标的能力的视觉现象。眩光对视力的损害极大，会使人产生晕眩，甚至造成事故。眩光可分成直接眩光和反射眩光两种。直接眩光是指在观察方向上或附近存在亮的发光体所引起的眩光。反射眩光是指在观察方向上或附近由亮的发光体的镜面反射所引起的眩光。在建筑照明设计中，应注意限制各种眩光，通常采取下列措施：

（1）限制光源的亮度，降低灯具的表面亮度，如采用磨砂玻璃、漫射玻璃或格栅。

（2）局部照明的灯具应采用不透明的反射罩，且灯具的保护角（或遮光角）≥30°；若灯具的安装高度低于工作者的水平视线时，保护角应限制在 10°～ 30°之间。

（3）选择合适的灯具悬挂高度。

（4）采用各种玻璃水晶灯，可以大大减小眩光，而且使整个环境显得富丽豪华。

（5）1000W 金属卤化物灯有紫外线防护措施时，悬挂高度可适当降低。灯具安装选用合理的距高比。

3．合理的照度和照度的均匀性

照度是决定物体明亮程度的直接指标。在一定的范围内，照度增加可使视觉能力得以提高。合适的照度有利于保护人的视力，提高劳动生产率。

照度标准是关于照明数量和质量的规定，在照明标准中主要是规定工作面上的照度。国家根据有关规定和实际情况制定了各种工作场所的最低照度值或平均照度值，称为该工作场所的照度标准。这些标准是进行照度设计的依据，《建筑照明设计标准》GB 50034—2013 规定的常见民用建筑的照度标准如表 2.8 所示。

表 2.8　常见民用建筑的照度标准

建 筑 类 型	房间或场所	参考平面及高度	照度标准值（lx）
居住建筑	卫生间	0.75m 水平面	100
	餐厅、厨房	0.75m 水平面	100～150
	卧室	0.75m 水平面	75～150
	起居室	0.75m 水平面	100～300
公共建筑（办公室）	资料、档案室	0.75m 水平面	200
	普通办公室、会议室、接待室、前台、	0.75m 水平面	300
	营业厅、文件整理	0.75m 水平面	300
	复印、发行室	0.75m 水平面	300
	高档办公室	0.75m 水平面	500
	设计室	实际工作面	500
商业建筑	一般商店营业厅、一般超市营业厅	0.75m 水平面	300
	高档商店营业厅、高档超市营业厅	0.75m 水平面	500
	收款台	台面	500
旅馆建筑	客房层走廊	地面	50
	客房	0.75m 水平面	75～150
	西餐厅、酒吧间、咖啡厅	0.75m 水平面	100
	中餐厅、休息厅、厨房、洗衣房	0.75m 水平面	200
	多功能厅、门厅、总服务台	0.75m 水平面	300
影剧院建筑	门厅	地面	200
	观众厅	0.75m 水平面	100～200
	观众休息厅	地面	150～200
	排演厅	地面	300
	化妆室	0.75m 水平面	150
公用场所照明	门厅	地面	100～200
	走廊、流动区域	地面	50～100
	楼梯、平台	地面	30～75
	自动扶梯	地面	150
	厕所、盥洗室、浴室、电梯前厅	地面	75～150
	休息室、储藏室、仓库	地面	100
	车库	地面	75～200

除了合理的照度外，为了减轻因频繁适应照度变化较大的环境而对人眼所产生的视觉疲劳，室内照度的分布应该具有一定的均匀度，照度均匀度是指工作面上的最低照度与平均照度的比值。《建筑照明设计标准》GB 50034—2013 规定：室内一般照明照度均匀度不应小于0.7，而作业面邻近周围的照度均匀度不应小于 0.5。房间或场所内的通道和其他非作业区域的一般照明的照度值不宜低于作业区域一般照明照度值的 1/3。

4．照度的稳定性

为提高照明的稳定性，从照明供电方面考虑，可采取以下措施：

（1）照明供电线路与负荷经常变化大的电力线路分开，必要时可采用稳压措施。

（2）灯具安装注意避开工业气流或自然气流引起的摆动。吊挂长度超过 1.5m 的灯具宜采用管吊式。

（3）被照物体处于转动状态的场合需避免频闪效应。

2.2.3　灯具的布置

1．概述

灯具的布置是确定灯具在房间内的空间位置。它与光的投射方向、工作面的照度、照度的均匀性、眩光的限制及阴影等都有直接的影响。灯具的布置是否合理还关系到照明安装容量和投资费用，以及维护检修方便与安全。要正确地选择布灯方式，应着重考虑以下几方面。

（1）灯具布置必须以满足生产工作、活动方式的需要为前提，充分考虑被照面照度分布是否均匀，有无挡光阴影及引起眩光的程度。

（2）灯具布置的艺术效果与建筑物是否协调，产生的心理效果及创造的环境气氛是否恰当。

（3）灯具安装是否符合电气技术规范和电气安全的要求，并且便于安装、检修与维护。

2．典型布灯方法与技术要求

1）点光源布灯

当光源与被照面的距离与光源尺寸相比大很多时，便可将其视为点光源。点光源布灯是将灯具在顶棚上均匀地按行列布置，如图 2.11 所示，其中 S_1、S_2 分别为灯具的行、列间距。灯具与墙的间距取灯间距离的 1/2，如果靠墙区域有工作桌或设备，灯距墙也可取 1/4 ～ 1/3 的灯间距。

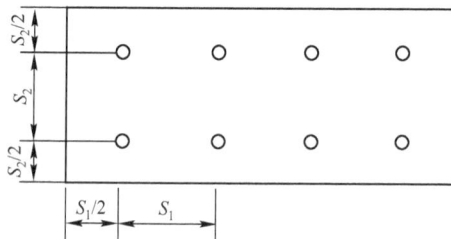

图 2.11　点光源布灯

2）线状光源布灯

线状光源是指宽度与其长度相比小得多的发光体。如图 2.12 所示，线状光源布置时希望光带与窗子平行，光线从侧面投向工作桌，灯管的长度方向与工作桌长度方向垂直，这样可以减少光幕反射引起视功能下降。靠墙光带与墙的距离一般取 $S/2$，若靠墙有工作台可取 $S/3 ～ S/4$，光带端部与墙的距离不大于 500mm。

（a）光带布灯方式　　　　　　　　（b）间隔布灯方式

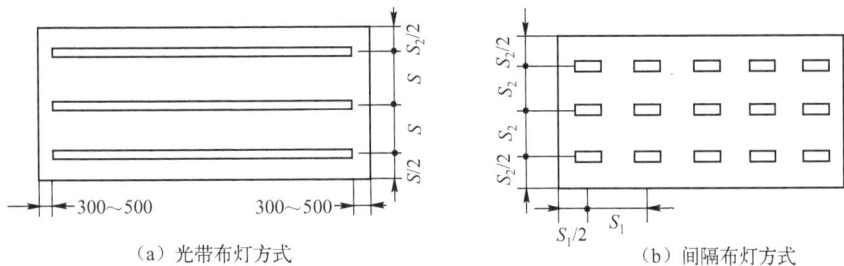

图 2.12　线状光源布灯法

线状布灯方式下，房间内光带最少排数为

$$N = \frac{房间宽度}{最大允许间距}$$

线光源纵向灯具的个数为

$$N_1 = \frac{房间长度 - 1}{光源长度}（个）$$

房间长度和光源长度的单位是 m。

3）装饰布灯

（1）天棚装饰布灯法

当建筑物内装修标准很高时，布灯也应采用高标准，以便与建筑物的富丽堂皇相协调。布灯时常按一定几何图案布置，如直线形、角形、梅花形、葵花形、圆弧形、渐开线形、满天星形或它们的组合方案，如图 2.13 至图 2.15 所示。

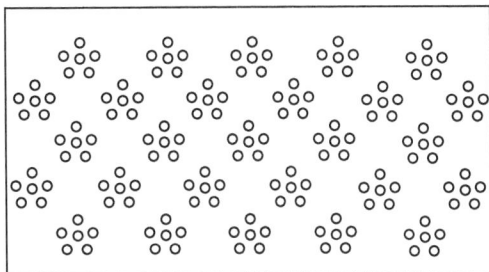

图 2.13　梅花形布灯

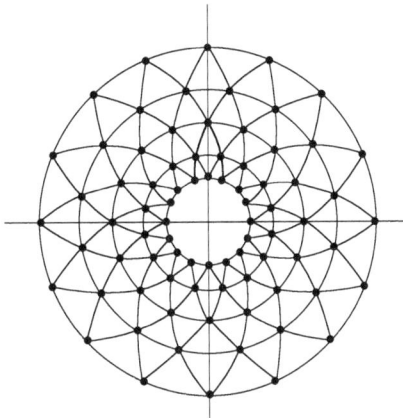

图 2.14　渐开线形布灯

当采用线状光源时也可布置成线状横向、线状纵向、光带或线状格子等布灯方案，如图2.16至图2.18所示。

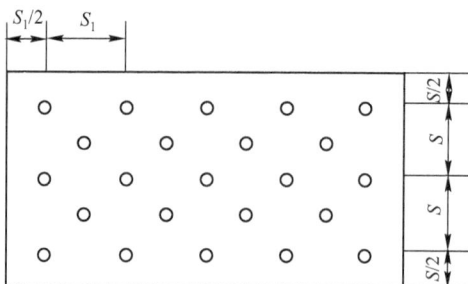

图 2.15　组合布灯

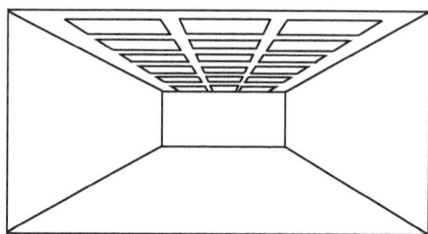

图 2.16　线状光源横向布灯

线状光源横向布灯的特点是工作面照度分布均匀，并造成一种热烈气氛，且舒适感良好。

线状光源纵向布灯的特点是诱导性好，工作面照度均匀，舒适感良好。

线状光源格子布灯的特点是从各个方向进入室内时有相同的感觉，适应性好，有排列整齐感，照度分布均匀，舒适性好。

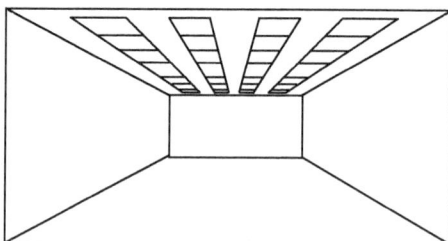

图 2.17　线状光源纵向布灯

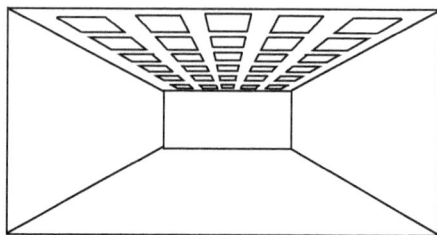

图 2.18　线状光源格子布灯

（2）室内装修配合布灯法

现代照明不仅是为了达到一定照度水平，而且许多场合还用光作装饰，以使环境更加优美，并创造出丰富多彩的光环境，使场景气氛更加诱人。如图 2.19 至图 2.23 所示为几种常用的装饰照明的布置方式。

（3）组合天棚式和成套装置式照明

将天棚和灯具结合在一起，构成天棚式照明，如图 2.24 所示。这种照明方式的优点是造型美观、照度均匀、便于施工。

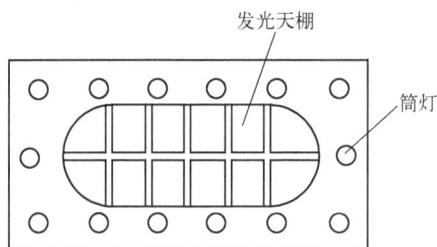

图 2.19　发光天棚

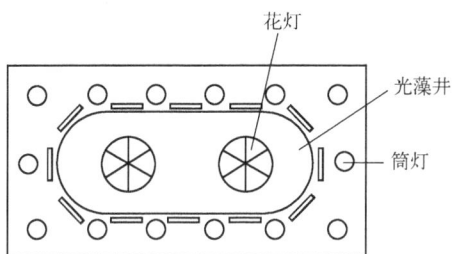

图 2.20　光藻井

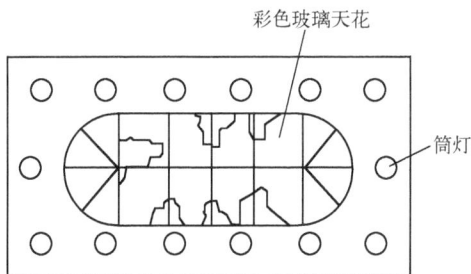

图 2.21　彩色玻璃天棚

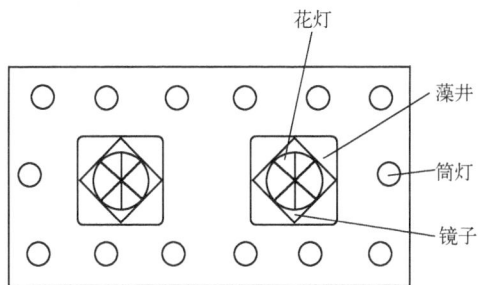

图 2.22　顶极藻井花灯

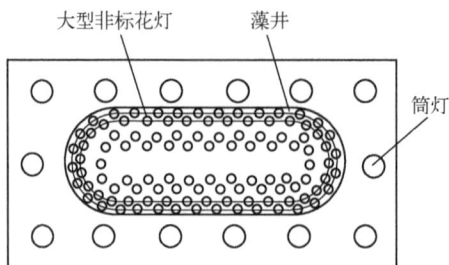

图 2.23 天花藻井装饰大型花灯

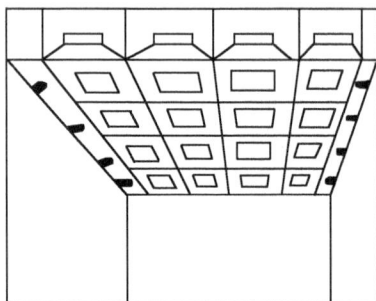

图 2.24 组合天棚式照明

将照明器、空调器及消除噪声装置和防火报警装置等统一安排，综合排列在顶棚上，形成成套装置式照明。这种布局的特点是美观合理，结构紧凑，具有现代化特色。成套装置式照明如图 2.25 所示。

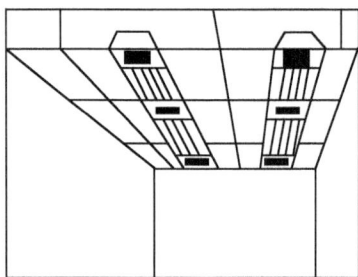

图 2.25 成套装置式照明

（4）灯具的悬挂高度

为了达到良好的照明效果，避免眩光的影响；为了保证人们活动的空间、防止碰撞产生；为了避免发生触电，保证用电安全，灯具要具有一定的悬挂高度，对于室内照明而言，通常最低悬挂高度为 2.4m。

（5）满足最大允许距高比

与局部照明、重点照明、加强照明不同，大部分建筑物都会按均匀的布灯方式布灯，如前所述将同类型灯具按照不同的几何图形，如矩形、菱形、角形、满天星形等布置在顶棚上，如车间、商店、大厅等场所，以满足照度分布均匀的基本条件，一般这些场所设计要求照度均匀度不低于 0.7。

照度是否均匀，主要还取决于灯具布置间距和灯具本身光分布特性（配光曲线）两个条件。为了设计方便常常给出灯具的最大允许距高比值 S/H。

如图 2.26 所示，当灯下面的照度 E_0 等于相邻灯具中点处的照度 E_1 时，此两灯的间距 S 与高度 H 之比称为最大允许距高比，即

$$E_1 = \frac{E_0}{2} + \frac{E_0}{2} = E_0$$

最大允许距高比 S/H 还有另一种定义方法，即 4 个相邻灯具在场地中央的照度之和与一个灯具在垂直地面下方的照度相等时，布灯的 S/H 值称为最大允许距高比。

在图 2.26 中，I_0—灯具投射角为 0° 时的光强（cd）；I_θ—灯具投射角为 θ 时的光强（cd）；H—灯具安装高度（m）；S—两灯的间距（m）。

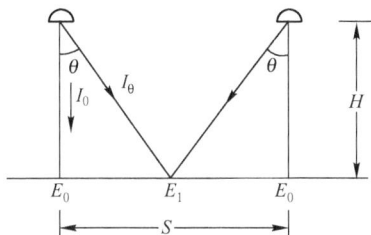

图 2.26　最大允许距高比示意图

最大允许距高比是用照明器直射光计算得出的，对漫射配光灯具，要考虑房间内光反射的作用，所以应将距高比提高 $1.1 \sim 1.2$ 倍。对非对称灯具，如荧光灯具、混光灯具等应给出两个方向的 S/H 值。为了保证照度的均匀性，在任何情况下布灯的距高比，要小于最大允许距高比。

根据研究，各种灯距最有利的距高比如表 2.9 所示。在已知灯具至工作面的高度 H，并根据表中的 S/H 值，就可以确定灯具的间距 S。图 2.27 给出了点光源灯具的几种布置和 S 的计算。

表 2.9　灯具最有利的距高比

灯 具 形 式	多行布置	单行布置	宜采用单行布置的房间宽度
乳白玻璃球灯、散照型、防水、防尘灯、天棚灯	$2.3 \sim 3.2$	$1.9 \sim 2.5$	$1.3H$
无漫射罩的配照型灯	$1.8 \sim 2.5$	$1.8 \sim 2.0$	$1.2H$
搪瓷深照型灯	$1.6 \sim 1.8$	$1.5 \sim 1.8$	$1.0H$
镜面深照型灯	$1.2 \sim 1.4$	$1.2 \sim 1.4$	$0.75H$
有反射罩的荧光灯	$1.4 \sim 1.5$	—	—
有反射罩的荧光灯，带栅格	$1.2 \sim 1.4$	—	—

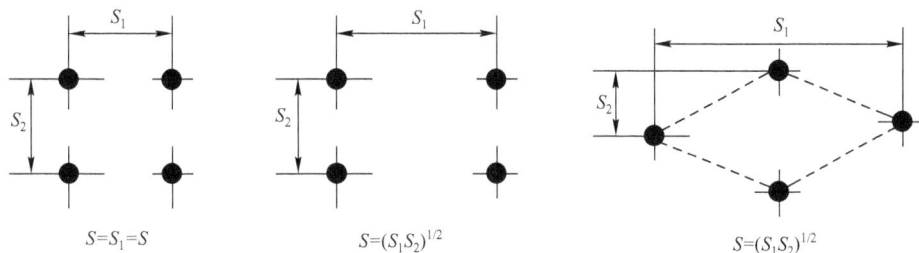

图 2.27　点光源灯具的几种布置方式及 S 的计算

2.2.4 照明光照节能设计

1991 年美国环保署最早提出绿色照明的概念，并开始付诸实施，很快得到世界很多国家的响应。"中国绿色照明工程"是由国家经贸委负责，会同国家计委、科技部、建设部等 13 个部门，在"九五"计划期间共同组织实施的示范工程。1996 年国家经贸委制定印发了"中国绿色照明工程实施方案"，全面启动了该项工程，这 5 年中取得了明显的社会效益和经济效益。进入 21 世纪，在总结实施经验和借鉴国外的成功方法的基础上，为进一步推进照明节能、提高能源效率，国家经贸委与联合国开发计划署（UNDP）合作开发了"中国绿色照明工程促进项目"，并在整个"十五"期间实施。为此制定了包括制定产品能效标准、制定建筑照明设计能效标准、组织技术交流、开展绿色照明教育和培训等在内的一系列计划，并且正在实施之中。

绿色照明工程的宗旨是：通过科学合理的设计方法，积极采用高效照明光源、灯具和电器附件，以达到节约能源，保护环境，建立优质高效、经济舒适、安全可靠，提高人们生活质量和工作效率、保护身心健康的照明环境。主要目标是提高高效照明产品质量，增加其生产能力，提高公众节能环保意识，推进照明节能。

绿色照明是一个系统工程，必须全面理解其含义。从绿色照明的宗旨可看出，它涉及照明领域的各方面问题，内容广泛而全面，内涵深刻。鉴于在理解和实施中存在一些片面性，至少应注重以下几个问题，才能完整地理解绿色照明。

（1）从保护环境的高度理解绿色照明。照明节能是中心课题，但不仅要注重节能本身的意义，更要提高到降低能耗而减少发电导致的有害气体的排放；此外，降低制灯的有害物质量（如汞、荧光粉等）及建立灯管的回收制度，降低灯具、电器附件的耗材量等，都直接或间接关系到保护环境。

（2）在提高照明质量的条件下实施节能。绿色照明不是过去单纯的节能，而是在建立优质高效的照明环境基础上，去实施节约能源，这和我国当前提出的全面建设小康社会的目标是统一的。那种不顾及照明质量，降低照明标准的方法，片面追求节能，是不妥当的。

（3）绿色照明远不只是推广应用某一种节能光源。研究生产和推广应用优质高效的照明器材，是实施绿色照明的重要因素，而光源又是其中的第一要素。但高效光源有多种类型，如直管荧光灯、紧凑型荧光灯及高强度气体放电灯（HID），其特点不同，应用场所也不同，都应给予重视；除光源外，还有灯具和与光源配套的电器附件（镇流器等），对提高照明系统效率和照明质量都有重要意义。

（4）重视照明工程设计和运行维护管理。优质高效的照明器材是重要的物质基础，但是应同样重视照明工程设计，它是制定总体方案、统管全局的要素，设计要确定合理的照度，合适的照明方式，正确选用适应的光源、灯具，合理布置，保证照明质量等。如果设计不好，优质的照明器材也不能发挥最有效的作用，就不能很好地实施绿色照明。此外，在运行使用中，还要有科学、合理的维护与管理，才能达到设计的预期目标。

下面叙述在照明设计中如何实施绿色照明的问题。

1. 照度

1）确定照度的原则

应根据工作、生产的特点和作业对视觉的要求确定照度。对于公共建筑还要根据其用途

考虑各种特殊要求，如商场除要求工作面适当的水平照度外，还要有足够的空间亮度，给顾客一种明亮感和兴奋感，不同商品销售区，要求不同照度，以渲染促销重点商品；又如宾馆等建筑，常常运用照明来营造一种气氛，所使用的照度以至色表就有特殊要求；像体育竞赛场馆，更需要很高的垂直面照度或半柱面强度，以满足彩色电视转播的要求和观众观看的清晰及舒适感。

2）确定照度的依据

（1）识别对象的大小，即作业的精细程度。

（2）对比度，即识别对象的亮度和所在背景亮度的差异，两者亮度之差越小，则对比度越小，就越难看清楚，因此需要更高照度。

（3）其他因素：视觉的连续性（长时间观看）、识别速度、识别目标处于静止或运动状态、视距大小、视者的年龄等。

3）照度对工作、生产的影响

（1）工业生产场所的照度对产品的质量、差错率、废品率、工伤事故率有一定影响。

（2）办公室、阅览室、金融工作场地等的照度，对工作效率、阅读效率有很大关系。

（3）前面两类视觉场所的照度不足，连续工作时会引起视觉疲劳，长时期将导致人眼视力下降以及头晕等心理或生理不适。

（4）商场照度，除看清商品细部和质地外，还有激发顾客购买欲望，促进销售的作用。

2. 照明质量

良好的照明质量是绿色照明的重要内容之一。照明质量包括多方面，主要是良好的显色性能，相宜的色温，较小的眩光，比较好的照度均匀度，舒适的亮度比。

下面就前面两个问题做一些说明。

1）显色性

（1）分类：按 CIE 标准（CIES008/E—2000）和 GB 50034—2004 规定，显色分类如表 2.10 所示。

表 2.10　一般显色指数（R_a）类别

显 示 类 别		一般显色指数范围	适应场所举例
I	A	$R_a \geqslant 90$	色彩检查、美发、珠宝制造、缝纫、油漆装饰、木材镶嵌、手术室、重症监护室
	B	$90 > R_a \geqslant 80$	酒吧、食堂、休息室、健身房、阅览室、剧场、音乐厅、教室
II		$80 > R_a \geqslant 60$	进厅、机房、变配电所、商场、仓库、冷库
III		$60 > R_a \geqslant 40$	楼梯、自动扶梯、车道、停车区
IV		$40 > R_a \geqslant 20$	烘干、地窖、石板仓库、熔炉

（2）应用：R_a 值的高低，对于现代建筑场所建立良好的照明环境有很大意义，不仅是辨别、识别对象颜色的需要，对视觉效果和视看舒适性也有很大影响。光源的显色指数高，被视对象和人物的形象会显得更真实、生动；反之，就会变得不好看，失去其本来的豪华和光泽。

当前，在照明工程设计中，对光源显色指数注重不够，降低了视觉效果，希望给予更大关注。设计中，应对每个场所、房间确定显色指数要求，即显色类别，按此标准来选择符合显色要求的光源。

2）光源的色表

（1）分类：按 CIE 和 GB 50034—2013 的规定，光源的色表按相关色温分为三类，如表 2.11 所示。

表 2.11 光源色表类别及适用场所举例

色表类别	色表特征	相关色温（K）	适用场所举例
Ⅰ	暖	<3300	客房、卧室、餐厅、酒吧、咖啡室
Ⅱ	中间	3300～5300	办公室，教室，图书馆，机加工、装配车间
Ⅲ	冷	>5300	高照度场所、天然光混用场所、热加工车间

（2）应用：按场所的使用特点、照度水平和需要营造的气氛，选择适宜的光源色表类别，一般来说，较低照度（150～200lx 以下）场所，需要一种温馨和亲切的情调，宜用暖色表；高照度（750lx 以上）场所或热带地区、热加工车间等宜用冷色表；而大多数场所应选用中间色表为宜。

当前的主要问题是：有些设计没有规定光源的色温，由承包商随意选购，达不到最佳效果；另外，应用冷色温荧光灯管过多，有的甚至认为色温越高越亮，造成和场所不适应，也影响光效的提高。

一些高等级的公共建筑，常常运用光的颜色来调节或营造各种情调，创造多种不同的气氛，如热烈或宁静、紧张或轻快等。

3．光源选择

正确、合理选用光源，是实施绿色照明工程的重要因素。选用光源应包括以下三个方面内容。

（1）根据场所使用特点和建筑尺寸，选用合适的光源类型。

（2）根据使用要求选择光源的显色性和色表。

（3）合理选择与光源配套、节能效果好的电器附件。

1）光源选用原则

（1）满足场所使用对显色性的要求。

（2）更高光效（1m/W），达到更好的节能、环保效果。

（3）合适的色温。

（4）较稳定的发光：包括限制电压的波动和偏移造成的光通变化和电源交变导致的频闪。

（5）良好的启点特性。

（6）使用寿命更长。

（7）性能价格比好。

2）光源类型的选用

（1）无特殊要求，应尽量选用高光效的气体放电灯，当使用白炽灯时，功率不应超过 100W。

（2）较低矮房间（4.5m 以下）宜用荧光灯，更高的场所宜用 HID 灯。

（3）荧光灯以直管灯为主，需要时（如装饰）可用单端和自镇流荧光灯（紧凑型）；直管荧光灯光效更高，寿命长，质量较稳定；而自镇流荧光灯的优势是大多使用稀土三基色粉，一般配用电子镇流器。

（4）用 HID 灯应选用金卤灯、高压钠灯，一般不用汞灯。金卤灯以较好的显色性和光谱特性，比高压钠灯更优越，在多数场所，具有更佳的视觉效果。

（5）近年新出现的陶瓷内管金卤灯比石英管金卤灯具有更高光效（高 20%），更耐高温，显色性更好（R_a 达 82 ~ 85），光谱较连续，色温稳定，有隔紫外线效果。陶瓷金卤灯的优异性能是发展的方向。

（6）美国最新研制的脉冲启动型（Pulse Start）金卤灯，比普通美式金卤灯提高光效 15% ~ 20%，延长寿命 50%，改善了光通维持率，配电感镇流器和触发器即可启动，我国已有源光亚明公司等三家引进生产。

（7）选用金卤灯应注意不同系列的产品，其中主要有两大类：一类是习惯称为美式金卤灯，即按美标的抗钠灯，我国已引进 10 条生产线，主要是这类产品；一类是欧式金卤灯，有飞利浦的钠铊铟灯和欧司朗的金卤灯。两类均可用，各有特点，但必须注意其启动性能不同，配套电器附件不同。

（8）直管荧光灯的管径趋向小型，有利于提高光效，节省了制灯材料，特别是降低了汞和荧光粉；当前主要目标是用 T8 取代 T12，进一步再用 T5；管径小便于使用稀土三基色粉，从而使 R_a 更高（85），光效提高了 15% ~ 20%，光衰小，寿命更长（达 12000h），用汞量少 80%，更符合节能、环保要求。

3）直管荧光灯的色温和显色性选择

（1）荧光灯的显色性关系视觉效果，对辨别颜色及视看对象的真实、清晰影响很大；色温相宜，将产生舒适的光环境，也可以营造各种特别的气氛。

（2）使用稀土三基色荧光粉的灯管，具有显色性好、光效高、寿命长三大好处，虽然价格高，但其综合费用反而更低。

（3）用实例说明和进行比较。以飞利浦三种不同类型的 T8 型 36W 灯管为例进行比较，如表 2.12 所示（欧司朗、松下、GE 和佛山照明电器公司的产品大体相同，参数略有差异）。

表 2.12　三种 T8 荧光灯管（36W 为例）的参数和设计灯管数（照度 500lx）

光源型号	灯管功率（W）	光通量（lm）	色温（K）	R_a	平均寿命（h）	光效（lm/W）	相同面积、照度时使用的灯管数
TLD－36W/54	36	2500	6200	72	8000	69.4	100
TLD－36W/33	36	2850	4100	63	8000	79.2	88
TLD－36W/840	36	3350	4000	85	12000	93.0	75

根据表 2.12 的使用灯管数, 其年费用比较如表 2.13 所示。

表 2.13 三种 T8 荧光灯管 (36W) 的年费比较

光源型号	光　源			灯　具		年电费（元）	年费合计（元）	年费比较（%）
	只数	年更换数	年费用（年）	数量	年折旧（元）			
TLD – 36W/54	100	50	450	50	1750	9600	11800	100
TLD – 36W/33	88	44	396	44	1540	8448	10384	88
TLD – 36W/840	75	25	525	37.5	1313	7200	9038	76.6

本表编制条件（参考值）：

① 灯管价格：前两种为卤粉灯管每只 9 元，第 3 种为三基色粉灯管每只 21 元；

② 使用双管灯具，含电子镇流器及安装费，每套 350 元，每年按 10% 计算折旧费，不计息；

③ 年利用小时：4000h；

④ 电价：0.6 元/kWh。

（4）比较结论：人们认为用三基色粉的灯管价格太高。从表 2.12 和表 2.13 可知，虽该灯管单价高很多，但综合费用反而低了不少，因为灯具费用减少了，总的初建投资更少，电费也节省了。此外，还有以下好处：

① R_a 高，提高了视觉质量，适用范围更广。

② 节能效果好，维修量减少，更符合节能和环保要求。

4）其他新光源

（1）高频微波灯、电磁感应灯的特点是寿命长，达 600 ~ 8000h。

（2）光导纤维（Fibre Optie Lighting System）。其具有的优点和适用场所如下：

无紫外、红外（光源位置可在被照场所）：适用于美术馆、博物馆、化妆品柜台。

无电磁、无电火花：适用于火灾、爆炸危险场所、喷水池。

可变色、可闪烁：适用于城市夜景照明、庭院美化、装饰、广告。

发光点微型、灵活、可拆卸再装：适用于展示、广告、拼图、满天星、桥上、扶手、栏杆。

但光导纤维价格较高。

（3）发光二极管 LED（Light Emiting Diode）。

① 特点：寿命长，达 100000h；单色性好，辐射光谱为窄带；多种颜色，红、黄、绿、蓝、白，无需滤色，光利用率高；耐震性好；安全，低电压、低温升；节能；显色性高，R_a 为 75 ~ 85。

② 适用：交通信号灯、机场标志灯、夜景照明、庭院美化、商业装饰、广告、大屏幕背景、汽车尾灯、建筑标志、应急疏散标志等。

5）灯具选择

（1）选择原则。

① 灯具效率（η）高：$\eta = \Phi_L / \Phi_0$，取决于反射器形状和材料、出光口大小、漫射罩或格栅形状和材料。

② 灯具配光应适应场所条件。

③ 眩光限制符合使用场所要求。

④ 符合环境条件的 IP 等级。

（2）按室空间比 RCR 选择灯具的配光，以提高利用系数，表2.14 可供参考。

表2.14　按 RCR 选择灯具配光

RCR	灯具配光类型	最大允许距高比
1～3	宽配光	2.5～1.5
3～6	中配光	1.5～0.8
6～10	窄配光	1.0～0.5

（3）选用光通维持率高的灯具：涉及反射面、漫射罩、透光罩材料抗老化、防静电性能及维修性能。

　　6）镇流器选择

气体放电灯以其比白炽光源高得多的光效而广泛使用，但是它必须配套镇流器才能正常工作。几十年来，荧光灯和高强度气体放电灯都使用电感镇流器。由于电感镇流器自身功耗比较大，近二十多年出现了各种改进的产品，主要有两类：一类是改进铁芯材料和工艺，从而降低功耗的节能型电感镇流器；另一类是运用电子线路产生高频（或低频）电流点灯的电子镇流器。

几种光源的几类镇流器的性能比较和应用分述如下。

（1）直管荧光灯镇流器

① 性能比较和分析。传统电感镇流器（以下用符号"LB"表示）和节能型电感镇流器（符号"SELB"）、电子镇流器（符号"EB"）的性能比较，如表2.15 所示。EB 按标准又分为 H 级和 L 级。

表2.15　直管荧光灯（36W 为例）几种镇流器性能比较

镇流器类型	镇流器功耗（W）	灯管光效比	系统能效比	质量比	电磁干扰	谐波含量（%）	功率因数	灯电流波峰比	使用寿命（年）	频闪	噪声	调光	价格
LB	9	1	1	1	无	<10	0.5	1.58～1.62	长	有	有	不可	低
SELB	4.5～5.5	1	0.92	1.5	无	<10	0.5	1.50～1.55	长	有	小	不可	中
EB（H）	3.5	1.1	0.8	0.3～0.4	允许	<40	<0.9	<1.7	短	无	无	可	较高
EB（L）	3.5	1.1	0.8	0.4～0.5	允许	<20	<0.98	1.4～1.5	中长	无	无	可	高

注：① 表中镇流器功耗、谐波含量、使用寿命为参考值，各企业产品差别较大。

　　② LB、SELB 的功率因数可补偿到 0.9 以上。

　　③ 使用寿命和价格，随着年代的推移和产品内在因素的改变而会有变化。

SELB 是在 LB 的基础上改进而来的，其自身功耗下降为 40%～50%，使灯的系统功耗降低约 8%；由于铁芯材料好，工艺合理，因此温升较低，可靠性更高，寿命更长，产品质量较稳定；虽硅钢片用量增大，价格稍高，但可从节能和使用寿命得到补偿，容易获得回收。

EB 则是更新的产品，优点是节能效果更好，发光稳定，没有频闪，没有噪声，功率因

数高，可以实现调光；缺点是生产企业多，产品质量良莠不齐，有些产品电路简单，元件未经优选，工艺不先进，导致可靠性差，使用寿命不长，而优质产品价格较贵，都影响了推广应用。

② 选用意见。

a. 按上述性能比较和分析，从节能观点和提高质量观点考虑，应该积极应用 SELB 和 EB，而不使用传统的 LB。使用 SELB 比 LB 价格高一些，但从节省电费中能很快回收（一年内）。可惜，不少设计中没有明确提出使用 SELB 的要求，工程承包公司多购买较便宜的 LB，因而达不到预期目的。

建议：一是设计中应明确提出技术要求或产品类型、规格；二是 SELB 产品应在标准中或企业型号中予以规定，便于设计中推广选用。

b. 关于 SELB 和 EB，各有其优缺点，应根据情况选用。一般场所选用 SELB，具有价格较低、回收期短、使用寿命长、可靠性好、无电磁干扰等优点，更易于被用户接受；对于视觉要求高、无频闪的连续作业场所，要求安静的场所（如医院、阅览室）等，选用 EB 更合适。使用 EB 时，宜用优质的 L 级产品，其谐波含量小，避免中性线过流。

从今后发展的趋势看，EB 产品将有更大优势，应用面会更广。

（2）自镇流荧光灯镇流器

这种灯的灯管和镇流器自成一体，配套性强。由于其功率较小，多在 5 ～ 25W 之间，由于小功率的 EB 产品质量较易过关，而 LB 或 SELB 的质量大，启动也较困难，所以绝大多数均配套 EB 产品。

（3）高压钠灯镇流器

和荧光灯一样，为了降低镇流器功耗，同样在发展 SELB 和 EB，逐步取代 LB 产品。所不同的是，SELB 是对 LB 的改进提高，技术上成熟，节能效果比较明显；而 EB 研制时间更短，灯泡功率比较大，技术难度较大，运行经验也不够充分，特别是 150W 以上功率的，节能效果不明显，难度大，还有待探索，目前还不能大面积普遍推广应用。

当前，推广应用 SELB 代替 LB 是主要课题。按国际铜协（中国）提供的资料，SELB 与 LB 的功耗比较如表 2.16 所示。

表 2.16　高压钠灯的镇流器功耗比较

灯泡功率（W）		30	40	100	150	250	400	1000
镇流器功耗占灯功率百分比（%）	LB	30～40	22～25	15～20	15～18	14～18	12～14	10～11
	SELB	< 15	< 12	< 11	< 12	< 10	< 9	< 8

从表 2.16 可以看到，SE 比 LB 功耗降低较大，如常用的 250W 灯泡，SELB 的功耗减少 10 ～ 20W，400W 灯泡减少 12 ～ 20W，而镇流器费用增加不多，不到一年即可从节省电费中回收。

（4）金属卤化物镇流器

和高压钠灯一样，近年来研制了 SELB 和 LB 两类镇流器，而金卤灯的 EB 技术难度更大，目前应用还较少，暂时不能推广；而 SELB 比较成熟，比 LB 功耗下降明显，有较好节能效果，应予推广应用。

7）照明配电

（1）稳定电压：当光源端电压为 $1.1U_n$ 时，输入功率增加以下百分数：

白炽灯、荧光灯——14%～15%；

HID 灯——20%～29%（钠灯 28%～29%）。

后半夜使用的路灯、走廊、楼梯灯更为突出。例如，某街道 100 只 250W 钠灯，后半夜电压升高 10%，年增电耗 19000kWh。

设计中应考虑稳定电压措施，如采用照明专用变压器，并且自动稳压；电力负荷供应变压器时，应避开冲击性负荷对照明的影响。

（2）提高 $\cos\varphi$：上述街道钠灯，每灯装一电容器，$\cos\varphi$ 提高到 0.9，线路损耗每年降低 4000～5000kWh（未计变压器损耗）。

（3）降低线路阻抗：适当加大截面，用电缆或穿管线路。

（4）合理的控制方式：有很多种控制，如微机自动开关灯；调压、调光控制；对道路灯（钠灯）采用恒功率输入，恒光通输出；采用后半夜降低灯端电压或灯功率，以降低光输出，节约输入电能等。

8）照明能效标准

制定能效标准是实施绿色照明的重要措施，标准包含两类：一是各类光源、镇流器的能效限定值和节能评价值；二是照明设计能效标准。建筑照明设计标准 GB 50034—2004 规定的几类场所单位面积照明功率限值如表 2.17 所示。

表 2.17 几类场所单位面积照明功率限值（W/m^2）

房间及场所	现 行 值	目 标 值	对应照度值
起居室	7	6	100
普通办公室、会议室、教室、阅览室	11	9	300
高档办公室、设计室	18	15	500
一般商店营业厅	12	10	300
高档商场营业厅	19	16	500
治疗室、诊室	11	9	300

照明设计必须符合规定的能效标准。因此，设计中要合理选用高效光源、灯具及镇流器等先进产品，选用先进、科学的设计方法，以达到规定的要求，更好地推进绿色照明的贯彻实施。

任务2-3 照明电气设计

目前，在照明装置中采用的都是电光源，为保证电光源正常、安全、可靠地工作，同时便于管理维护，又利于节约电能，必须有合理的供配电系统和控制方式给予保证。为此，照明电气设计就成了照明设计中不可缺少的一部分。照明电气设计除符合照明光照技术设计标准中的有关规定外，必须符合电气设计规范（规程）中的有关规定。

2.3.1 照明电气设计的任务和步骤

照明电气设计的任务可归纳如下。

（1）满足光照设计确定的各种电光源对电压大小、电能质量的要求，使它们能工作在额定状态，以保证照明质量和灯泡寿命。

（2）选择合理、方便的控制方式，以便照明系统的管理、维护和节能。

（3）保证照明装置和人身的电气安全。

（4）尽量减少电气部分的投资和年运行费。

照明电气设计通常按下述步骤进行。

（1）收集原始资料：电源情况、照明负荷对供电连续性的要求。

（2）确定照明供电系统：电源、电压的选择；网络接线方式的确定；保护设备、控制方式的确定；电气安全措施的确定。

（3）线路计算：负荷计算、电压损失计算、保护装置整定计算。

（4）确定导线型号、规格及其敷设方式，并选择供电、控制设备及其安装位置。

（5）绘制照明设计施工图：绘制照明供电系统图和照明平面布置图。列出主要设备、材料清单，编制概算、预算（在没有专职概预算人员的情况）。

2.3.2 照明供电

照明装置的供电决定于电源情况和照明装置本身对电气的要求。

1. 照明对电压质量的要求

电能质量是指电压、频率和波形质量，主要指标为电压偏移、电压波动和闪变、频率偏差、谐波等。

照明电光源对电能质量的要求主要体现在对电压质量的要求方面，包括电压偏移和电压波动两方面。

1）电压偏移

电压偏移是指系统在正常运行方式下，各点实际电压 U 对系统标称电压 U_n 的偏差，用相对电压百分数表示为

$$\delta_u = \frac{U - U_n}{U_n} \times 100\% \tag{2-22}$$

有关设计规范规定灯具的端电压其允许电压偏移值应不超过额定电压的105%，也不宜低于额定电压的下列数值：

（1）对视觉要求较高的室内照明为97.5%。

（2）一般工作场所的照明、室外工作场所照明为95%，但远离变电所的小面积工作场所允许降低到90%。

（3）应急照明、道路照明、警卫照明及电压为 12 ～ 36V 的照明为90%。

2）电压波动与闪变

电压波动是指电压的快速变化。冲击性功率的负荷（炼钢电弧炉、轧机、电弧焊机等）

引起连续的电压波动或电压幅值包络线的周期性变动，其变化过程中相继出现的电压有效值的最大值 U_{max} 与最小值 U_{min} 之差称为电压波动，常取相对值（与系统标称电压 U_n 的比值），用百分数表示为

$$\Delta u_f = \frac{U_{max} - U_{min}}{U_n} \times 100\%$$

电压变化速度不低于每秒 0.2% 的称为电压波动。

电压波动能引起电光源光通量的波动，光通量的波动使被照物体的照度、亮度都随时间而波动，使人眼有一种闪烁感（不稳定的视觉印象）。轻度的是不舒适感，严重时会使眼睛受损、产品废品增多和劳动生产率降低，所以电压波动必须限制。

人眼对不同频率的电压波动而引起的闪烁的敏感度曲线如图 2.28 所示。从曲线可知，人眼对波动频率为 10Hz 的电压波动最敏感，因此可将不同电压波动频率 f 时的闪变电压在 lmin 内的平均值 Δu_{fl}，折合成等效 10Hz 闪变电压值 Δu_{10}，以系统标称电压的百分数表示时可利用下式求得：

$$\Delta u_{10} = \sqrt{\sum (a_f \Delta u_{fl})^2} \times 100\% \qquad (2-23)$$

式中　Δu_{fl}——不同电压波动频率 f 时的闪变电压在 1min 内的平均值；

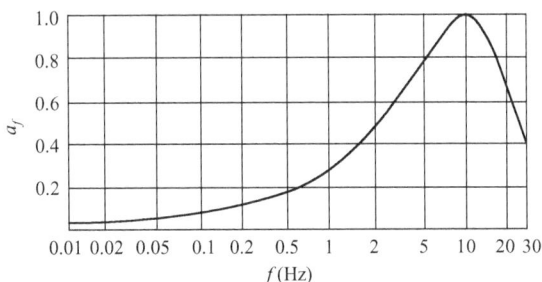

　　　a_f——闪变视感度系数。

图 2.28　闪变视感度曲线

电压波动的允许值与闪变电压允许值一般做如下规定：

（1）用电设备及配电母线电压波动允许值如表 2.18 所示。三相电弧炉工作短路时，如能满足母线电压波动允许值，则也满足闪变电压允许值；一般认为也能满足公共供电点的波动电压和闪变电压允许值。

（2）公共供电点（10kV 及以下）由冲击性功率负荷产生的电压波动允许值为 2.5%，闪变电压允许值如表 2.19 所示。

表 2.18　用电设备及配电母线电压波动允许值

名　　称	电压波动用电设备端子电压水平允许值（%）	配电母线电压波动允许值
三相电弧炉工作短路时 电焊机正常尖峰电流下工作时	90[①]	2.5[②]

注：①专供电弧炉用的变电所的电压波动值不受 2.5% 的限制。

　　②电焊机有手工及自动弧焊机（包括弧焊变压器、弧焊整流器、直流焊接变流机组）、电阻焊机（即接触焊机包括点焊、缝焊和对焊机）。焊接时电压水平过低时，会使焊接热量不够而造成虚焊。对于自动弧焊变压器和无稳压装置的电阻焊机，电压水平允许值宜为 92%，对于有些焊接有色金属的电阻焊机要求略高。

表2.19　公共供电点冲击性功率负荷产生的闪变电压允许值

应用场合	闪变电压允许值 Δu_f[①]（%）				
	Δu_{10}	Δu_3	Δu_1	$\Delta u_{0.5}$	$\Delta u_{0.1}$
对照明要求较高的白炽灯	0.4（推荐值）	0.7	1.5	2.4	5.3
负荷一般照明负荷	0.6（推荐值）	1.1	2.3	3.6	8

注：① 波动频率 f 为3Hz、1Hz、0.5Hz、0.1Hz的闪变电压允许值 Δu_3、Δu_1、$\Delta u_{0.5}$、$\Delta u_{0.1}$ 是根据 Δu_{10} 值，并按闪变视感度系数值计算而得。

2. 照明负荷分级

按其重要性可将照明负荷分为三级。

1）一级负荷

一级负荷为中断供电将造成政治上、经济上的重大损失，甚至出现人身伤亡等重大事故的场所的照明。例如，重要车间的工作照明及大型企业的指挥控制中心的照明；国家、省市等各级政府主要办公室照明；特大型火车站、国境站、海港客运站等交通设施的候车（船）室照明；售票处、检票口照明等；大型体育建筑的比赛厅、广场照明；四星级、五星级宾馆的高级客房、宴会厅、餐厅、娱乐厅主要通道照明；省、直辖市重点百货商场营业厅和收款处照明，省、市影剧院的舞台、观众厅部分照明、化妆室照明等；医院的手术室照明、监狱的警卫照明，等等。

所有建筑或设施中需要在正常供电中断后使用的备用照明、安全照明及疏散标志照明都作为一级负荷。为确保一级负荷，应有两个电源供电，两个电源之间应无联系，且不致同时停电。

2）二级负荷

二级负荷为中断供电将在政治上、经济上造成较大损失，严重影响正常工作的重要单位及造成秩序混乱的重要公共场所的照明。例如，省、市图书馆的阅览室照明；三星级宾馆、饭店的高级客房、宴会厅、餐厅、娱乐厅等照明；大、中型火车站及内河港客运站、高层住宅的楼梯照明、疏散标志照明等。二级负荷应尽量做到：当发生电力变压器故障或电力线路等常见故障时（不包括极少见的自然灾害）不致中断供电，或中断后能迅速恢复供电。

3）三级负荷

不属于一、二级负荷的均属三级负荷，三级负荷由单电源供电即可。

3. 电压和供电方式的选择

1）电压的选择

（1）在正常环境中，我国灯用电压一般为交流220V（HID灯中镝灯与高压钠灯也有用380V的）。

（2）容易触及而又无防止触电措施的固定式或移动式灯具，其安装高度距地面为2.2m及以下时，在下列场所的使用电压不应超过24V。

① 特别潮湿，相对湿度经常在90%以上。

② 高温，环境温度经常在400℃以上。

③ 具有导电性灰尘。

④ 具有导电地面：金属或特别潮湿的土、砖、混凝土地面等。

（3）手提行灯的电压一般采用 36V，但在不便于工作的狭窄地点，且工作者在接触良好接地的大块金属面上（如在锅炉、金属容器内或金属平台上等）工作时，手提行灯的供电电压不应超过 12V（输入电路与输出电路必须实行电路上的隔离）。

（4）由蓄电池供电时，可根据容量大小、电源条件、使用要求等因素分别采用 220V、36V、24V、12V。

（5）热力管道隧道和电缆隧道内的照明电压宜采用 36V。

2）供电方式的选择

我国照明供电一般采用 380/220V 三相四线中性点直接接地的交流网络供电。

（1）正常照明

一般由动力与照明共用的电力变压器供电如表 2.20A 所示，二次侧电压为 380/220V。如果动力负荷会引起对照明不容许的电压偏移或波动，在技术经济合理的情况下对照明可采用有载自动调压电力变压器、调压器，或照明专用变压器供电；在照明负荷较大的情况下，照明也可采用单独的变压器供电。

当生产厂房的动力采用"变压器—干线"式供电而对外又无低压联络线时，照明电源宜接自干线总断路器之前，如表 2.20D 所示。

动力与照明合用供电线路可用于公共和一般的住宅建筑。在多数情况下可用于电力负荷稳定的生产厂房、辅助生产厂房及远离变电所的建筑物和构筑物。但应在电源进户处将动力、照明线路分开，如表 2.20G 所示。

表 2.20　常用照明供电系统

序号	供电方式	照明供电系统	简要说明
A	一台变压器	D.Yn11　220/380V　应急照明　电力　正常照明	照明与电力在母线上分开供电
B	一台变压器及蓄电池组等	D.Yn11　蓄电池组成UPS　自动转换装置　220/380V　电力　正常照明　应急照明	照明与电力在母线上分开供电，应急照明由蓄电池组成UPS供电

序号	供电方式	照明供电系统	简要说明
C	两路独立电源，自启动发电机作第三电源		两路独立电源，照明设专用变压器，自启动发电机为第三独立电源
D	一台变压器供电的变压器—干线		对外无低压联络线时，正常照明电源接自干线总断路器前
E	两台变压器供电的变压器—干线		照明电源接自变压器低压总断路器后，当一台变压器停电时，通过联络断路器接到另一段干线上，应急照明由两段干线交叉供电
F	两台变压器		照明与电力在母线上分开供电，应急照明由两台变压器交叉供电

续表

序号	供电方式	照明供电系统	简要说明
G	由外部线路供电		图 (a) 适用于不设变电所的较大建筑物。 图 (b) 适用于次要或较小的建筑物
H	两台变压器电源为独立的		变压器的电源相互独立

（2）应急照明

① 供继续工作用的备用照明应接于与正常照明不同的电源。为了减少和节省照明线路，一般可从整个照明中分出一部分作为备用照明。此时，工作照明和备用照明同时使用，但其配电线路及控制开关应分开装设。若备用照明不作为正常照明的一部分同时使用，则当正常照明因故障停电时，备用照明电源应自动投入。

② 人员疏散用的应急照明可按下列情况之一供电：

a. 仅装设一台变压器时，与正常照明的供电干线自变电所低压配电屏上或母线上分开，如表 2.20A 所示。

b. 装设两台及以上变压器时，宜与正常照明的干线分别接自不同的变压器，如表 2.20E、F、H 所示。

c. 建筑物内未设变压器时，应与正常照明在进户线后分开，并不得与正常照明共用一个总开关，如表 2.20G 所示。

d. 采用带有直流逆变器的应急照明灯（只需装少量应急照明灯时）。

3）局部照明

机床和固定工作台的局部照明可接自动力线路；移动式局部照明应接自正常照明线路，最好接自照明配电箱的专用回路，以便在动力线路停电检修时仍能继续使用。

4）室外照明

室外照明线路应与室内照明线路分开供电；道路照明、警卫照明的电源宜接自有人值班的变电所低压配电屏的专用回路上。负荷小时，可采用单相、两相供电；负荷大时，可采用三相供电。并应注意各相负荷分配均衡；当室外照明的供电距离较远时，可采用由不同地区

的变电所分区供电的方式。露天工作场所、堆场等的照明电源，视具体情况可由邻近车间的线路供电。

4. 照明供电网络

照明供电网络由馈电线、干线和分支线组成。馈电线是将电能从变电所低压配电屏送至照明配电盘（箱）的线路；干线是将电能从总配电盘送至各个照明分配电箱的线路；分支线是由干线分出，即将电能送至每一个照明配电箱的线路，或从照明配电箱分出接至各个灯的线路，如图 2.29 所示。

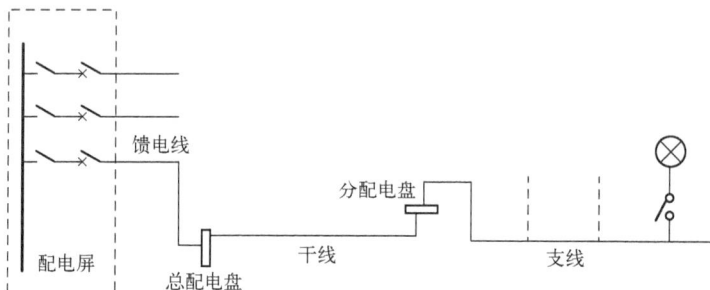

图 2.29　照明线路的基本形式

1）供电网络的接线方式

（1）放射式，如图 2.30（a）所示。放射式线路采用的导线较多，这在大多数情况下，使有色金属消耗量增加，同时也占用较多的低压配电盘回路，从而将使配电盘投资增加。但当供电线路发生故障时，影响停电的范围较小，这是放射式供电的优点。

（2）树干式，如图 2.30（b）所示。其主要优点是导线消耗量小。

（3）混合式，是放射式和树干式混合使用的方式，如图 2.30（c）所示。这种供电方式可根据配电盘分散的位置、容量、线路走向综合考虑，故这种方式往往使用较多。

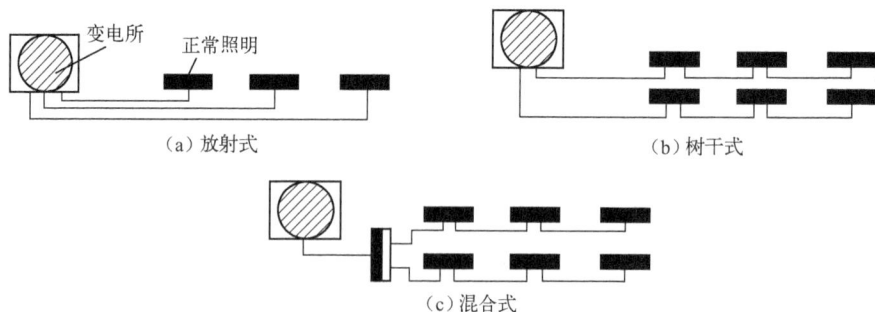

图 2.30　照明配电接线方式

2）配电线路

灯具一般由照明配电箱以单相支线供电，但也可以二相或三相的分支线对许多灯供电（灯分别接于各相上）。采用两相三线或三相四线供电比单相二线供电优越：线路的电能损耗、电压损耗都较小，对于气体放电灯还可以减少光通量的脉动。其缺点是导线用得多，有色金属消耗量增加，投资也增加。考虑到使用与维修的方便，从配电箱接出的单相分支线所

接的灯数不宜过多。一般每一路单相回路电流不超过 16A，光源数量不宜超过 25 个，但花灯、彩灯、大面积照明等回路除外。

每个分配电盘（路）和线路上各相负荷分配应尽量均衡。

屋外灯具数量较多时，可用三相四线供电。各个灯分别接到不同的相上。

局部照明负荷较大时可设置局部照明配电箱，当无局部照明配电箱时，局部照明可从常用照明配电箱或事故照明配电箱以单独的支线供电。

供手提行灯接电用的插座，一般采用固定的干式变压器供电。当插座数量很少，且不经常使用时，也可以用工作附近的 220V 插座，手提行灯通过携带式变压器接电。此时，220V 插座应采用带接地极的三眼插座。

重要厅室的照明配线可采用两个电源自动切换方式或由两电源回路各带一半负荷的交叉配线，其配电装置和管路应分开。

3）控制方式

灯的控制主要满足安全、节能、便于管理和维护等要求。

（1）室内照明控制

生产厂房内的照明一般按生产组织（如加工段、班组、流水线等）分组集中在分配电箱上控制，但在出、入门口应安装部分开关。在分配电箱内可直接用分路单极开关实行分相控制。照明采用分区域或按房间就地控制时，分配电箱的出线回路可只装分路保护设备。大型厂房或车间宜采用带自动开关的分配电箱，分配电箱应安装在便于维修的地方，并尽量靠近电源侧或所供照明场地的负荷中心。在非昼夜工作的房间中，分配电箱应尽量靠近人员入口处。分配电箱严禁装设在有爆炸危险的场所，可放在邻近的非爆炸危险房间或电气控制间内。不得已时可用密封型分配电箱装在 2 分区爆炸危险房间内。在 21 分区及 22 分区火灾危险场所内安装的照明箱可用防尘型，23 分区火灾危险场所则可用保护型。

一般房间照明开关装在入口处的门把手旁边的墙上。偶尔出入的房间（通风室、储藏室等），开关宜装在室外，其他房间均宜装在室内。房间内灯具数量为一个以上时，开关数量不宜少于两个。

天然采光照度不同的场所，照明宜分区控制。

（2）室外照明控制

工业企业室外的警卫照明、露天堆场照明、道路照明、户外生产场所照明及高大建筑物的户外灯光装置均应单独控制。

大城市的主要街道照明，可用集中遥控方式控制高压开关的分合及通断专用照明变压器以达到分片控制的目的。大城市的次要街道和一般城市的街道照明采用分片分区的控制方式。

工业企业的道路照明和警卫照明宜集中控制，控制点一般设在有值班人员的变电所或警卫室内。

为节约电能，要求在后半夜切断部分道路的照明，切断方式是：

① 切断间隔灯杆上的部分照明。

② 切断同一灯杆上的部分灯具。

③ 大城市主要干道切断自行车和人行道照明，保留快车道照明。

2.3.3 照明线路计算

本节主要讨论与确定照明供电网络有关的负荷计算、功率因数补偿计算和电压损失计算。

1. 照明负荷计算

在选择导线截面及各种开关元件时，都是以照明设备的计算负荷（P_{js}）为依据的。它是按照照明设备的安装容量 P_e 乘以需要系数 K_d 而求得的（如三相线路有不平衡负荷时，则以最大一相负荷乘以 3 作为总负荷），其公式为

$$P_{js} = K_d P_e \tag{2-24}$$

式中　P_{js}——计算负荷（W）；

　　　P_e——照明设备的安装容量，包括光源和镇流器所消耗的功率（W）；

　　　K_d——需要系数，它表示不同性质的建筑对照明负荷需要的程度（主要反映各照明设备同时点燃的情况），如表 2.21 所示。

表2.21　计算照明干线负荷时采用的需要系数 K_d

建筑物分类	K_d
住宅区、住宅	0.6～0.8
医院	0.5～0.8
办公楼、实验室	0.7～0.9
科研楼、教学楼	0.8～0.9
大型厂房（由几个大跨度组成）	0.8～1.0
由小房间组成的车间或厂房	0.85
辅助小型车间、商业场所	1.0
仓库、变电所	0.5～0.6
应急照明、室外照明	1.0

表 2.21 给出了各种建筑计算照明干线负荷时采用的需要系数供参考。照明支线的需要系数为 1。

各种气体放电灯配用的镇流器，其功率损耗以光源功率的百分数表示。

在实际工作中往往需要的是计算电流（I_{js}）的数值，当已知 P_{js} 后就可方便地求得 I_{js}。

采用一种光源时，线路的计算电流可按下述公式计算。

（1）三相线路计算电流

$$I_{js} = \frac{P_{js}}{\sqrt{3}\,U_1 \cos\varphi} \tag{2-25}$$

（2）单相线路计算电流

$$I_{js} = \frac{P'_{js}}{U_p} \tag{2-26}$$

式中　U_1——额定线电压（kV）；

　　　U_p——额定相电压（kV）；

$\cos\varphi$——光源的功率因数；

P_{js}，P'_{js}——分别为三相及单相计算负荷（kW）。

采用两种光源混合使用时，线路的计算电流按下式计算：

$$I_{js} = \sqrt{(I_{a1} + I_{a2})^2 + (I_{r1} + I_{r2})^2} \qquad (2-27)$$

式中　I_{a1}，I_{a2}——分别为两种光源的有功电流（A）；

I_{r1}，I_{r2}——分别为两种光源的无功电流（A）。

气体放电灯的功率因数往往比较低，这使得线路上的功率损失和电压损失都增加，因此采用并联电容器进行无功功率的补偿。一般可以将并联电容器放在光源处进行个别补偿，也可放在配电箱处进行分组补偿，或放在变电所集中补偿。由于目前较多类型的灯泡尚无与之相配套的单个电容器，为便于维护，较多采用分散个别补偿或集中补偿。

分散个别补偿时，采用小容量的电容器，其电容 C 可按下式计算：

$$C = \frac{Q_C}{2\pi f U^2 \, 10^{-3}} (\mu F) \qquad (2-28)$$

式中　U——电容器端子上的电压（kV）；

f——交流电频率（Hz）；

Q_C——电容器的无功功率（kVar）。

Q_C 的数据可按式（2-29）计算，但此时功率 P_{js} 应为灯泡功率与镇流器功率损耗之和。

当采用三相线路供电时，电容器的补偿容量可按下式计算：

$$Q_C = P_{js}(\tan\varphi_1 - \tan\varphi_2) \qquad (2-29)$$

式中　$\tan\varphi_1$——补偿前最大负荷时的功率因数角的正切值；

$\tan\varphi_2$——补偿后最大负荷时的功率因数角的正切值；

P_{js}——三相计算负荷（kW）。

2. 照明线路电压损失计算

所谓电压损失是指线路始端电压与末端电压的代数差。控制电压损失是为了使线路末端的灯具的电压偏移符合要求。

1）照明网络允许电压损失值的确定

照明网络中允许的电压损失的大小按下式确定：

$$\Delta U = U_e - U_{min} - \Delta U_1 \qquad (2-30)$$

式中　ΔU——照明线路中电压损失值允许值（V）；

U_e——变压器空载运行时的额定电压（V）；

U_{min}——距离最远的灯具允许的最低电压（V）；

ΔU_1——变压器内部电压损失，折算到二次电压（V）。

假定变压器一次侧端子电压为额定值，或为电压分接头的电压对应值，变压器内部电压损失 ΔU_1 可近似地按下式确定：

$$\Delta U_1 = \beta(U_a\cos\varphi + U_r\sin\varphi) \qquad (2-31)$$

式中　β——变压器负荷率；

U_a——变压器短路有功电压（V）；

U_r——变压器短路无功电压（V）；

$\cos\varphi$——变压器二次绕组端子上的功率因数。

U_a 和 U_r 的数值由下式确定：

$$
\left.
\begin{aligned}
U_a &= \frac{P_d}{S_e} \times 100 \\
U_r &= \sqrt{U_d^2 - U_a^2}
\end{aligned}
\right\}
\tag{2-32}
$$

式中　P_d——变压器的短路损耗（kW）；

S_e——变压器额定容量（kVA）；

U_d——变压器的短路电压（kV）。

P_d，U_d 的值可在变压器产品样本中查得。

当缺乏计算资料时，线路允许电压损失可取 3% ～ 5% 。

2）电压损失计算

（1）一般线路电压损失计算

三相平衡负荷线路、接于线电压（380V）的单相负荷线路、接于相电压的两相 – N 线平衡负荷线路、接于相电压（220V）的单相负荷线路的电压损失计算公式如表 2.22 所示，供选用。

表 2.22　线路电压损失的计算公式

线路种类	负荷情况	计算公式
三相平衡负荷线路	① 终端负荷用电流矩（A·km）表示	$\Delta U\% = \dfrac{\sqrt{3}}{10 U_n}(R'\cos\varphi + X'\sin\varphi)Il = \Delta U_n\% \, Il$
	② 几个负荷用电流矩（A·km）表示	$\Delta U\% = \dfrac{\sqrt{3}}{10 U_n}\sum[(R'\cos\varphi + X'\sin\varphi)Il] = \sum(\Delta U_n\% \, Il)$
	③ 终端负荷用负荷矩（kW·km）表示	$\Delta U\% = \dfrac{1}{10 U_n^2}(R' + X'\tan\varphi)Pl = \Delta U_p\% \, Pl$
	④ 几个负荷用负荷矩（kW·km）表示	$\Delta U\% = \dfrac{1}{10 U_n^2}\sum[(R' + X'\tan\varphi)Pl] = \sum \Delta U_p\% \, Pl$
	⑤ 整条线路的导线截面、材料及敷设方式均相同且 $\cos\varphi = 1$，几个负荷用负荷矩（kW·km）表示	$\Delta U\% = \dfrac{R'}{10 U_n^2}\sum Pl = \dfrac{1}{10 U_n^2 \gamma S}\sum Pl = \dfrac{\sum Pl}{CS}$
接于线电压的单相负荷线路	① 终端负荷用电流矩（A·km）表示	$\Delta U\% = \dfrac{2}{10 U_n}(R'\cos\varphi + X_l'\sin\varphi)Il \approx 1.15\Delta U_n\% \, Il$
	② 几个负荷用电流矩（A·km）表示	$\Delta U\% = \dfrac{2}{10 U_n}\sum[(R'\cos\varphi + X_l'\sin\varphi)Il] \approx 1.15\sum(\Delta U_n\% \, Il)$
	③ 终端负荷用负荷矩（kW·km）表示	$\Delta U\% = \dfrac{2}{10 U_n^2}(R' + X_l'\tan\varphi)Pl \approx 2\sum \Delta U_p\% \, Pl$
	④ 几个负荷用负荷矩（kW·km）表示	$\Delta U\% = \dfrac{2}{10 U_n^2}\sum[(R' + X_l'\tan\varphi)Pl] \approx 2\sum(\Delta U_p\% \, Pl)$
	⑤ 整条线路的导线截面、材料及敷设方式均相同且 $\cos\varphi = 1$，几个负荷用负荷矩（kW·km）表示	$\Delta U\% = \dfrac{2R'}{10 U_n^2}\sum Pl$

续表

线路种类	负荷情况	计算公式
接于相电压的两相－N线平衡负荷线路	① 终端负荷用负荷矩（kW·km）表示	$\Delta U\% = \dfrac{1.5\sqrt{3}}{10U_{\mathrm{n}}}(R'\cos\varphi + X_1'\sin\varPhi)Il \approx 1.5\Delta U_{\mathrm{n}}\% Il$
	② 终端负荷用电流矩（A·km）表示	$\Delta U\% = \dfrac{2.25}{10U_{\mathrm{n}}^2}(R' + X_1'\tan\varphi)Pl \approx 2.25\Delta U_{\mathrm{p}}\% Pl$
	③ 终端负荷且 $\cos\varphi = 1$，用负荷矩（kW·km）表示	$\Delta U\% = \dfrac{2.25R'}{10U_{\mathrm{n}}^2}Pl = \dfrac{2.25}{10U_{\mathrm{n}}^2\gamma S}Pl = \dfrac{Pl}{CS}$
接于相电压的单相负荷线路	① 终端负荷用负荷矩（kW·km）表示	$\Delta U\% = \dfrac{2}{10U_{\mathrm{np}}}(R'\cos\varphi + X_1'\sin\varphi)Il \approx 2\Delta U_{\mathrm{n}}\% Il$
	② 终端负荷用电流矩（A·km）表示	$\Delta U\% = \dfrac{2}{10U_{\mathrm{np}}^2}(R' + X_1'\mathrm{an}\varphi)Pl \approx 6\Delta U_{\mathrm{p}}\% Pl$
	③ 终端负荷且 $\cos\varphi = 1$ 或直流线路用负荷矩（kW·km）表示	$\Delta U\% = \dfrac{2R'}{10U_{\mathrm{np}}^2}Pl = \dfrac{2}{10U_{\mathrm{np}}^2\gamma S}Pl = \dfrac{Pl}{CS}$
符号说明	$\Delta U\%$——线路电压损失百分数（%）； $\Delta U_{\mathrm{n}}\%$——三相线路每 1A·km 的电压损失百分数（%/(A·km)）； $\Delta U_{\mathrm{p}}\%$——三相线路每 1kW·km 的电压损失百分数（%/(kW·km)）； U_{n}——标称电压（kV）； U_{np}——标称相电压（kV）； X_1'——单相线路单位长度的阻抗（Ω/km），其值可取 X' 值； R'、X'——三相线路单位长度的电阻和感抗（Ω/km）； I——负荷计算电流，A； l——线路长度（km）； P——有功负荷（kW）； γ——电导率（S/μm），$\gamma = 1/\rho$； ρ——电阻率（Ω·μm），见表 2-23 下注； S——线芯标称截面（mm）^{2}； $\cos\varphi$——功率因数； C——功率因数为 1 时的计算系数，如表 2-23 所示。	

（2）简化计算

对于 380/220V 低压网络，若整条线路的导线截面、材料都相同，不计线路电抗，且 $\cos\varphi \approx 1$ 时，电压损失可按下式进行计算：

$$\Delta U\% = \frac{R_0\sum\limits_{1}^{n} Pl}{10U_{\mathrm{i}}^2} = \frac{\sum M}{CS} \qquad (2\text{-}33)$$

式中　R_0——三相线路单位长度的电阻（Ω/km）；

　　　U_{i}——线路额定电压（kV）；

　　　$\sum M = \sum Pl$——总负荷矩；

　　　P——各负荷的有功功率（kW）；

　　　l——各负荷至电源的线路长度（km）；

　　　S——导线截面（mm）^{2}；

C——线路系数，根据电压和导线材料而定，可查表2.23。

（3）不对称线路的电压损失计算

在三相四线制线路中，虽然在设计时尽量做到各相负荷均匀分配，但在实际运行时是做不到的，下列两种情况应看做不平衡：用单相开关就地控制的两相或三相成组线路；在配电箱上分相控制的照明线路。

三相负荷不平衡时电压损失的计算是很复杂的，但若导线截面相同、材料相同，负载$\cos\varphi \approx 1$，且线路电抗略去不计时，问题即可简化。此时线路上的电压损失可视为相线上的电压损失和零线（中性线）上的电压损失之和，用公式表达如下：

$$\Delta U_a\% = \frac{M_a}{2CS_n} + \frac{M_a - 0.5(M_b - M_c)}{2CS_0} \qquad (2-34)$$

式中　M_a——计算相 a 的负荷矩（kW·m）；

　　　M_b，M_c——其他两相的负荷矩（kW·m）；

　　　S_a——计算相导线截面（mm）^{2}；

　　　S_0——零线截面（mm）^{2}；

　　　C——两根导线线路系数（见表2.23）；

　　　$\Delta U_a\%$——计算相的线路电压损失百分数。

表2.23　线路的电压损失的计算系数 C 值（$\cos\varphi=1$）

标称电压（V）	线路系统	计算公式	导线 C 值（$\theta=65℃$）		母线 C 值（$\theta=65℃$）	
			铝	铜	铝	铜
220/380	三相四线	$10vU_n^2$	45.70	75.00	43.40	71.10
220/380	两相三线	$\dfrac{10vU_n^2}{2.25}$	20.30	33.30	19.30	31.60
220			7.66	12.56	7.27	11.92
110			1.92	3.14	1.82	2.98
36	单相及直流	$5vU_{np}^2$	0.21	0.34	0.20	0.32
24			0.091	0.15	0.087	0.14
12			0.023	0.037	0.022	0.036
6			0.0057	0.0093	0.0054	0.0089

注：① 20℃时ρ值（Ω·μm）；铝母线、铝导线为0.0282；铜母线、铜导线为0.0172。

　　② 计算C值时，导线工作温度为50℃时，铝导线v值（S/μm）为31.66、铜导线为51.91 母线工作温度为65℃时，铝母线v值（S/μm）为30.05、铜母线为49.27。

　　③ U_n为称标电压，kV；U_{np}为标称相电压，kV。

当$S_0 = 0.5S_a$时，

$$\Delta U\% = \frac{3M_a - M_b - M_c}{2CS_a} \qquad (2-35)$$

各相负荷矩应计算到该相末端的灯泡。但当计算某一相时，如其他两相灯泡的位置远于此相最末灯泡，则该两相的灯泡应移至计算相最末灯泡的位置进行计算。

（4）当$\cos\varphi \neq 1$时，线路电压损失的计算

由于气体放电灯的大量采用，实际照明负载 $\cos\varphi \neq 1$，照明网络每一段线路的全部电压损失可用下式计算：

$$\Delta U_f\% = \Delta U\% R_c \tag{2-36}$$

式中　$\Delta U\%$——由有功负荷及电阻引起的电压损失，按式（2-33）、式（2-34）计算得到；

　　　R_c——计入"由无功负荷及电抗引起的电压损失"的修正系数，查表2.24。

表2.24　计算电压损失的修正系数 R_c 数值表

截面 （mm²）	电缆、穿管导线 当 $\cos\varphi$					明敷导线 当 $\cos\varphi$									
						0.5	0.6	0.7	0.8	0.9	0.5	0.6	0.7	0.8	0.9
	0.5	0.6	0.7	0.8	0.9	室内线间距离150（mm）					室外线间距离400（mm）				
铝　芯															
2.5	1.01	1.01	1.01	1.01	1.00	1.04	1.03	1.02	1.02	1.01	—	—	—	—	—
4	1.02	1.01	1.01	1.01	1.01	1.06	1.05	1.04	1.03	1.02	—	—	—	—	—
6	1.03	1.02	1.02	1.01	1.01	1.09	1.07	1.05	1.04	1.03	—	—	—	—	—
10	1.04.	1.03	1.02	1.02	1.01	1.14	1.11	1.08	1.06	1.04	1.18	1.14	1.11	1.08	1.05
16	1.05	1.04	1.03	1.02	1.02	1.22	1.17	1.13	1.09	1.06	1.29	1.22	1.17	1.12	1.08
25	1.08	1.06	1.05	1.04	1.02	1.32	1.25	1.19	1.14	1.09	1.43	1.33	1.25	1.19	1.12
35	1.11	1.09	1.07	1.05	1.03	1.43	1.33	1.25	1.19	1.12	1.59	1.45	1.34	1.25	1.16
50	1.16	1.12	1.09	1.07	1.04	1.59	1.45	1.34	1.25	1.16	1.81	1.62	1.45	1.35	1.23
70	1.21	1.16	1.13	1.09	1.06	1.78	1.60	1.46	1.34	1.22	2.10	1.85	1.65	1.48	1.31
95	1.29	1.22	1.17	1.12	1.08	2.02	1.78	1.60	1.44	1.29	2.44	2.11	1.85	1.62	1.40
120	1.36	1.28	1.21	1.16	1.10	2.25	1.90	1.73	1.54	1.35	2.79	2.37	2.10	1.78	1.50
150	1.45	1.34	1.26	1.19	1.12	2.51	2.16	1.89	1.65	1.42	3.18	2.67	2.28	1.94	1.61
185	1.55	1.42	1.32	1.24	1.15	2.79	2.37	2.05	1.77	1.50	3.62	3.01	2.54	2.13	1.73
铜　芯															
1.5	1.01	1.01	1.01	1.01	1.00	—	—	—	—	—	—	—	—	—	—
2.5	1.02	1.02	1.01	1.01	1.01	1.07	1.05	1.04	1.03	1.02	—	—	—	—	—
4	1.03	1.02	1.02	1.01	1.01	1.11	1.08	1.06	1.05	1.03	—	—	—	—	—
6	1.05	1.03	1.03	1.02	1.01	1.16	1.12	1.09	1.07	1.04	—	—	—	—	—
10	1.06	1.05	1.04	1.03	1.02	1.24	1.18	1.14	1.10	1.07	1.31	1.24	1.18	1.13	1.09
16	1.09	1.07	1.05	1.04	1.03	1.36	1.28	1.21	1.16	1.10	1.48	1.37	1.28	1.21	1.14
25	1.14	1.11	1.08	1.06	1.04	1.54	1.41	1.32	1.23	1.15	1.73	1.56	1.43	1.32	1.20
35	1.19	1.14	1.11	1.08	1.05	1.72	1.56	1.43	1.31	1.20	1.99	1.76	1.58	1.43	1.28
50	1.26	1.20	1.15	1.11	1.07	1.99	1.76	1.58	1.43	1.28	2.37	2.05	1.80	1.59	1.38
70	1.36	1.28	1.21	1.16	1.10	2.32	2.01	1.78	1.57	1.37	2.85	2.42	2.08	1.80	1.51
95	1.48	1.37	1.28	1.21	1.13	2.72	2.32	2.01	1.74	1.48	3.43	2.87	2.43	2.05	1.68
120	1.61	1.47	1.36	1.26	1.17	3.09	2.61	2.23	1.91	1.59	4.00	3.30	2.76	2.29	1.84
150	1.75	1.55	1.44	1.33	1.21	3.54	2.95	2.49	2.10	1.71	4.62	3.81	3.15	2.58	2.02

2.3.4 照明线路的保护

沿导线流过的电流过大时，由于导线温升过高，会对其绝缘、接头、端子或导体周围的物质造成损害。温升过高时，还可能着火，因此照明线路应具有过电流保护装置。过电流的原因主要是短路或过负荷（过载），因此过电流保护又分为短路保护和过载保护两种。

照明线路还应装设能防止人身间接电击及电气火灾、线路损坏等事故的接地故障保护装置。间接电击是指电气设备或线路的外壳，在正常情况下是不带电的，在故障情况下由于绝缘损坏导致电气设备外壳带电，当人身触及时，会造成伤亡事故。

短路保护、过载保护和接地故障保护均作用于切断供电电源或发出报警信号。

1. 保护装置的选择

1）短路保护

线路的短路保护是在短路电流对导体和连接件产生助热作用和机械作用造成危害前切断短路电流。

所有照明配电线路均应设短路保护，通常用熔断器或低压断路器的瞬时脱扣器作短路保护。

对于持续时间不大于 5s 的短路，绝缘导线或电缆的热稳定应按下式校验：

$$S \geqslant \frac{I}{K}\sqrt{t} \tag{2-37}$$

式中　S——绝缘导线或电缆的线芯截面（mm)^2；

　　　I——短路电流的有效值（A）；

　　　t——在已达允许最高工作温度的导体内短路电流作用的时间（s）；

　　　K——计算系数，不同绝缘材料的 K 值见表 2.25。

表 2.25　不同绝缘材料的计算系数 K 值

绝缘材料		聚氯乙烯	普通橡胶	乙丙橡胶	油浸纸
不同线芯材料的 K 值	铜芯	115	131	143	107
	铝芯	76	87	94	71

当短路持续时间小于 0.1s 时，应考虑短路电流非周期分量的影响。此时按以下条件校验，导线或电缆的 K^2S^2 值应大于保护电器的焦耳积分（I^2t）值（由产品标准或制造厂提供）。

2）过载保护

照明配电线路除不可能增加负荷或因电源容量限制而不会导致过载外，均应装过载保护。通常用断路器的长延时过流脱扣器或熔断器作过载保护。

过载保护的保护电器动作特性应满足下列条件：

$$I_{js} \leqslant I_n \leqslant I_z \tag{2-38}$$

$$I_2 \leqslant 1.45 I_z \tag{2-39}$$

式中　I_{js}——线路计算电流（A）；

　　　I_n——熔断器熔体额定电流或断路器的长延时过流脱扣器整定电流（A）；

　　　I_z——导线或电缆允许持续载流量（A）；

　　　I_2——是保护电器可靠动作的电流（即保护电器约定时间内的约定熔断电流或约定动作电流）（A）。

熔断器熔体额定电流或断路器长延时过电流脱扣器整定电流 I_n 与导体允许持续载流量 I_z 的比值符合表 2.26 规定时，即满足式（2-38）及式（2-39）的要求。

表 2.26　I_n/I_z 值

保护电器类别	I_n（A）	I_n/I_z
熔断器	< 16	≤ 0.85①
	≥ 16	≤ 1.0
断路器	—	≤ 1.0

注：① $I_n \leqslant 4A$ 的刀型触头和圆筒帽形熔断器，要求 $I_n/I_z \leqslant 0.75$。

2. 保护电器的选择

保护电器包括熔断器和断路器两类，其选择的一般原则如下。

1）按正常工作条件选择

（1）电器的额定电压不应低于网络的标称电压；额定频率应符合网络要求。

（2）电器的额定电流不应小于该回路计算电流：

$$I_n \geqslant I_{js} \tag{2-40}$$

2）按使用场所环境条件选择

根据使用场所的温度、湿度、灰尘、冲击、振动、海拔高度、腐蚀性介质、火灾与爆炸危险介质等条件选择电器相应的外壳防护等级。

3）按短路工作条件选择

（1）保护电器是切断短路电流的电器，其分断能力不应小于该电路最大的预期短路电流。

（2）保护电器额定电流或整定电流应满足切断故障电路灵敏度要求，即符合本节"保护装置选择"条款。

4）按启动电流选择

考虑光源启动电流的影响，照明线路，特别是分支回路的保护电器，应按下列各式确定其额定电流或整定电流。

对熔断器：

$$I_n \geqslant K_m I_{js} \tag{2-41}$$

对断路器：

$$I_n \geqslant K_{k1} I_{js} \tag{2-42}$$

$$I_n \geqslant K_{k3} I_{js} \tag{2-43}$$

式中　I_n——断路器瞬时过流脱扣器整定电流（A）；

K_m——选择熔体的计算系数；

K_{k1}——选择断路器长延时过流脱扣器整定电流的计算系数；

K_{k3}——选择断路器瞬时过流脱扣器整定电流的计算系数。

其余符号含义同上。

K_m、K_{k1}、K_{k3}取决于光源启动性能和保护电器特性，其数值参见表2.27。

表2.27 不同光源的照明线路保护电器选择的计算系数

保护电器类型	计算系数	白炽灯卤钨灯	荧光灯	荧光高压汞灯	高压钠灯	金属卤化物灯
螺旋式熔断器	K_m	1	1	1.3～1.7	1.5	1.5
插入式熔断器	K_m	1	1	1～1.5	1.1	1.1
断路器的长延时过流脱扣器	K_{k1}	1	1	1.1	1	1
断路器的瞬时过流脱扣器	K_{k3}	6	6	6	6	6

注：荧光高压汞灯的计算系数，400W及以上的取上限值，175～250W取中间值，125W及以下时取下限值。

5）各级保护的配合

为了使故障限制在一定的范围内，各级保护装置之间必须能够配合，使保护电器动作具有选择性。配合的措施如下：

（1）熔断器与熔断器间的配合。为了保证熔断器动作的选择性，一般要求上一级熔断电流比下一级熔断电流大2～3级。

（2）自动开关与自动开关之间的配合。要求上一级自动开关脱扣器的额定电流一定要大于下一级自动开关脱扣器的额定电流；上一级自动开关脱扣器瞬时动作的整定电流一定要大于下一级自动开关脱扣器瞬时动作的整定电流。

（3）熔断器与自动开关之间的配合。当上一级自动开关与下一级熔断器配合时，熔断器的熔断时间一定要小于自动开关脱扣器动作所要求的时间；当下一级自动开关与上一级熔断器配合时，自动开关脱扣器动作时间一定要小于熔断器的最小熔断时间。

3. 保护装置的装设位置

保护电器（熔断器和自动空气断路器）是装在照明配电箱或配电屏内的。箱或屏装设在操作维护方便、不易受机械损伤、不靠近可燃物的地方，并避免保护电器运行时意外损坏对周围人员造成伤害，如大楼各层的配电间内等。

保护电器装设在被保护线路与电源线路的连接处，但为了操作与维护方便可设置在离开连接点的地方，并应符合下列规定：

（1）线路长度不超过3m。

（2）采取将短路危险减至最小的措施。

（3）不靠近可燃物。

当将从高处的干线向下引接分支线路的保护电器装设在连接点的线路长度大于3m的地方时，应满足下列要求：

（1）在分支线装设保护电器前的那一段线路发生短路或接地故障时，离短路点最近的上一级保护电路应能保证符合规定要求的动作。

（2）该段分支线应敷设于不燃或难燃材料的管或槽内。

在 TT 或 TN－S 系统中，当 N 线的截面与相线相同，或虽小于相线但已能被相线上的保护电器所保护时，N 线上可不装设保护；当 N 线不能被相线保护电器所保护时，应另在 N 线上装设保护电器，将相应相线电路断开，但不必断开 N 线。

在 TT 或 TN－S 系统中，N 线上不宜装设电器将 N 线断开，当需要断开 N 线时，应装设相线和 N 线一起切断的保护电器。当装设漏电电流动作的保护电器时，应能将其所保护的回路所有带电导线断开。在 TN 系统中，当能可靠地保持 N 线为地电位时，N 线可不需断开。在 TN－C 系统中，严禁断开 PEN 线，不得装设断开 PEN 线的任何电器。当需要在 PEN 线装设电器时，只能断开相应相线回路。

2.3.5 导线、电缆的敷设与选择

1. 电线、电缆型式的选择

导线型式的选择主要考虑环境条件、运行电压、敷设方法和经济、可靠性方面的要求。经济因素除考虑价格外，应当注意节约较短缺的材料，如优先采用塑料绝缘电线，以节省橡胶等。

1）照明线路用的电线

（1）BLV、BV：塑料绝缘铝芯、铜芯电线。

（2）BLVV、BVV：塑料绝缘塑料护套铝芯、铜芯电线（单芯及多芯）。

（3）BLXF、BXF、BLXY、BXY：橡皮绝缘、氯丁橡胶护套或聚乙烯护套铝芯、铜芯电线。

2）照明线路用的电缆

（1）VLV、VV：聚氯乙烯绝缘、聚氯乙烯护套铝芯、铜芯电力电缆，又称全塑电缆。

（2）YJLV、YJV：交联聚乙烯绝缘，聚乙烯绝缘护套铝芯、铜芯电力电缆。

（3）XLV、XV：橡皮绝缘聚氯乙烯护套铝芯、铜芯电缆。

（4）ZLQ、ZQ：油浸纸绝缘铅包铝芯、铜芯电力电缆。

（5）ZLL、ZL：油浸纸绝缘铝包铝芯、铜芯电力电缆。

电缆型号后面还有下标，表示其铠装层的情况。例如，VV_{20} 表示聚氯乙烯绝缘、聚氯乙烯护套内钢带铠装电力电缆。当该电缆埋在地下时，能承受机械外力作用，但不能承受大的拉力。

3）根据环境条件选择

常用电线、电缆型号及敷设方法按环境条件、使用场所的不同可以有多种选择，如表 2.28 所示。

表 2.28　按环境条件选择常用导线、电缆型号及敷设方法

导线型号	敷设方法	房间或场所的性质															
		干燥民用建筑	潮湿民用建筑	工业建筑					火灾危险			爆炸危险					屋外沿墙
				干燥	潮湿	腐蚀	多尘	高温	21区	22区	23区	0区	1区	2区	10区	11区	
BLVV	铝皮卡明设	○	—	○	—	—	—	—	—	—	—	—	—	—	—	—	—
BLV，BLX	瓷（塑料）夹明设	○	—	○	—	—	—	—	—	—	—	—	—	—	—	—	＋

导线型号	敷设方法	房间或场所的性质															
		干燥民用建筑	潮湿民用建筑	工业建筑					火灾危险			爆炸危险					屋外沿墙
				干燥	潮湿	腐蚀	多尘	高温	21区	22区	23区	0区	1区	2区	10区	11区	
BLX，BLV，BLV-105 BLXF	瓷瓶（鼓形）明设	—	+	○	+	—	○	○	+		+						+
BLX，BLV，BLV-105 BLXF	瓷瓶（针形）明设	—	○	○	○	+		○	+		+						○
BLX，BLV（BV，BX）	钢管明设		+	+	○	+	○	○	○	○	○	○	○	○	○	○	+
BLX，BLV（BV，BX）	钢管暗设	○	○	+	○	+	○	○	○	○	○	—	+	—	+	+	+
BLV，BLX	电线管明设		+	+	○	+	+	+	+	+	+						—
BLV，BLX	电线管暗设	○	—	+	—	+		+	+	+	+						+
BLV，BLX	阻燃塑料管暗设	○	○			+	+	—	+	+	+						
BLV，BLX（BV，BX）	硬质塑料管明设	—	○	+	○	+		—	—	—	—						+
BLV，BLX（BV，BX）	硬质塑料管暗设	+	+	+	+	○											—
VLV，XLV（VV，XV）	电缆明设	+	+	—	+	+	—	—	+	+	+		+	+	+	+	—

符号说明："○"推荐采用；"+"可采用，"—"建议不用；"空白"不允许采用。

所用的镀锌钢管及支架均应做防腐处理。

线路应远离可燃物，不允许敷设在未抹灰的易燃顶棚、板壁上及可燃液体管道的栈道上。

2. 导线截面的选择

导线截面一般根据下列条件选择：

（1）按载流量选择，即按导线的允许温升选择。在最大允许连续负荷电流通过的情况下，导线发热不超过线芯所允许的温度，导线不会因过热而引起绝缘损坏或加速老化。选用时导线的允许载流量必须大于或等于线路中的计算电流值。

导线的允许载流量是通过实验得到的数据。不同规格的电线（绝缘导线及裸导线）、电缆的载流量和不同环境温度、不同敷设方式、不同负荷特性的校正系数等可查设计手册。

（2）按电压损失选择。导线上的电压损失应低于最大允许值，以保证供电质量。

按 2.3.2 节所述的灯具端电压的电压偏移允许值和 2.3.3 节所述的线路电压损失计算公式进行。

（3）按机械强度要求选择。在正常工作状态下，导线应有足够的机械强度以防断线，保证安全可靠运行。

导线按机械强度要求允许的最小截面如表 2.29 所示。

表 2.29 导线按机械强度要求允许的最小截面 （单位：mm²）

用　途			导线最小允许截面		
			铝	铜	铜芯软线
裸导线敷设于绝缘子上（低压架空线路）			16	10	
绝缘导线敷设于绝缘子上，交点距离 L（m）	室内 L≤2		2.5	1.0	
	室外	L≤2	2.5	1.5	
		2<L≤6	4	2.5	
		6<L≤15	6	4	
		15<L≤25	10	6	
固定敷设护套线，轧头直敷			2.5	1.0	
移动式设备用电用导线	生产用				1.0
	生活用				0.2
照明灯头引下线	工业建筑	屋内	2.5	0.8	0.5
		屋外	2.5	1.0	1.0
	民用建筑、室内		1.5	0.5	0.4
绝缘导线穿管			2.5	1.0	1.0
绝缘导线槽板敷设			2.5	1.0	
绝缘导线线槽敷设			2.5	1.0	

（4）与线路保护设备相配合选择。为了在线路短路时，保护设备能对导线起保护作用，两者之间要有适当的配合。

（5）热稳定校验。由于电缆结构紧凑、散热条件差，为使其在短路电流通过时不至于由于导线温升超过允许值而损坏，还须校验其热稳定性。

选择的导线、电缆截面必须同时满足上述各项要求，通常可先按允许载流量选择，然后再按其他条件校验，若不能满足要求，则应加大截面。

中性线（N）截面可按下列条件决定：

（1）在单相及二相线路中，中性线截面应与相线截面相同。

（2）在三相四线制供电系统中，中性线（N 线）的允许载流量不应小于线路中最大不平衡电流，且应计入谐波电流的影响。如果全部或大部分为气体放电灯，中性线截面不应小于相线截面。在选用带中性线的四芯电缆时，应使中性线截面满足载流量要求。

（3）照明分支线及截面为 4mm² 及以下的干线，中性线应与相线截面相同。

3. 绝缘导线、电缆敷设

通常对导线型式和敷设方式的选择是一起考虑的。导线敷设方式的选择主要考虑安全、经济和适当的美观，并取决于环境条件。

在屋内，导线的敷设方式最常见的为明敷、穿管和暗敷三种。

1）绝缘导线及电缆明敷

明敷方式是除导线本身的结构外，在导线的外表无附加保护。明敷有以下几种方法。

（1）导线架设于绝缘支柱（绝缘子、瓷瓶或线夹）上，如图2.31（a）、（b）所示。

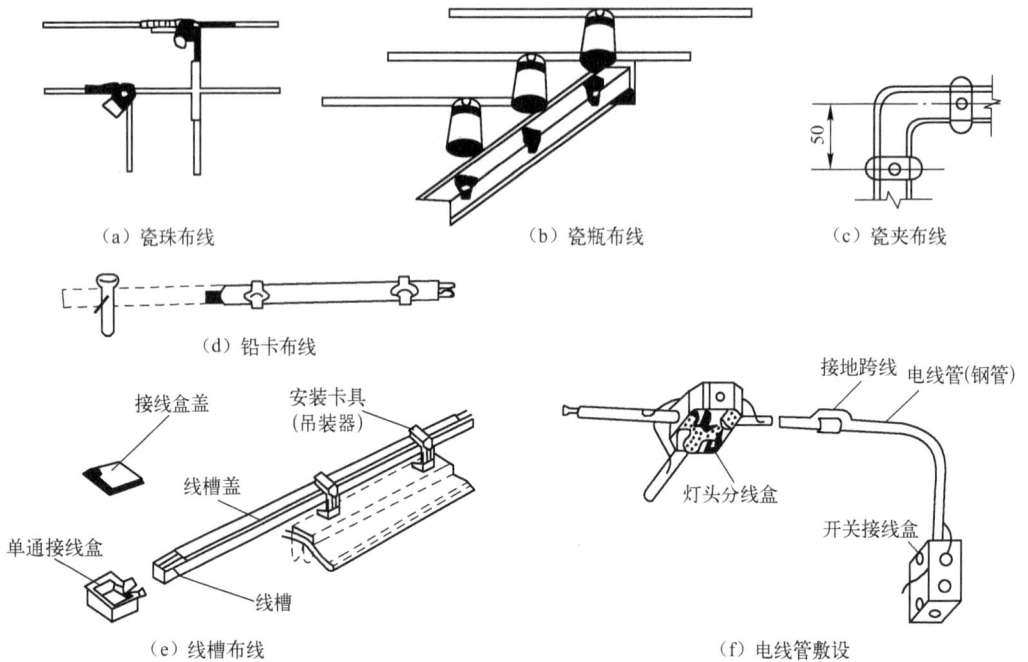

（a）瓷珠布线　　　　　　　　（b）瓷瓶布线　　　　　（c）瓷夹布线

（d）铅卡布线

（e）线槽布线　　　　　　　　　　　（f）电线管敷设

图2.31　照明线路的各种敷设方式示意图

绝缘导线支持物的选择如下：

① 单股导线截面在4mm²及以下者，可采用瓷夹、塑料夹固定。

② 导线截面在10mm²及以下者，可采用鼓形绝缘子固定。

③ 多股导线截面在16mm²及以上者，宜采用针式绝缘子或蝶式绝缘子固定。

（2）导线直接沿墙、顶棚等建筑物结构敷设（用卡钉固定，仅限于有护套的电线或电缆，如BVV型电线），称为直敷布线或线卡布线，如图2.31（c）所示。

绝缘导线在户内水平敷设时，离地面高度不小于2.5m。垂直敷设时为1.8m。在户外水平及垂直敷设时均不小于2.7m。户内外布线时，绝缘导线之间的最小距离如表2.30所示（不包括户外杆塔及地下电缆线路）。绝缘导线室内固定点之间的最大间距，视导线敷设方式和截面大小而定，一般按表2.31决定。绝缘导线至建筑物的最小间距如表2.32所示。

表2.30　绝缘导线间的最小距离

固定点间距（m）	导线最小间距（mm）	
	屋内布线	屋外布线
1.5 及以下	35	100
1.6～3	50	100
3.1～6	70	100
大于6	100	150

表2.31　绝缘导线的最大固定间距

敷　设　方　式	导线截面（mm²）	最大间距（mm）
瓷（塑料）夹布线	1～4	600
	6～10	800
鼓形（针式）绝缘子布线	1～4	1500
	6～10	2000
	10～15	3000
直敷布线	≤6	200

表2.32　绝缘导线至建筑物的最小间距

布　线　方　式	最小间距（mm）
水平敷设的垂直间距	
在阳台上、平台上和跨越建筑物屋顶	2500
在窗户上	300
在窗户下	800
垂直敷设时至阳台、窗户的水平间距	600
导线至墙壁和构架的间距（挑檐下除外）	35

塑料护套线用线卡布线时，应注意其弯曲半径应不小于该导线外径的 3 倍。线路应紧贴建筑物表面，导线应平直，不应有松弛、扭绞和曲折的现象。在线路终端、转弯中点两侧，以及距电气器件（如接线盒）边缘 50～100mm 处，均应有线卡固定。塑料护套线的连接处应加接线盒。塑料护套线与接地导体及不发热的管道紧贴交叉时，应加绝缘管保护。若敷设在易受机械损伤的场所，应加钢管保护。与热力管道交叉时，应采取隔热措施。

采用铅皮护套线时，外皮及金属接线盒均应接地。

绝缘导线经过建筑物的伸缩缝及沉降缝处时，应在跨越处的两侧将导线固定，并应留有适当余量。穿楼板时应用钢管保护。

电缆明敷一般可利用支架、抱箍或塑料带沿墙、沿梁水平和垂直固定敷设，或用钩子沿墙（沿钢索）水平悬挂。室内明敷时，不应有黄麻或其他可延燃的外被层，距地面的距离与绝缘导线明敷的要求相同，否则应有防机械损伤的措施。为不使电缆损坏，电缆敷设时最小弯曲半径如下：塑料、橡皮电缆（单芯及多芯）$10D$（交联聚乙烯电缆为 $15D$）；油浸纸绝缘电缆（多芯）$15(D+d)$，D 为电缆护套外径，d 为电缆导体外径。

2）绝缘导线及电缆穿管敷设

绝缘导线或电缆穿管后敷设于墙壁、顶棚的表面及桁架、支架等处，统称为穿管明敷。

明敷于潮湿环境或直接埋于泥土内的管线，应采用焊接钢管（又称厚壁钢管，简称钢管）。明敷于干燥环境的管线，可采用管壁厚度不小于 1.5mm 的电线钢管（又称薄壁钢管，简称电线管）。有酸碱盐腐蚀的环境，应采用硬聚氯乙烯管（简称塑料管）。爆炸危险环境应采用镀锌钢管。

管子的弯曲半径应不小于钢管外径的 4 倍。当管路超过 30m 时应加装一个接线盒；当两

个接线盒之间有一个弯时，20m内装一个接线盒；两个弯时，15m内装一个接线盒；三个弯时则8m内装一个接线盒；弯曲的角度一般为90°～105°，每两个120°～150°的弯相当于一个90°～105°的弯，长度超过上述要求时，应加装接线盒或放大一级管径。明敷管线固定点间的最大间距如表2.33所示。

表2.33　明敷管线固定点的最大间距

管　类	标称管径（mm）				
	15～20	25～30	40	50	63～100
水煤气钢管	1.5	2	2	2.5	3.5
电线管	1	1.5	2	2	
塑料管	1	1.5	1.5	2	2

注：钢管和塑料管的管径指内径、电线管的管径指外径。

不同电压、不同回路、不同电流种类的供电线路，或非同一控制对象的线路，不得穿于同一根管内，互为备用的线路也不得共管。但电压为50V及以下的回路、同一设备的电力线路和无抗干扰要求的控制线路、照明花灯的所有回路及同类照明的几个回路、无防干扰要求的各种用电设备的信号回路、测量回路、控制回路等可穿同一根管内。但管内绝缘导线不得多于8根。

穿管敷设的绝缘导线绝缘电压等级不应小于交流500V，穿管导线的总横截面积（包括外护套）不应大于管内净面积的40%。

明敷的管线与其他管道（煤气管、水管等）之间应保持一定距离。

管线通过建筑物的伸缩沉降缝时，需按不同的伸缩沉降方式装设相适应的伸缩装置。

3）绝缘导线及电缆暗敷

绝缘导线及电缆穿管敷设于墙壁、顶棚、地坪及楼板等处的内部，或在混凝土板孔内敷线称为暗敷。暗敷线缆可以保持建筑内表面整齐美观、方便施工、节约线材。当建筑采用现场混凝土捣制方式时，电气安装工应及时配合，将管子及接线盒等预先埋设在有关的构件中。暗管一般敷设在捣制的地坪、楼板、柱子、过梁等表层下或预制楼板及板缝中和砖墙内，然后抹灰加粉刷层加以遮蔽，或外加装饰性材料予以隐蔽。在管子出现交叉的情况下，还应适当加厚粉刷层，厚度应大于两管外径之和，且要有裕度。

暗敷管线可以用电线管、钢管、硬质塑料管或半硬塑料管，塑料管都要采用难燃型材料（氧指数27以上）。

绝缘导线或电缆进出建筑物、穿越建筑或设备基础、进出地沟和穿越楼板时，也必须通过预埋的钢管。导线敷设于吊平顶或天棚内也必须穿管，防止因绝缘遭到鼠害等破坏而导致火灾等事故。电线可敷设于地沟中，但是要防止电缆沟积水，一般采用有护套的电缆，不需穿管。

暗敷的管子可采用金属管或硬塑料管。穿管暗敷时应沿最近的路径敷设，并应尽量减少弯曲，其弯曲半径应不小于管外径的10倍。

槽板（塑料槽板、木槽板）布线，只适用于干燥的户内，目前已很少采用。

易爆、易燃、易遭腐蚀的场所布线还应根据其环境特点处理好管子的连接、接线盒、电缆中间接线盒、分支盒等以防火花引起爆炸，以及故障时导线或电缆护层的延燃或遭受腐蚀

等，还应符合有关规程（规范）的规定。

根据环境条件选择导线型号及敷设方法，如表 2.28 所示。

思考题 2

1. 照度计算方法有哪些？
2. 什么是室形指数、室空间比？
3. 什么是利用系数？
4. 长为 30m、宽为 15m、高为 5m 的车间，灯具安装高度为 4.2m，工作面高为 0.75m，求其室形指数及各空间比。
5. 照明方式和种类有哪些？
6. 照明负荷等级是如何划分的？
7. 照明质量评价标准有哪些？
8. 常用的布灯方式有哪些？
9. 照明光照节能如何设计？
10. 照明供电网络的接线方式有哪些？
11. 照明对供电电压质量的要求是什么？
12. 各级照明负荷对供电可靠性要求有哪些？
13. 照明线路的保护装置应装在何处？
14. 导线截面的选择根据哪几个条件？
15. 某住宅区各建筑均采用三相四线制进线，线电压为 380V，各幢楼的光源容量已由单相负荷换算为三相负荷，各荧光灯具均采用电容器补偿。住宅楼 4 幢，每幢楼安装白炽灯的光源容量为 5kW，安装荧光灯的光源容量为 4.8kW；托儿所一幢，安装荧光灯的光源容量为 2.8kW，安装白炽灯的光源容量为 0.8kW。试确定该住宅区各幢楼的照明计算负荷及变压器低压侧的计算负荷。
16. 照明线路，三相四线制，电压为 380/220V，长度为 120m，采用铝导线，线路负荷为 12kW，$\cos\varphi \approx 1.0$，电压损失定为 2%，试求线路截面。
17. 照明线路常用的电线和电缆型号有哪些？

学习单元3

建筑电气照明技术应用

教学导航

项目任务	任务 3-1	电气照明施工图设计	学时	24
	任务 3-2	住宅楼照明工程设计		
	任务 3-3	办公楼照明工程设计		
教学载体	教学课件、施工图纸及教材相关内容			
教学目标	知识方面	熟悉电气照明施工图的组成和设计程序；掌握电气照明施工图的阅读和分析；掌握普通住宅和办公楼的照明施工图设计方法		
	技能方面	能够正确识读民用建筑电气照明施工图，进行住宅楼和办公楼等民用建筑的电气照明施工图设计，解决工程实际中具体问题		
过程设计	任务布置及知识引导—分组学习、讨论和收集资料—学生编写报告，制作 PPT、集中汇报—教师点评或总结			
教学方法	项目教学法			

任务 3-1 电气照明施工图设计

电气照明施工图是根据电气照明工程设计要求，按照国家颁布的有关电气技术标准和符号（包括图形符号和文字符号）绘制而成的。电气照明施工图是进行电气施工安装的主要依据，是一个严谨的技术文件，同时，它也具有法律效力。本部分主要介绍电气照明施工图设计的程序、表达方式及阅读方法等问题。

3.1.1 电气照明施工图设计程序

电气照明工程设计通常分三个阶段：方案设计、初步设计、施工图设计。大型工程设计严格按三个阶段进行，小型工程往往将方案设计和初步设计合二为一。各设计阶段的任务和要求简介如下。

1. 方案设计

在方案设计阶段中，电气专业设计人员的主要任务是：根据工程主持人给出的建筑物类别、建筑总平面图、层数、总高度、用途、类型，建筑物总面积、绝对标高点、相对标高点、位置和方向等各项技术参数和国家现行的建筑电气工程设计标准、规范、安装定额，按规范规定的"W/m^2"数，计算出照明用电总功率，确定高压用电还是低压用电，确定电源引入方向和电缆路由及电源路数，变配电所位置，并考虑是否设置应急柴油发电机组，再按每平方米造价计算出电气照明工程造价。

2. 初步设计

（1）初步设计是方案设计的深化。其主要任务有：
　　① 了解和确定建设单位的用电要求。
　　② 落实供电电源及配电方案。
　　③ 确定工程的设计项目和内容。
　　④ 进行系统方案设计和必要的计算。
　　⑤ 编制出初步设计文件。
　　⑥ 估算各项技术与经济指标。
　　⑦ 解决好专业之间的配合。
（2）初步设计文件的深度要求：
　　① 可以确定设计方案。
　　② 满足主要设备及材料的订货。
　　③ 可以确定工程概算，控制工程投资。
　　④ 可以进行施工图设计。

3. 施工图设计

（1）其主要任务有：

      ① 进行具体的设备布置（如照明配电箱、灯具、开关的平面布置等）、线路敷设和必要的计算（照度计算、电气负荷计算、电压损失计算等）。

      ② 确定各电器设备的型号规格及具体的安装工艺。

      ③ 编制出施工图设计文件（包括照明平面图和照明系统图、设计说明、计算书）；

      ④ 与各专业密切配合，避免盲目布置而造成返工。

（2）设计文件的深度要求：

      ① 可以编制出施工图的预算。

      ② 可以确定材料、设备的订货和安排非标准设备的制作。

      ③ 可以进行施工和安装。

3.1.2 电气照明施工图

1. 电气照明施工图的格式

一幅完整的工程图，其图面由边框线、标题栏、会签栏等组成，其格式如图 3.1 所示。

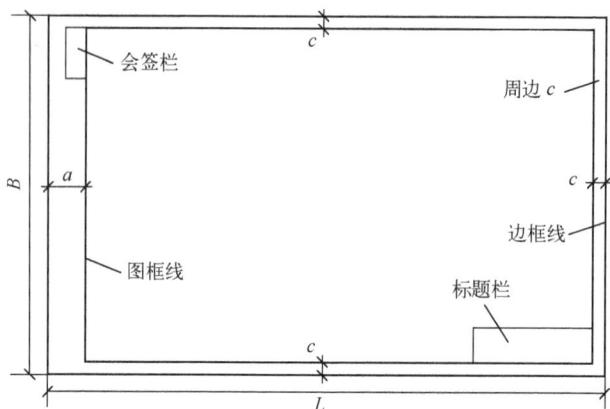

图 3.1 工程图纸的图面格式

1）幅面

由边框线所围成的图面。一般分为 5 类，即 0 号、1 号、2 号、3 号、4 号。具体尺寸如表 3.1 所示。

表 3.1 幅面尺寸

幅面代号	宽(B)×长(L)（mm）	边宽 c（mm）	装订边宽 a（mm）
A0	841×1189	10	25
A1	594×841	10	25
A2	420×594	10	25
A3	297×420	5	25
A4	210×297	5	25

2）标题栏

标题栏又名图标，是用以确定图纸名称、图号和有关人员签署等内容的栏目。其方位一般在图纸的下方或右下方，紧靠图框线。标题栏中的文字方向应为看图方向，即图中的说明、符号均应以标题栏的文字方向为准。

标题栏的格式、内容可能因设计单位的不同而有所不同。常见的格式应有以下内容：设计单位、工程名称、项目名称、图名、图别、图号等。

3）会签栏

会签栏主要供相关专业（如建筑、结构、给排水、电气、采暖通风、工艺等专业）设计人员会审图纸时签名用。

2. 图面的一般规定

1）比例和方位标志

图纸比例是指图上所画的尺寸与实物尺寸之比，通常以倍数比表示。电气施工图常用的比例有 1:200、1:150、1:100、1:50。做工程概预算、安装施工中需要确定电气设备安装位置的尺寸或导线长度时，可直接用比例尺在图上量取，但所用比例尺的比例应与图纸上标明的比例相同。

图纸中的方位按国际惯例通常是上北下南，左西右东。有时为了使图面布局更加合理，也有可能采用其他方位，但必须标明指北针。

2）图线

电气图上所用的图线形式及用途与机械工程图不同，电气工程中常用的图线如表 3.2 所示。

表 3.2 图线的形式及应用

图线名称	图线形式	应用
粗实线	———————	电气线路、一次线路、图框线等
实线	—————	二次线路、干线、分支线等
虚线	- - - - - -	屏蔽线路、事故照明线等
点画线	—·—·—·	控制线、信号线、轴线、中心线等
双点画线	—··—··—	50V 及其以下电力及照明线路

图线的宽度可从 0.25mm、0.35mm、0.5mm、0.7mm、1.0mm、1.4mm 等系列中选取。通常只选用两种宽度的图线，且粗线的宽度为细线的两倍。若需两种以上宽度的图线时，线宽应以 2 的倍数依次递增。

3）标高

在电气平面图中，电气设备和线路的安装高度是用相对标高来表示的。相对标高是指选定某一参考面为零点而确定的高度尺寸。建筑工程上一般将 ±0.00m 设定在建筑物首层室内地平面，往上为正值，往下为负值。

在电气图纸中，设备的安装高度等是以各层楼面为基准的，一般称为安装标高。

4）图例

为了简化作图，电气照明工程中的灯具、线路、设备等常用图形符号和文字符号来表示它们的安装位置、配线方式及其他一些特征。图中每个符号都代表一定的含义，理解了这些符号和它们之间的相互关系，就可以识别图纸上所画的是什么设备，这种设备的各个组成部分怎样连接，以及有哪些技术要求等，就可以正确地进行施工安装。

绘制电气工程图纸必须采用国家统一规定的图形符号和文字符号。目前我国执行的是国家标准《电气图用图形符号》（GB 4728）和《电气技术中的文字符号制订通则》（GB 7159—1987），该标准采用了国际电工委员会（IEC）标准，在国际上具有通用性，有利于对外开放和技术交流。此外，2009 年中国建筑标准设计研究院编写了国家建筑标准设计图集《建筑电气工程设计常用图形和文字符号》（09DX001 替代 00DX001）。

5）平面图定位轴线

照明平面图通常是在建筑平面图上完成的，在这类图上一般标有建筑物定位轴线，以便于了解照明灯具、电器设备等的具体安装位置，计算电气管线的长度等。凡建筑物的承重墙、柱子、主梁及房架等主要承重构件所在的位置都应设置定位轴线。定位轴线编号的基本原则是：在水平方向，从左起用顺序的阿拉伯数字表示，而在垂直方向，用大写英文字母自下而上标注（I、O、Z 不用），数字和字母分别用点画线引出，轴线间距由建筑结构尺寸确定。

6）详图

为了详细表明电气设备中某些零部件、连接点等的结构、做法及安装工艺要求，有时需要将这部分单独放大，详细表示，这种图称为详图。详图可以画在一张图纸上，也可以画在另外的图纸上，因而要用标志将它们联系起来。标注在总图位置上的标记称为详图索引标志，如图 3.2（a）所示。标注在详图位置上的标记称为详图标志，如图 3.2（b）所示。

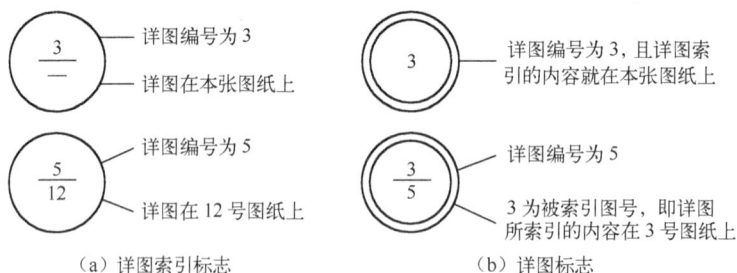

（a）详图索引标志　　　　　　（b）详图标志

图 3.2　详图标注方法

3. 电气照明施工图的图形符号及标注

1）图形符号

照明施工图中常用图形符号如表 3.3 所示。

表3.3 照明施工图中常用图形符号

图例	名　称	图例	名　称	图例	名　称	图例	名　称
○	灯具一般符号	⌒	深照灯		双联单控防水开关		单相三极防水插座
⬓	天棚灯	✕	墙上座灯		双联单控防爆开关		单相三极防爆插座
⊙	四火装饰灯	⊡→	疏散指示灯		三联单控暗装开关		三相四极暗装插座
⊗	六火装饰灯	⊡↔	疏散指示灯		三联单控防水开关		三相四极防水插座
⬓	壁灯	EXIT	出口标志灯		三联单控防爆开关		三相四极防爆插座
⊢	单管荧光灯	⊠	应急照明灯		声光控延时开关	▱	双电源切换箱
⊨	双管荧光灯	Ⓔ	应急照明灯		单联暗装拉线开关	▭	明装配电箱
⊫	三管荧光灯	⊗	换气扇		单联双控暗装开关	▪	暗装配电箱
⊗	防水防尘灯	⋈	吊扇		吊扇调速开关	✕	漏电断路器
○	防爆灯		单联单控暗装开关	⬓	单相两极暗装插座	✓	断路器
⊗	泛光灯		单联单控防水开关	⬓	单相两极防水插座		
⌒○	弯灯		单联单控防爆开关	⬓	单相两极防爆插座		
⊕	广照灯		双联单控暗装开关	⬓	单相三极暗装插座		

2）文字符号

照明工程中常用导线敷设方式的标注符号如表3.4所示，导线敷设部位的标注符号如表3.5所示，照明灯具安装方式的标注符号如表3.6所示。

表3.4 导线敷设方式的标注符号新旧对照表

名　称	旧　符　号	新　符　号
穿焊接（水、煤气）钢管敷设	G	SC
穿电线管敷设	DG	TC
穿硬聚氯乙烯管敷设	VG	PC
穿阻燃半硬聚氯乙烯管敷设	ZVG	FPC
用绝缘子（瓷瓶或瓷柱）敷设	CP	K
用塑料线槽敷设	XC	PR
用钢线槽敷设	CC	SR
用电缆桥架敷设	—	CT
用瓷夹板敷设	CJ	PL
用塑料夹板敷设	VJ	PCL
穿蛇皮管敷设	SPG	CP
穿阻燃塑料管敷设	—	PVC

表 3.5　导线敷设部位的标注符号新旧对照表

名　称	旧　符　号	新　符　号
沿钢索敷设	S	SR
沿屋架或跨屋架敷设	LM	BE
沿柱或跨柱敷设	ZM	CLE
沿墙面敷设	QM	WE
沿天棚面或顶板面敷设	PM	CE
在能进人的吊顶内敷设	PNM	ACE
暗敷设在梁内	LA	BC
暗敷设在柱内	ZA	CLC
暗敷设在墙内	QA	WC
暗敷设在地面或地板内	DA	FC
暗敷设在屋面或顶板内	PA	CC
暗敷设在不能进人的吊顶内	PNA	ACC

表 3.6　照明灯具安装方式的标注符号新旧对照表

名　称	旧　符　号	新　符　号
线吊式	—	CP
自在器线吊式	X	CP
固定线吊式	X1	CP1
防水线吊式	X3	CP2
吊线器式	X3	CP3
链吊式	L	Ch
管吊式	G	P
吸顶式或直附式	D	S
嵌入式（嵌入不可进人的顶棚）	R	R
顶棚内安装（嵌入可进人的顶棚）	DR	CR
墙壁内安装	BR	WR
台上安装	T	T
支架上安装	J	SP
壁装式	B	W
柱上安装	Z	CL
座装	ZH	HM

3）照明配电线路的标注

照明配电线路的标注一般为

$$a - b(c \times d)e - f$$

若导线截面不同时，应分别标注，如两种芯线截面的配电线路可标注为

$$a - b(c \times d + n \times h)e - f$$

式中　a——线路编号（也可不标注）；

b——导线或电缆型号；

c、n——导线根数；

d、h——导线或电缆截面（mm^2）；

e——敷设方式及管径；

f——敷设部位。

例如，某照明系统图中标注有 $BV(3 \times 50 + 2 \times 25)SC50—FC$ 表示该线路是采用铜芯塑料绝缘导线，三根为 $50mm^2$，两根为 $25mm^2$，穿管径为 $50mm$ 的焊接钢管沿地面进行暗敷设。

4）照明灯具的标注

照明灯具的一般标注方法为

$$a - b \frac{c \times d \times L}{e} f$$

若灯具吸顶安装时，可标注为

$$a - b \frac{c \times d \times L}{—} f$$

式中　a——灯具数量；

b——灯具型号或编号；

c——每盏照明灯具的灯泡（管）数量；

d——灯泡（管）容量（W）；

e——灯泡安装高度（m）；

f——安装方式；

L——光源种类。

例如，照明灯具标注为 $6 - \text{YZ40RR} \frac{2 \times 40}{2.8} \text{CP}$，表示这个房间或某个区域安装 6 只型号为 YZ40RR 的荧光灯（直管型、日光色），每只灯装有两根 40W 灯管，用线吊安装，吊高为 2.8m。而 $2 - \text{JXD6} \frac{2 \times 60}{—} \text{S}$ 则表示这个房间安装两只型号为 JXD6 的灯具，每只灯具装有两只 60W 的白炽灯泡，吸顶式安装。

5）开关及熔断器的标注

开关及熔断器的一般标注方法为

$$a \frac{b}{c/i} \text{或} a - b - c/i$$

当需要标注引入线的规格时标注为

$$a \frac{b - c/i}{d(e \times f) - g}$$

式中　a——设备编号；

b——设备型号；

c——额定电流（A）；

i——整定电流（A）；

d——导线型号；

e——导线根数；

f——导线截面（mm^2）；

g——敷设方式。

进行照明工程设计时，若将照明灯具、开关及熔断器的型号随图例标注在材料表内，则这部分内容可不在图上标出，此时灯具可简化标注为 $a \frac{c \times d \times L}{e} f$，开关及熔断器可标注为 $\frac{a}{c/i}$ 或 $a - c/i$，其标注符号的意义与前述相同。

4. 电气照明施工图种类及绘制

作为电气照明施工图，其作用主要是用来说明建筑电气工程中照明系统的构成和功能，描述系统的工作原理，提供设备的安装技术数据和实用维护数据等。工程规模大小不同时，图纸的数量相差很大，但其图纸种类却大致相同。电气照明施工图一般由首页、照明系统图、照明平面图等组成。

1）首页

首页一般由图纸目录、图例、设计说明和设备材料表组成。

（1）图纸目录：注明图纸序号、名称、编号、张数等，以利于图纸的保存和查找。

（2）图例：一般画出本套图纸所使用的图形符号，以便于阅读。

（3）设计说明：将图纸中尚未表达清楚或需重点强调的问题进行说明，如工程设计依据、建筑特点及等级、图纸设计范围、供电电源、接地形式、配电设备及线路的型号规格、安装及敷设方式等。

（4）设备材料表：列出该项工程所需主要设备和材料的名称、型号规格和数量等有关的重要数据。设备材料表一般与图例一同按照序号进行编写，并要求与图纸一致，以便于施工单位计算材料、采购电气设备、编制工程概（预）算和编制施工组织计划等。

2）照明系统图

照明系统图应在照明平面图的基础上绘制，用图形符号和文字符号表示建筑物内外照明配电线路的控制关系。系统图只表示各设备之间的连接，不表示设备的形状、安装位置和具体接线方法。为了简明起见，系统图往往采用单线图。照明系统图一般由配电箱系统图组成，需要表达的内容主要有以下几项：

（1）电源进线回路数、导线或电缆的型号规格、敷设方式及穿管管径。

（2）总开关及熔断器、各分支回路开关及熔断器的规格型号，各照明支路的分相情况（用 L_1、L_2、L_3 标注），出线回路数量及编号（用文字符号 WL 标注），各支路用途及照明设备的总容量（用 kW 标注），其中也包括电风扇、插座和其他用电器具等的容量。

（3）表示出系统总的设备容量、需要系数、计算容量、计算电流、配电方式等用电参数。

某照明配电系统图如图 3.3 所示。

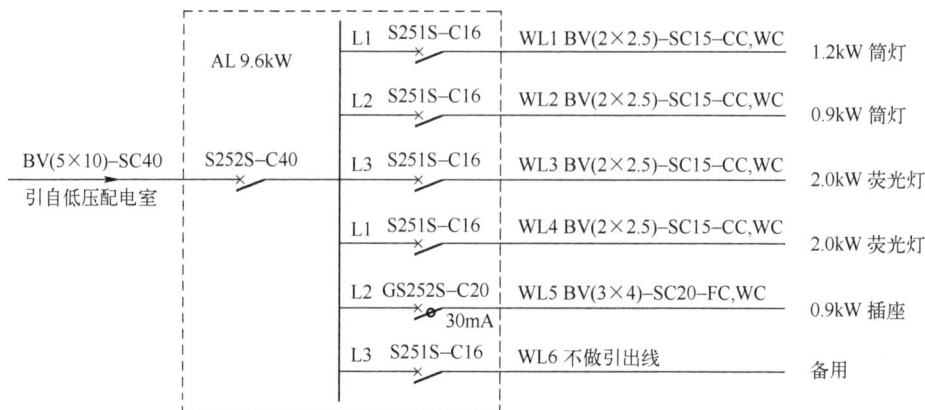

图 3.3 某照明配电系统图

3）照明平面图

照明平面图是表示建筑物内照明设备、配电线路平面布置的图纸。在照明平面图上需要表达的内容主要有：电源进线位置，导线的根数及敷设方式，灯具及各种用电和配电设备的安装位置、安装方式、规格型号及数量等。照明平面图的一般绘制步骤如下：

（1）照明平面图应按建筑物不同标高的楼层分别在其建筑平面轮廓图上进行设计。建筑平面轮廓图应标注轴线、尺寸、比例、房间用途等，以便于图纸会审、编制工程预算和指导施工。为了强调设计主题，建筑平面轮廓图要采用细线条绘制，电气照明部分要采用中、粗线条绘制。

（2）布置灯具和设备。应遵循既保证灯具和设备的合理使用又方便施工的原则。在建筑平面图的相应位置上，按国家标准图形符号画出配电箱（盘）、灯具、开关、插座及其他用电设备。在照明配电箱旁应用文字符号标注出其编号（AL），必要时还应标注其进线。在照明灯具旁应用文字符号标注出灯具的数量、型号、灯泡功率、安装方式及高度等。

（3）绘制线路。灯具和设备的布置完成以后，就可以绘制线路了。在绘制线路时，应首先按室内配电的敷设方式，规划出较为理想的线路布局，然后用单线绘出干线、支线的位置和走向，连接配电箱至各灯具、插座及其他所有用电设备所构成的回路，连接各灯具至灯开关的线路，最后用文字符号对干线和支线进行标注。有时为了减少图面的标注量，提高图面的清晰度，往往把从配电箱到各用电设备的管线在平面图上不直接标注，而是在系统图上进行标注，或另外提供一个用电设备导线、管径选择表。

此外，在平面图上，还应对干线和支线进行编号（照明干线用 WLM 标注，支线用 WL 标注），对导线的根数进行标注。在平面图上，两根导线一般不需标注，三根及以上导线的标注方式有两种：一种是在图线上打上斜线表示，斜线根数与导线根数相同；另一种是在图线上画一根短斜线，在斜线旁标出与导线根数相同的阿拉伯数字。

（4）撰写必要的文字说明。某楼层照明平面图局部如图 3.4 所示。

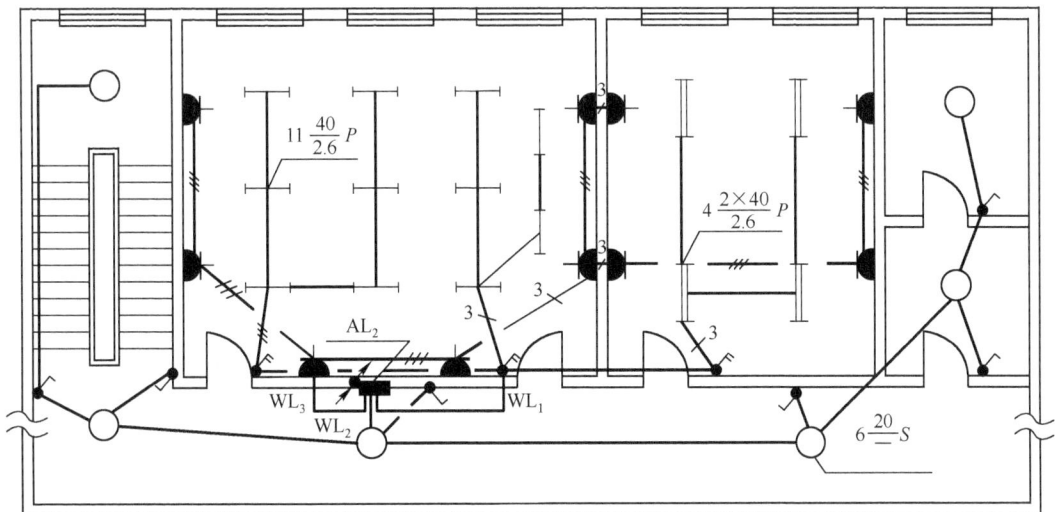

图 3.4　某楼层照明平面图局部

3.1.3　电气照明施工图的阅读和分析

电气照明施工图是建筑设计单位提供给施工单位从事电气照明安装的图纸，要设计照明施工图，首先必须掌握图纸的阅读和分析方法。

1. 照明工程读图应具备的知识及技能

电气照明工程中，灯具和电气设备的安装位置与建筑物的结构有关，线路的走向与建筑物的柱、梁、门等的位置有关，与其他管道、风管的规格、用途、走向有关，设备和线管的安装方法与墙体、楼板材料有关。所以要正确无误地阅读照明工程图纸，必须具备多方面的知识和技能，不仅用到电气专业方面的知识和技能，还必须了解和掌握土建和其他专业工程的一些技术和技能。照明工程读图应具备的知识及技能主要归纳如下。

1) 电气专业方面

(1) 熟练掌握电气图形符号、文字符号、标注方法及其含义，熟悉建筑电气工程制图标准、常用画法及图样类别。

(2) 熟悉建筑电气工程经常采用的标准图集、图册，有关设计的规程规范及标准，了解设计的一般程序、内容及方法，了解电气安装工程施工及验收规范、安装工程质量验评标准及规范等。

(3) 掌握电气照明工程中的常用设备、电气线路的安装方法及设置。

(4) 熟练掌握工程中常用的电气设备、材料（如开关柜、导线电缆、灯具等）的性能、工作原理、规格型号，了解其生产厂家和市场价格。

2) 土建专业方面

(1) 熟悉土建工程、装饰工程和混凝土工程施工图中常用的图形符号、文字符号和标注方法；了解土建工程的制图标准及常用画法，了解一般土建工程施工工艺和程序。

(2) 了解建筑施工图种类及与电气施工图的关系。

① 建筑平面图。建筑平面图主要表示建筑物的平面形状、水平方向各部分（如出入口、房间、走廊、楼梯等）的布置和组合关系、门窗位置、其他建筑构件的位置，以及墙、柱布置和大小等情况。建筑平面图（除屋顶平面图外）实际上是剖切平面位于窗台上方的水平剖面图，但习惯上称它为平面图。

照明设计的照明平面图就是在建筑平面图的基础上绘制的，要求表达清楚照明灯具、开关、配电箱、插座、线路等与建筑的相对关系。

② 建筑立面图。建筑立面图用来表示建筑物的外貌，并表明外墙的装修要求。

照明设计中电源进线的位置、建筑物立面照明等要与建筑立面图相符合。

③ 建筑剖面图。建筑剖面图是建筑物的垂直剖面图，其剖切位置一般选择在内部结构和构造比较复杂或有变化的部位，建筑剖面图可以简要地表达建筑物内部垂直方向的结构形式、构造、高度及楼层房屋的内部分层情况。

照明设计中管线的具体走法、楼梯灯开关、照明灯具的安装位置都需要根据剖面图来确定。

3）管道和采暖通风专业方面

熟悉管道、采暖、通风空调工程施工中常用的图形符号、文字符号和标注方法，了解制图标准及常用画法，熟悉这些专业的工程工艺和程序，掌握与电气关联部位及其一般要求。

4）设备安装专业方面

熟悉风机、泵类设备等安装施工图常用图形符号、文字符号和标注方法；了解制图标准及常用画法；熟悉工程工艺和程序，掌握与电气关联部位及其一般要求。

2. 读图要点

实践中，照明施工图的阅读一般按设计说明、照明系统图、照明平面图与详图、设备材料表和图例并进的程序进行。各部分的读图要点如下。

1）设计说明

阅读设计说明时，要注意并掌握下列内容：

（1）工程规模概况、总体要求、采用的标准规范、标准图册及图号、负荷级别、供电要求、电压等级、供电线路、电源进户要求和方式、电压质量等。

（2）系统保护方式及接地电阻要求、系统对漏电采取的技术措施。

（3）工作电源与备用电源的切换程序及要求、供电系统短路参数、计算电流、有功负荷、无功负荷、功率因数及要求等。

（4）线路的敷设方法及要求。

（5）所有图中交待不清、不能表达或没有必要用图表示的要求、标准、规范、方法等。

2）照明系统图

阅读照明系统图时，要注意并掌握以下内容：

（1）进线回路编号、进线线制、进线方式，导线（或电缆）的规格型号、敷设方式和部位，穿线管的规格型号。

（2）照明配电箱的规格型号及编号，总开关（或熔断器）的规格型号，各分支回路开关（或熔断器）的规格型号、编号及相序分配，导线的规格型号及敷设方式和部位、容量。同时核对该系统照明平面图回路标记与系统图是否一致。

（3）配电箱、柜、盘有无漏电保护装置，其规格型号、保护级别及范围。

（4）应急照明回路。

3）照明平面图

阅读照明平面图时，应注意并掌握以下内容：

（1）灯具、插座、开关的位置、规格型号、数量，照明配电箱的规格型号、台数、安装位置、安装高度及安装方式，从配电箱到灯具和插座安装位置的管线规格、走向及导线根数和敷设方式等。

（2）电源进户线位置、方式、线缆规格型号，总电源配电箱规格型号及安装位置，总配电箱与各分配电箱的连接形式及线缆规格型号等。

（3）核对系统图与照明平面图的回路编号、用途名称、容量及控制方式（集中、单独控制）是否相同。

（4）建筑物为多层结构时，上下穿越的线缆敷设方式（管、槽、竖井等）及其规格、型号、根数、走向、连接方式（盒内、箱内等），上下穿越的线缆敷设位置的对应。

（5）其他特殊照明装置的安装要求及布线要求、控制方式等。

（6）土建工程的层高、墙厚、抹灰厚度、开间布置、梁、窗、柱、电梯井和厅的结构尺寸、装饰结构形式及其要求等土建资料。

4）详图

阅读详图时，应注意并掌握以下内容：材料及材质要求，几何尺寸、加工要求、焊接防腐要求、安装具体位置、内部结构形式、元件规格型号及功能、具体接线及接线方式、元件排列安装位置、制作比例、开孔要求及其部位尺寸、螺纹加工要求、安装操作程序及要求、组装程序、与其他图样的联系及要求。

5）设备材料表

阅读设备材料表时，主要是掌握工程中的设备、材料、元件的规格型号、数量或质量。

需要说明的是：设备材料表中的内容不能作为工程施工备料或安装的依据。施工备料的依据，必须是经过会审后的施工图、会签的设计变更、现场实际发生的经甲方或监理或设计签发的技术文件。

3. 读图步骤及方法

读图一般分三个步骤进行。

1）粗读

所谓粗读，就是将施工图从头到尾大概浏览一遍，以了解工程的概况，做到心中有数。粗读时可重点阅读电气系统图、设备材料表、设计说明，主要掌握工程设计内容、电源情况、线缆规格型号及敷设方式、主要灯具、设备的规格型号、土建工程要求及其他专业要求等。

2）细读

所谓细读，就是按读图程序和读图要点仔细阅读每一张施工图纸，达到读图要点中的要求。并对以下内容做到了如指掌：

（1）灯具及其他电气设备的安装位置及要求。

（2）每条管线的走向、布置及敷设要求。

（3）系统图、平面图及关联图样标注是否一致，有无差错。

（4）土建、设备、采暖、通风等其他专业分工协作明确。

3）精读

所谓精读，就是将关键部位及设备等的施工图纸重新仔细阅读，系统地掌握施工要求。

4. 常用照明基本线路

由于照明灯具一般都是单相负荷，其控制方式多种多样，加上施工配线方式的不同，对相线、中性线、保护线的连接各有要求，所以其连接关系比较复杂，如相线必须经开关后再接于灯座，零线可以直接进灯座，保护线则直接与灯具的金属外壳相连接。这样就会在灯具

之间、灯具与开关之间出现导线根数的变化。对于初学者来说，必须搞清照明基本线路和配线基本要求。

1) 一个开关控制一盏灯

最简单的照明控制线路是在一个房间内采用一个开关控制一盏灯，若采用管配线暗敷设，其照明平面图如图 3.5 所示，透视接线图如图 3.6 所示。

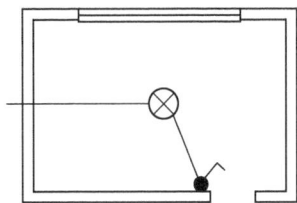

图 3.5　一个开关控制一盏灯的照明平面图

平面图和实际接线图是有区别的，如图 3.6 所示，电源与灯座的导线和灯座与开关之间的导线都是两根，但其意义却不同。电源与灯座的两根导线，一根为直接接灯座的中性线（N），另一根为相线（L），中性线直接接灯座，相线必须经开关后再接于灯座；因而灯座与开关的两根导线，一根为相线，另一根为控制线（G）。

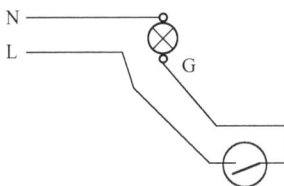

图 3.6　一个开关控制一盏灯的透视接线图

2) 多个开关控制多盏灯

如图 3.7 所示为两个房间的照明平面图，图中有一个照明配电箱，三盏灯，一个双联单控开关和一个单联单控开关，采用管配线。图中大房间的两灯之间为三根线，中间一盏灯与双联单控开关之间为三根线，其余都是两根线，因为线管中间不允许有接头，所以接头只能放在灯座盒内或开关盒内，详见与之对应的透视接线图（如图 3.8 所示）。

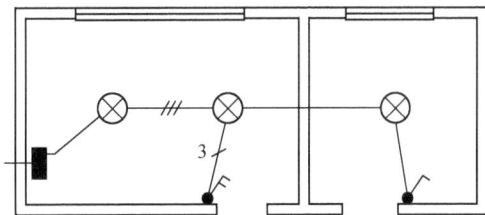

图 3.7　多个开关控制多盏灯的照明平面图

3) 两个开关控制一盏灯

用两个双控开关在两处控制一盏灯，通常用于楼梯、过道或客房等处。其平面图如

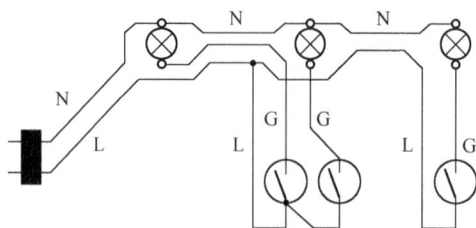

图 3.8　多个开关控制多盏灯的透视接线图

图 3.9 所示，图 3.10 为其原理图，图 3.11 为其透视接线图。图中一盏灯由两个双控开关在两处控制，两个双控开关与灯之间的导线都为三根，由原理图可以看出，在图示开关位置时，灯不亮，但无论扳动哪个开关，灯都会亮。

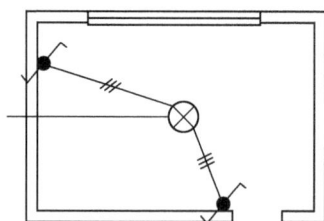

图 3.9　两个开关控制一盏灯的平面图

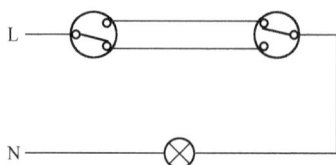

图 3.10　两个开关控制一盏灯的原理图

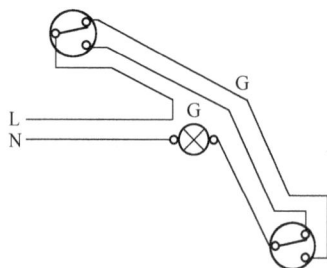

图 3.11　两个开关控制一盏灯的透视接线图

由以上的分析可以看出，在照明工程中，室内导线的根数与所采用的配线方式、灯与开关之间的连接有关，当配线方式或连接关系发生变化时，导线的根数也随之变化。这对初学者来说，在绘制照明平面图、进行线路的施工和接线时都有一定的难度，这时应结合灯具、开关、插座的原理接线图或透视接线图对照明平面图进行分析。借助于照明平面图，了解灯具、开关、插座和线路的具体位置及安装方法；借助于原理图了解灯具、开关之间的控制关系，不论灯具、开关位置是否变动，原理图始终不变；借助于透视接线图了解灯具、开关之间的具体接

线关系，开关、灯具位置、线路并头位置发生变化时，透视接线图也随之发生变化。只要理解了原理，就能看懂任何复杂的平面图和系统图，在施工中穿线、并头、接线就不会搞错了。

任务3-2　住宅楼照明工程设计

下面主要结合工程实践，以住宅楼为例介绍照明设计方法与要点。

住宅是人们生活、学习的重要场所，住宅照明的好坏，直接影响到人们的日常生活质量。随着人们生活水平的不断提高，居室装修的档次也不断提升，照明除了本身的实用意义，更多地担负起装饰和观感上的功能。在进行照明设计时，不仅要考虑利用光线来达到视觉上的舒适，还应考虑灯饰、家具和其他陈设协调配合，使人们的生活空间表现出华丽、宁静、温馨、舒适的情趣和气氛。

1. 住宅照明设计要考虑的因素

光线是衡量住宅的一个重要因素，高照度的照明能令人兴奋，低照度的照明则有亲切的气氛。光的颜色也是构成环境气氛的首要因素之一。人大部分的时间要在住宅里度过，住宅照明与人们的年龄、心理和文化修养有关，直接关系到人们的日常生活。所以，住宅照明设计应考虑以下因素：

（1）居住者的年龄和人数。

（2）视觉活动形式。

（3）工作面的位置和尺寸。

（4）应用的频率和周期。

（5）空间和家具的形式。

（6）结构限制。

（7）建筑和电气规范的有关规定要求。

（8）节能考虑。

2. 住宅照明的基本要求

住宅照明的基本要求应考虑以下几个方面。

（1）合适的照度。住宅的各个部分由于功能不同，对照度的要求也不同，为了满足使用功能，住宅照度要求符合《建筑照明设计标准》（GB 50034—2013）。

（2）平衡的亮度。住宅房间不仅功能不同，大小差别也较大。要创造一个舒适的环境，住宅里各处的照度不能过明或过暗，要注意主要部分与附属部分亮度的平衡。一般较小的房间可采用均匀照度，而对于较大的房间，可以在墙壁上加上壁灯。壁灯的安装高度应在视线高度的范围内，一般为 1.8m 左右，这样能起到增大生活空间的效果。

（3）电气设施留有余度。随着人们生活水平的不断提高，家电数量会日益增多，电源线的截面积和开关、插座的容量应适当留有一定的富余度，以确保用电安全。

（4）利用灯光创造氛围。进行灯光照明设计时，既要考虑创造良好的学习、生活环境，又要创造舒适的视觉环境，让灯光照明在家庭装饰中真正达到赏心悦目的效果。通过光源和灯具的合理选配，创造出非常完美的光影效果。

3. 照明设计的主要内容

1）确定照度值

（1）根据实测调研，绝大多数起居室在灯全开时，照度在 100～200lx 范围内，平均照度可达 152lx。根据我国实际情况定为 100lx，而起居室的书写、阅读定为 300lx。这可用增加局部照明灯形成的混合照明来达到。

（2）绝大多数卧室的照度在 100lx 以下，平均为 71lx。根据我国实际情况，卧室的一般活动照度略低于起居室，取 75lx 为宜。床头阅读比起居室的书写阅读对照度要求低，取 150lx。一般活动照明由一般照明来达到，床头阅读照明可由混合照明来达到。

（3）餐厅照度多数在 100lx 左右，我国定为 150lx。

（4）目前我国的厨房照明较暗，大多数只设一般照明，操作台未设局部照明。根据实际调研，一般活动多数在 100lx 以下，平均照度为 93lx（国外多为 100～300lx）。根据我国实际情况，定为 100lx。而国外在操作台上照度均较高，一般为 200～500lx，这是为了操作安全和便于识别。根据我国实际情况，定为 150lx，可由混合照明来达到。

（5）卫生间照明多数为 100lx 左右，平均照度为 121lx，故定为 100lx。至于洗脸、化妆、刮脸，可用镜前灯照明，照度可在 200～500lx。

2）合理布灯

正确的布灯方式应根据人们的活动范围和家具的位置合理安排。比如，看书读报的灯具位置应该考虑与桌面保持适当的距离，具有合适的角度，并使光线不刺眼。直接照射绘画、雕塑的灯具，应使绘画色彩真实，便于欣赏，使雕塑明暗适度，立体感强。

3）投光范围

所谓投光范围就是达到照度标准的范围有多大，它取决于人们的活动范围和被照物的体积或面积。投光范围主要靠灯罩的形状和大小及灯具数量和悬挂高度的合理调整来达到。

4）选择灯具

灯具的种类很多，应合理地选择灯具。首先，要使灯具适合室内空间的体量与形状，要符合房间的用途和特性。最后，要体现民族风格和地区特点，反映人们的情趣和爱好。

4. 住宅照明设计要点

（1）宜优先采用紧凑型荧光灯、环型荧光灯为主，直管型荧光灯、白炽灯为辅的照明光源方案。

（2）应根据室内空间的用途、格调、面积和形状等选择灯具。如厅、室可选择装饰性强的灯具；厨房应选择易于清洁的灯具，配防潮灯口；卫生间应选择防潮灯具，并设置镜前照明。

（3）厅堂吊灯下吊高度不宜超过 300mm；吊扇扇叶距地高度不宜小于 2.5m。

（4）灯具开关安装的位置应便于操作，开关边缘距门框的距离宜为 0.15～0.2m，开关距地面高度宜为 1.3m，拉线开关距地面高度宜为 2～3m，且拉线出口应垂直向下；卫生间灯具开关宜设于门外，起居室及卧室推荐设置双控开关或调光开关；楼梯间、走廊照明宜采

用延时开关或红外探测开关等节能控制方式。

（5）住宅应采用一户一表及集表箱计量配电方式，集表箱宜设于住宅底层的公共部位；多层和高层住宅的公共场所照明、公共用电应单独设电能表进行计量。

（6）住宅插座回路应装设漏电保护和有过、欠电压保护功能的保护装置。

（7）高层住宅疏散走道和安全出口、楼梯间、电梯前室、公共走廊、配电室、消防值班室、消防泵房、防排烟机房、电梯机房等场所应设置应急照明。

5. 住宅照明设计实例

某高层住宅一梯两户，为对称户型，共 11 层，设有电梯，电梯井旁设有管井。本住宅照明设计在满足照度标准和照明质量的基础上，注重了照明节能，大力推广节能型光源和电子镇流器，实施绿色照明。本工程的图例如表 3.7 所示，标准层照明平面图及户配电箱系统图如图 3.12 所示。

表 3.7　照明图例

序　号	图　例	型号、规格	安 装 方 式	安 装 高 度
1	▬	各用户终端箱及配电箱		
2	▼	半圆吸顶灯 1X32W	吸顶	
3	✕	镉镍电池	同灯具容量	
4	E	安全出口指示灯 1X4W 光源 LED	嵌墙暗装	门框正上方
5	→	应急诱导灯 1X4W 光源 LED	嵌墙暗装	底边距地 0.5m
6	⊗	节能灯 1X18W	吸顶	
7	♪	一位单极开关 10A	嵌墙暗装	底边距地 1.3m
8	♪	二位单极开关 10A	嵌墙暗装	底边距地 1.3m
9	♪	三位单极开关 10A	嵌墙暗装	底边距地 1.3m
10	♪t	触摸延时开关 10A	嵌墙暗装	底边距地 1.3m
11	⏚	插座（二眼＋三眼）10A（安全型）	嵌墙暗装	底边距地 0.3m
12	⏚	防水插座（二眼＋三眼）10A（安全型）（带防溅盖板）	嵌墙暗装	底边距地 1.5m
13	X	洗衣机插座（带单极开关）10A（安全型）（带防溅盖板）	嵌墙暗装	底边距地 1.5m
14	R	热水器防水插座（带单极开关）16A（安全型）（带防溅盖板）	嵌墙暗装	底边距地 1.8m
15	Y	抽油烟机插座（三眼）10A（安全型）	嵌墙暗装	底边距地 1.8m
16	⏚	带开关单相壁挂空调插座 16A（安全型）	嵌墙暗装	底边距地 1.8m
17	K	带开关柜式空调插座 20A（安全型）	嵌墙暗装	底边距地 0.3m
18	LEB	局部等电位端子箱	嵌墙暗装	底边距地 0.3m
19	∞	排气扇 30W	吸顶	

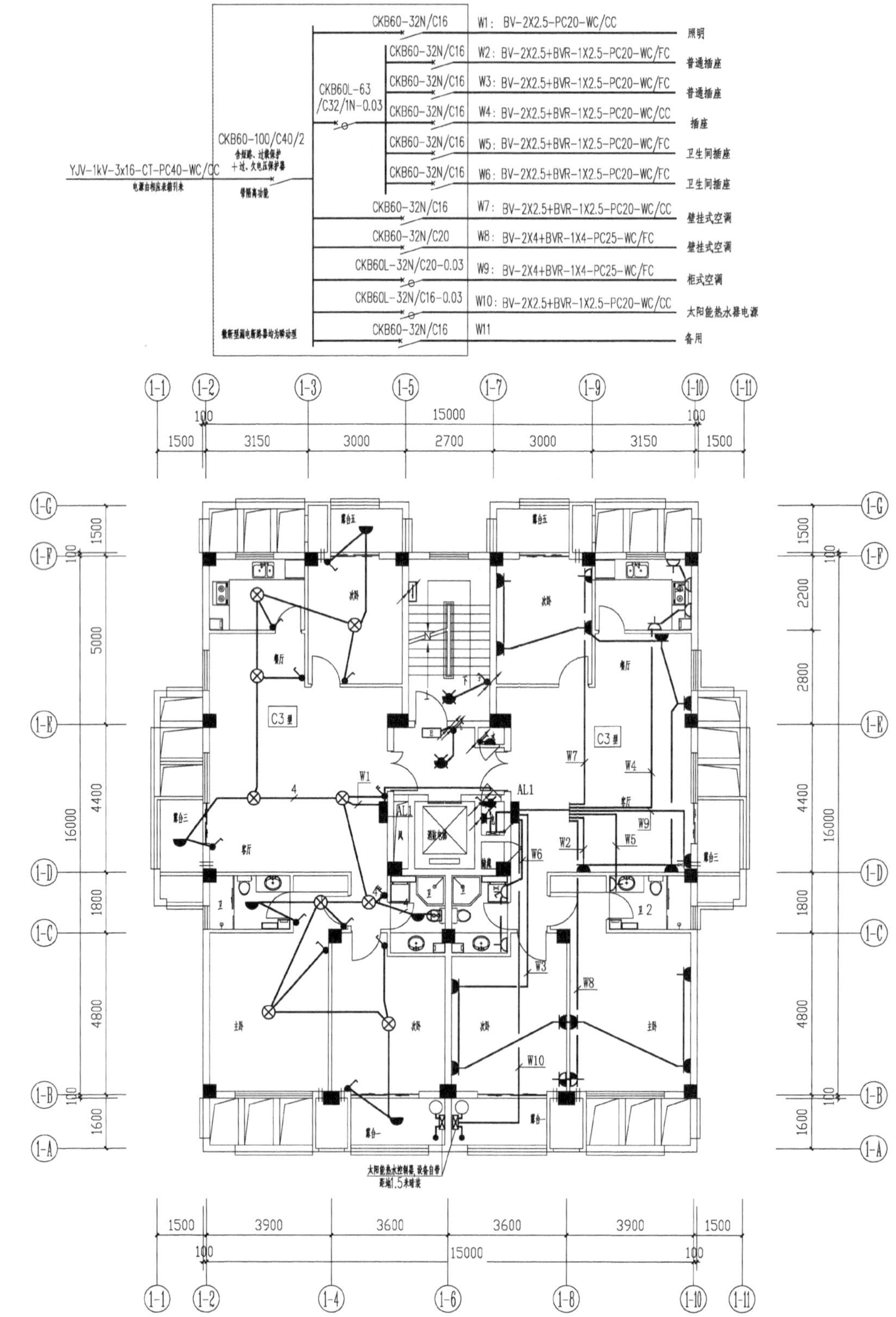

图 3.12　标准层照明平面图及户配电箱系统图

卧室、起居室、餐厅、阳台均选用相应规格的节能灯,吸顶安装;厨房内选用防潮灯,且与餐厅所用的照明光源显色性一致或近似;卫生间内安装半圆吸顶灯,跷板开关按规范要求设于卫生间门外,因位于电梯旁的卫生间内没有外窗,故设计了专门的换气扇,通过管井排出室外;楼梯间灯具采用触摸延时开关控制,以节约电能;因本例属于高层建筑,故楼梯间、各主要疏散通道和人员出入口安装自带镉镍电池的应急照明和疏散指示灯具。

按照不同的用电器具选用了不同规格型号的插座:空调负荷较大,故在面积相对较小的卧室选择16A带开关单相壁挂空调插座,在面积相对较大的客厅选择20A带开关柜式空调插座;卫生间和厨房插座采用防水型单相二孔加三孔插座,热水器选用防水型单相三孔16A插座;洗衣机选择单相三孔带开关10A插座,抽油烟机选用单相三孔10A插座。插座的安装数量、位置、高度应保证家用电器接线方便,尽量少用转换插座,避免事故的发生。

每套住宅的空调电源插座、一般电源插座与照明采取了分回路设计,厨房电源插座和卫生间电源插座均按独立回路设置。插座回路均选用微型漏电断路器,其动作电流为30mA。每套住宅均设置了电源总断路器,采用的是可同时断开相线和中性线的开关电器。

本住宅照明线路采用了塑料绝缘铜芯导线,每套住宅进户线截面为16mm²,插座分支回路截面为2.5mm²,空调插座回路根据容量不同截面有2.5mm²和4mm²,灯具分支回路截面为2.5mm²。电能表规格为10(40)A,各户电能表均设在地下室配电房内,采用具有远传功能的集中智能型电能表。

任务3-3 办公楼照明工程设计

下面主要结合工程实践,以办公楼为例,介绍照明设计方法与要点。

凡是人们以文字形式处理事务的场所都可以称为办公室,这一类建筑则称为办公楼。办公楼的照明特点是:不论楼层多高,也不论采用哪一种结构体系,其共同特点是在同一幢办公楼内能容纳不同行业、不同功能要求的办公室的需要。就办公室的工作内容来说,可分为一般办公室和特殊工作条件的办公室(如制图办公室等);就其规模来说,有小型的普通办公室和大型开敞式办公室。由于各类办公室内的大部分活动都与水平面作业的视觉有关,所以办公楼照明设计要根据具体工作要求来考虑,其主要任务是提高工作效率,减少视觉疲劳,使整个房间的视觉环境舒适。

1. 办公室照明的质量要求

1)照度水平

照度应按照国家标准《建筑照明设计标准》(GB 50034—2013)确定。办公室分普通和高档两类,分别制订照度标准,这样做比较适应我国不同建筑等级及不同地区差别的需要。根据调研,办公室照度多为200~400lx,平均照度为429lx。根据我国情况将普通办公室定为300lx,高档办公室定为500lx。

根据会议室、接待室、前台的照度调查结果,照度多数为200~400lx,平均照度为351lx,根据实际情况定为300lx。

根据营业厅的照度调查结果,多为200~300lx,定为300lx。

设计室照度与高档办公室的照度一致，定为500lx。

根据文件整理、复印、发行室的照度调查结果，照度为200～350lx，定为300lx。

资料、档案室的照度调查结果均小于150lx，而CIE标准为200lx，考虑今后发展，我国定为200lx。

2）亮度比

室内空间的识别，正是因为有了亮度比。如果室内亮度差别太大，会引起视觉适应的问题，极端情况下就会产生眩光；相反，亮度差别太小，空间就会显得呆板，宜使人产生郁闷的感觉。亮度变化主要取决于灯具的亮度和颜色的变化，这些可以通过不同表面的反射、颜色的变化和照度的变化来达到。办公室照明设计应注意平衡总体亮度与局部亮度的关系，以满足使用要求。办公室照明推荐的亮度比如表3.8所示。

表3.8 办公室照明推荐的亮度比

所处场合情况	亮度比值	所处场合情况	亮度比值
工作对象与周围环境之间 （如书与桌子之间）	3:1	灯具或窗与周围环境之间	10:1
工作对象与离开它的表面之间 （如书与地面或墙壁之间）	5:1	在普通视野内	30:1

3）反射比

办公室内表面反射比推荐值如表3.9所示。

表3.9 办公室内表面反射比推荐值

表面类型	反射比等效值范围	表面类型	反射比等效值范围
顶棚表面	60%～90%	办公室设备	20%～60%
墙壁	30%～80%	地板	10%～50%
家具	20%～60%		

注：推荐值仅指涂层。吸声材料的平均总反射比要低一些。

环境的颜色往往决定着工作人员的情绪。对于小办公室，可以把墙、工作面和靠墙的柜子漆成相同的颜色，因它们对光的反射相同，故给人的感觉是房间增大。对于大办公室，在照度水平较低的情况下，应尽量减少颜色的种类，以避免在视场内出现大面积的饱和色彩。

4）光源颜色

光源颜色包括色温、显色指数两个含意。一般办公室照明光源的色温选择在3300～5300K之间比较合适。显色指数一般为80，同时还要考虑初期投资、安装维修费用及节能等因素。

5）眩光

办公室是进行视觉工作的场所，特别是配有视频显示屏幕的办公室，眩光问题尤为突出。从眩光角度考虑，视觉舒适率应在70%以上。

2. 办公室照明设计的内容

办公室的照明方式可分为一般照明、分区一般照明和局部照明。首先，要考虑办公室合适的光源。办公建筑的办公室和辅助用房宜采用直管形荧光灯，而会议室可有一部分紧凑型

（节能）荧光灯或同时采用几种光源。今后应更多选用光效更高，更加节能的 T5、T8 直管形荧光灯和紧凑型荧光灯，尽可能停用白炽灯。照明灯具的选择，一是要考虑照明环境中的亮度比问题，二是注意灯具的布置。灯具的最大间距，因灯型而异。灯与墙壁的间隔，采用灯具间距的 1/2 为宜。

与直管形荧光灯配套的简易型或旧式控照型（如搪瓷制）灯具不宜继续使用。格栅荧光灯具也应该注意选用灯具效率高，配光符合使用要求的产品。大量安装白炽灯的花（吊）灯不宜在会议室、办公室中使用。

1）一般办公室照明

（1）一般照明。办公室的一般照明通常可采用发光顶棚、嵌入式或吸顶式荧光灯具等。发光顶棚适用于较大空间，嵌入式或吸顶式荧光灯具适用不同空间，其灯具布置方式是规则的直线状排列或网状布置。这两种照明方式的照明方向性不强，能保证所有工作位置得到合适的照度，适应办公设备布置变化的需要。

（2）局部照明。对于作业区照度要求较高的办公室，可采用台灯或组合式办公桌上的直管灯来进行局部照明。局部照明的台灯最好采用以紧凑型荧光灯为光源的反射灯具，灯具应装在视线之上，约高出桌面 0.6m。通过改变灯具的方位，寻找合适的角度，使眼睛看不到光源，又能均匀照明作业区。

2）大空间办公室照明

大空间办公室，通常被家具隔成许多单独的工作空间，其照明设计一般不考虑办公用具的布置，只提供均匀的一般照明，但应注意眩光的限制。由于文件柜等容易给工作面造成阴影，这就需要用台灯等来克服。同时可用调光器控制这些灯具，达到节能的目的。

3）个人专用办公室照明

个人专用办公室的照明和一般办公室的照明相比，更多地是希望它能够达到一定的艺术效果或气氛，可由一般照明、重点照明或局部照明组成。它的一般照明并不要求有较高照度，可适当覆盖办公桌及其周边，房间其余部分可通过几个重点照明来处理。如在办公室的沙发旁设置台灯、地灯，在墙面上设置小型射灯及画柜灯等，以达到其装饰照明的要求。

4）会议室照明

会议室的一般照明可结合室内装修来设置，如嵌入式荧光灯、发光顶棚、光带等。会议室一般照明应为室内的会议桌提供足够的照度，并且照度应均匀，但对于整个会议室空间来说不一定要求照度均匀。当会议室有主席台时，应加强主席台部分的照度；当室内有陈列、展览要求时，应增加局部照明；有投影装置的会议室，应能很方便地控制会议室的照明。

5）营业性办公室照明

营业性办公室是指银行、证券公司及火车站、汽车站、民航售票处等接待客人用的办公室，通常称为对外联系的"窗口"。一般情况下，营业性办公室比一般办公室的照度要高。这是因为它是接待顾客的场所，多数情况是房间的布局直接与室外相连，所以要防止从明亮的室外进来时感到昏暗。营业办公室的照明必须采用提高桌上水平面的照度，同时使客人面部等处得到足够的垂直面照度的照明方法。提高了垂直面的照度即提高墙面照度的照明方式会使房间显得宽敞，制造出活跃的气氛，这对于营业性办公室也是至关重要的。

6）有视频显示屏幕的办公室照明

（1）照度要求：水平工作面的照度不宜超过 500lx。如果要求超过 500lx，可通过增加局部照明来达到。

（2）亮度要求：对于直接和间接照明系统，顶棚表面亮度不宜超过 1370cd/m²；顶棚表面（除去灯具自身的情况）的亮度比不宜超过 20:1。纸面与视频显示终端屏幕之间的亮度比不宜超过 3:1。视频显示终端屏幕上具有潜在反射的垂直面应妥善调整，其反射比最大不宜超过 50%。视觉环境要求如下：窗户应加窗帘，以克服室外过高的亮度；灯具布置应合理，使屏幕上的反射眩光达到最小。

7）绘图办公室照明

绘图办公室对照明质量要求较高，如果照明不好，绘图工具往往会造成阴影，影响工作效率。选择间接照明和半直接照明方式能减小阴影。采用直接照明方式也同样有效，但必须在绘图桌侧面进行照明，以减少光幕反射。采用可降低光幕反射的灯具，适当地安排灯具的位置。

采用安装在绘图桌上带摇臂的绘图灯进行辅助照明，可根据实际情况调整，消除阴影。

8）档案室照明

档案室应考虑水平、倾斜和垂直三个工作面的照明。档案室均匀照明是为水平工作面服务的，同时在档案柜上可设置局部照明，并由附近的单独开关控制。

9）盥洗间照明

盥洗间不需要均匀照明。灯具的布置应使镜子周围有足够的光线，并使光线尽量集中在大小便池上以便于清洗。

10）公共场所照明

办公楼的公共场所一般包括入口门厅、电梯厅、走廊和楼梯间。公共场所的照明一般点亮时间较长，更要注意节能。

（1）入口门厅照明。办公楼的入口门厅照明，既要符合建筑上的要求，又要考虑减小室内外亮度的变化。入口门厅常采用玻璃等修饰材料，造成很高的反射，这种情况采用壁灯较合适。如果采用镜面玻璃材料，更要注意反射眩光的问题。设计时应与建筑师配合，选择合适的建筑材料和灯具。

（2）走廊照明。走廊照明不能造成从相邻场所往返的人眼睛不舒适。线状灯具（如荧光灯）横跨布置能使走廊显得更亮。

（3）楼梯间照明。楼梯间灯具的布置应减小台阶处的阴影和人眼视线上的眩光，特别要考虑灯具维修方便。

3. 办公楼照明设计要点

（1）《建筑照明设计标准》（GB 50034—2013）规定：普通办公室、会议室、接待室等房间 0.75m 的水平面照度标准值为 300lx；高档办公室及设计室 0.75m 的水平面照度标准值为 500lx。本标准引入了照明功率密度（简称 LPD）的概念作为照明节能的评价指标，常用房间或场所的照明功率密度应符合标准规定，相关照明节能的条文为强制性条文，必须严格执行。

（2）推荐采用色温在 4000～4600K 范围内，显色指数在 80 左右，蝙蝠翼式配光的细管径直管型高效荧光灯具。宜将灯具布置在工作台的两侧，并使荧光灯纵轴与水平视线相平

行。不能确定工作位置时宜采用与外窗平行布灯，并宜采用双向蝙蝠翼式配光灯具。

（3）每普通开间设 2 ～ 3 组电源插座，且照明与插座回路应分开配电，插座回路应装设漏电保护。

（4）宜将办公区域与公共区域分开配电。

4. 办公楼照明设计实例

某高校新建一幢教学办公综合楼，共计 14 层，层高为 3.6m。1 ～ 6 层东侧是双班教室，西侧是实验室，7 ～ 12 层是办公室，13、14 层是弱电机房及相关管理用房。办公区设置中央空调系统，教学实验区预留分体空调电源配电箱。下面以东侧办公区为例介绍办公楼的照明设计。图 3.13 为本工程 7 层照明平面图局部，图 3.14 为 7 层动力平面图局部，图 3.15 为照明配电箱系统图。

GB 50034—2013《建筑照明设计标准》规定：普通办公室在 0.75m 水平面照度标准值为 300lx，灯具宜采用细管径直管形荧光灯，配电子镇流器；门厅、走廊等处地面照度标准值为 50 ～ 100lx，灯具宜采用节能灯。办公室内采用荧光灯时宜使灯具纵轴与水平视线相平行，不宜将灯具布置在工作位置的正前方，大开间办公室宜采用与外窗平行的布灯形式。会议室一次设计时可只预留灯具开关和引出线，灯具形式由二次装修时确定。如果会议室面积较大、功能较复杂，宜预留专门的照明配电箱，出线回路应留有较大裕量。

《建筑照明设计标准》引入了照明功率密度的概念作为照明节能的评价指标，普通办公室对应照度值为 300lx 时的照明功率密度现行值和目标值分别为 $11W/m^2$ 和 $9W/m^2$。所以工程设计时应优先选择高效率的光源、灯具及镇流器，既满足办公室照度标准要求，又使得灯具安装功率不超过相应场所的照明功率密度值。为了简化照度计算，工程上一般采用照明功率密度现行值对房间内需要的灯具数量进行计算。在图 3.13 中，单开间办公室面积为 $25m^2$，双开间办公室面积为 $50m^2$，选用 $2 \times 36W$ 双管荧光灯。灯具安装高度为 2.8m，工作面高度为 0.75m，计算高度为 2.05m，办公室照明功率密度现行值为 $11W/m^2$。$11 \times 25 = 275（W）$，$275 \div (40 \times 2) = 3.44$，式中 40W 为含荧光灯电子镇流器的损耗。取 $N = 3$，在办公室内均匀布置，实际照度约为 270lx。注意：应充分考虑到结构主梁、次梁及井字梁给灯具布置带来的影响，灯具布置应做到整齐、美观。

办公室内灯具可按开间控制，也可按与外窗平行方向分组控制；走廊内灯具可采用一灯一控（安装吸顶灯时）或一组灯一控（安装筒灯时）；楼梯间休息平台灯具宜采用双控开关控制。

电梯厅（消防电梯前室）、疏散楼梯间及走廊等处设置应急照明和疏散指示标志，疏散用的应急照明，其地面最低照度不应低于 0.5lx。疏散应急照明灯宜设在墙面或顶棚上，安全出口标志宜设在出口的顶部，疏散走道的指示标志宜设在疏散走道及其转角处距地面 1.00m 以下的墙面上，走道疏散标志灯的间距不应大于 15m。应急灯和疏散指示标志可采用蓄电池作备用电源，且连续供电时间不应少于 20min。疏散照明采用带有蓄电池的应急照明灯时，供电电源可接自本层分配电盘的专用回路上或接自本层防灾专用配电盘上。墙面上疏散指示标志灯具（一般安装高度为 0.5m）配电应增加一根接地线。办公室每面墙上布置两组单相三孔插座，安装高度为 0.3m，一般每 2 ～ 3 个房间内的插座接至一个供电回路为宜。为了维护检修安全，同一房间内的插座宜由同一回路配电。插座回路应选择漏电断路器，本

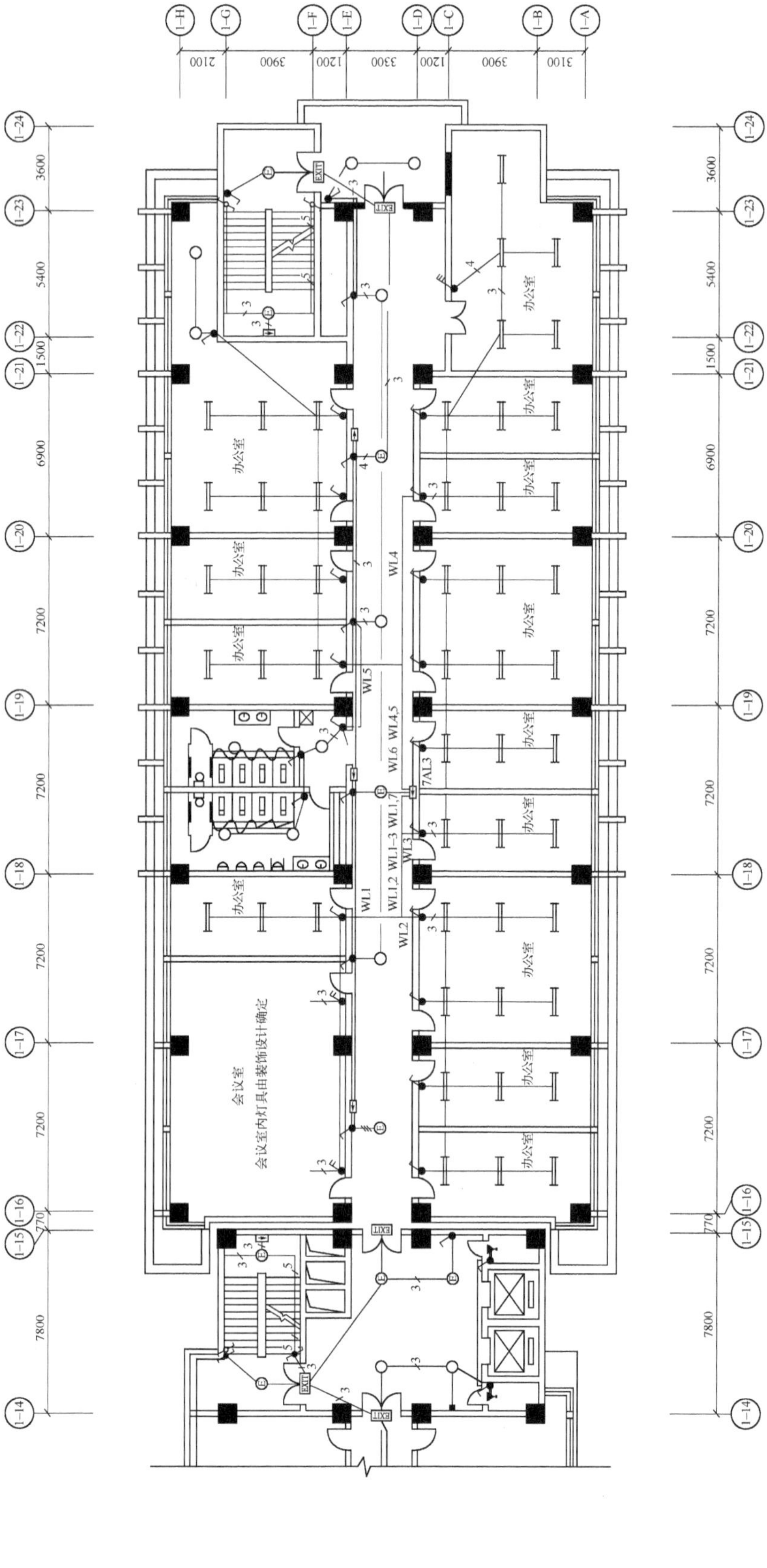

图3.13 7层照明平面图局部

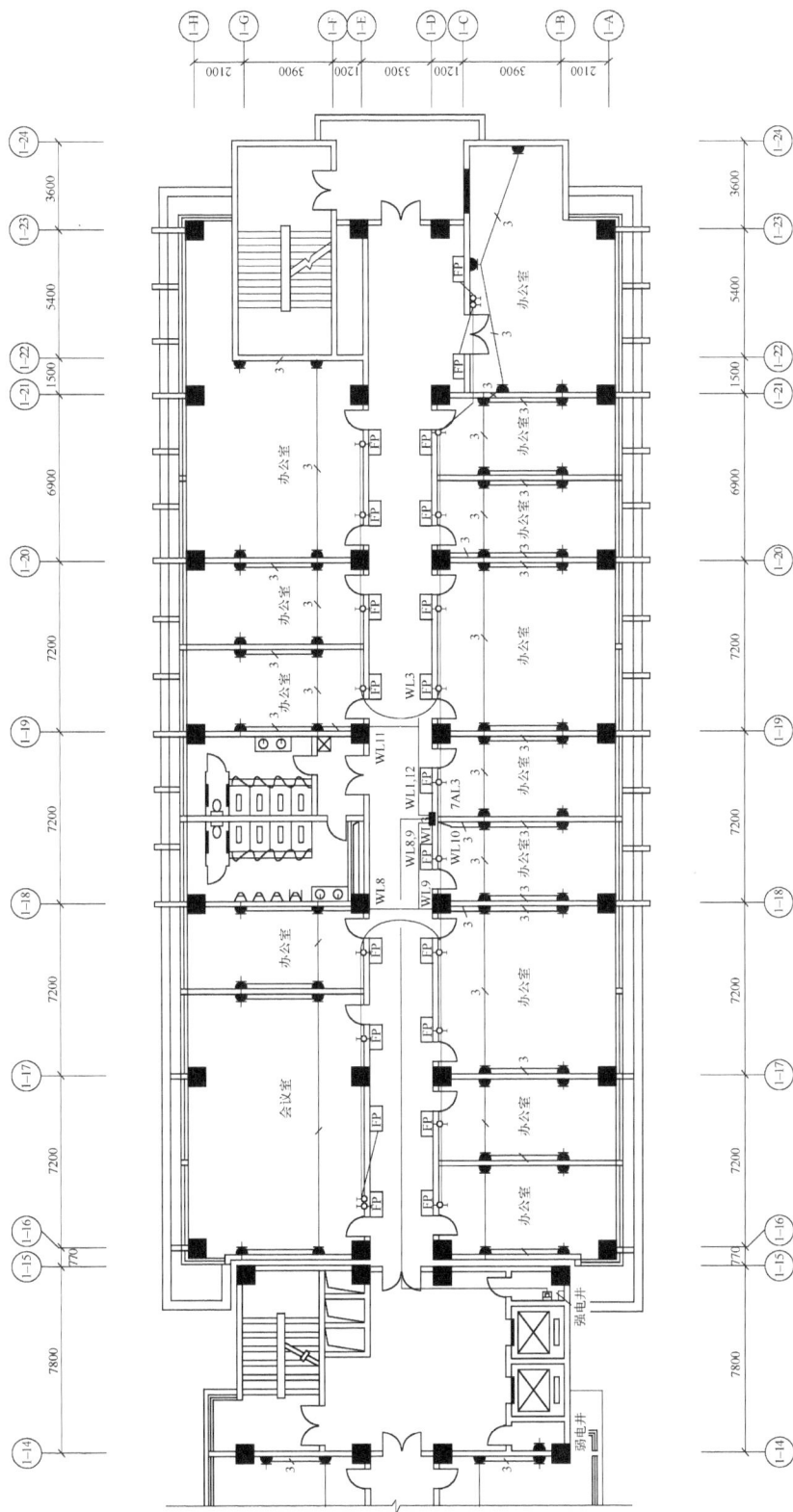

图3.14 七层动力平面图局部

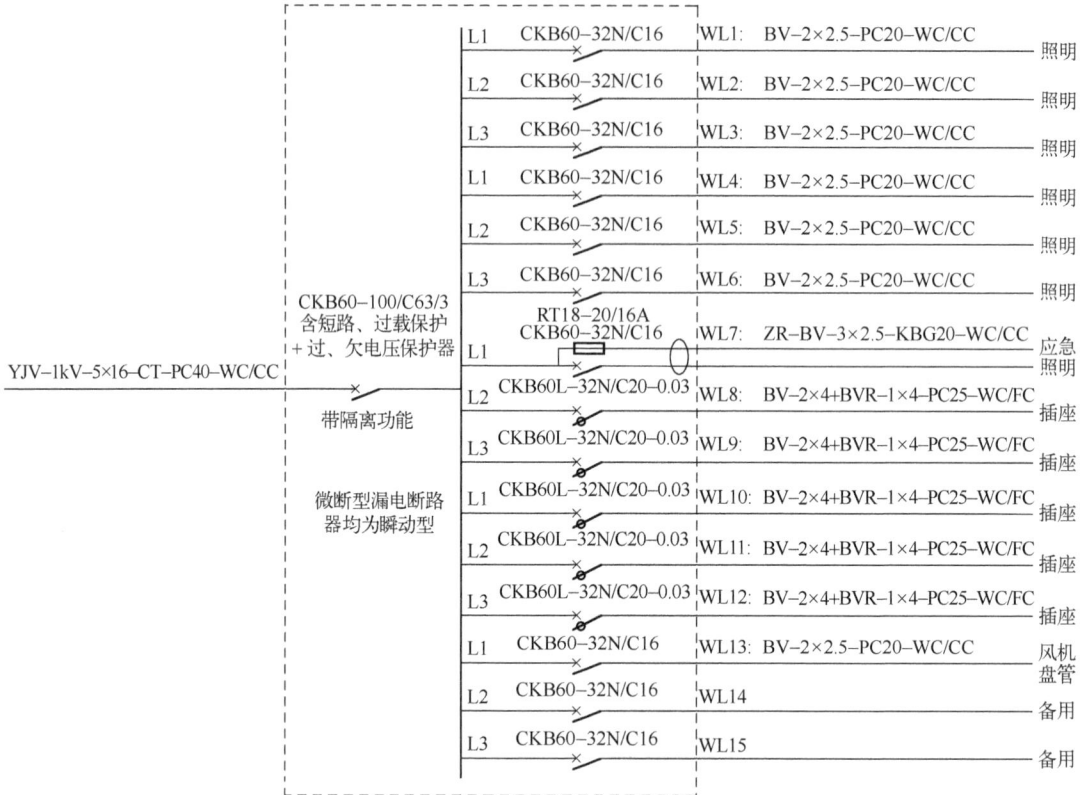

（a）七层照明配电箱系统图

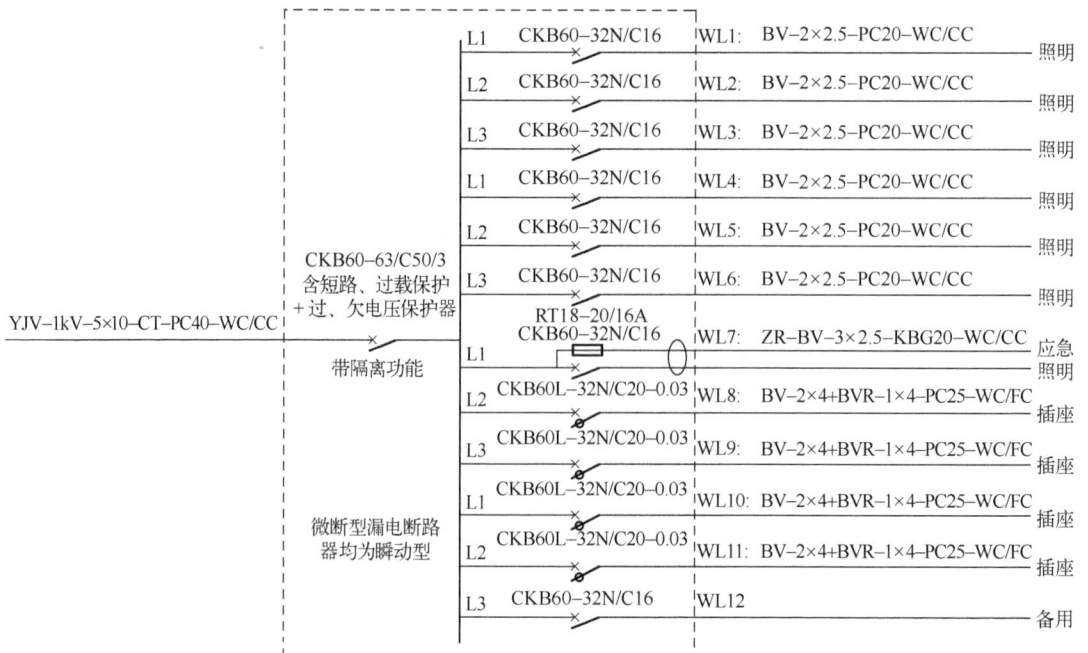

下面是七层照明配电箱系统图的标注：

YJV–1kV–5×16–CT–PC40–WC/CC

CKB60–100/C63/3
含短路、过载保护
＋过、欠电压保护器
带隔离功能
微断型漏电断路
器均为瞬动型

L1	CKB60–32N/C16	WL1: BV–2×2.5–PC20–WC/CC 照明
L2	CKB60–32N/C16	WL2: BV–2×2.5–PC20–WC/CC 照明
L3	CKB60–32N/C16	WL3: BV–2×2.5–PC20–WC/CC 照明
L1	CKB60–32N/C16	WL4: BV–2×2.5–PC20–WC/CC 照明
L2	CKB60–32N/C16	WL5: BV–2×2.5–PC20–WC/CC 照明
L3	CKB60–32N/C16	WL6: BV–2×2.5–PC20–WC/CC 照明
L1	RT18–20/16A CKB60–32N/C16	WL7: ZR–BV–3×2.5–KBG20–WC/CC 应急照明
L2	CKB60L–32N/C20–0.03	WL8: BV–2×4+BVR–1×4–PC25–WC/FC 插座
L3	CKB60L–32N/C20–0.03	WL9: BV–2×4+BVR–1×4–PC25–WC/FC 插座
L1	CKB60L–32N/C20–0.03	WL10: BV–2×4+BVR–1×4–PC25–WC/FC 插座
L2	CKB60L–32N/C20–0.03	WL11: BV–2×4+BVR–1×4–PC25–WC/FC 插座
L3	CKB60L–32N/C20–0.03	WL12: BV–2×4+BVR–1×4–PC25–WC/FC 插座
L1	CKB60–32N/C16	WL13: BV–2×2.5–PC20–WC/CC 风机盘管
L2	CKB60–32N/C16	WL14 备用
L3	CKB60–32N/C16	WL15 备用

（b）五层照明配电箱系统图

下面是五层照明配电箱系统图的标注：

YJV–1kV–5×10–CT–PC40–WC/CC

CKB60–63/C50/3
含短路、过载保护
＋过、欠电压保护器
带隔离功能
微断型漏电断路
器均为瞬动型

L1	CKB60–32N/C16	WL1: BV–2×2.5–PC20–WC/CC 照明
L2	CKB60–32N/C16	WL2: BV–2×2.5–PC20–WC/CC 照明
L3	CKB60–32N/C16	WL3: BV–2×2.5–PC20–WC/CC 照明
L1	CKB60–32N/C16	WL4: BV–2×2.5–PC20–WC/CC 照明
L2	CKB60–32N/C16	WL5: BV–2×2.5–PC20–WC/CC 照明
L3	CKB60–32N/C16	WL6: BV–2×2.5–PC20–WC/CC 照明
L1	RT18–20/16A CKB60–32N/C16	WL7: ZR–BV–3×2.5–KBG20–WC/CC 应急照明
L2	CKB60L–32N/C20–0.03	WL8: BV–2×4+BVR–1×4–PC25–WC/FC 插座
L3	CKB60L–32N/C20–0.03	WL9: BV–2×4+BVR–1×4–PC25–WC/FC 插座
L1	CKB60L–32N/C20–0.03	WL10: BV–2×4+BVR–1×4–PC25–WC/FC 插座
L2	CKB60L–32N/C20–0.03	WL11: BV–2×4+BVR–1×4–PC25–WC/FC 插座
L3	CKB60–32N/C16	WL12 备用

图 3.15　照明配电箱系统图

工程采用的微断型漏电断路器均为瞬时型，动作电流为 30mA。

空调系统的风机盘管因功率较小（一般为 60 ～ 80W/台），其配电可以接自照明配电箱，每台配电箱应根据情况预留 1 ～ 2 个备用回路，如图 3.15 所示。

实训 1　某办公楼照明施工图设计

1. 实训目的

（1）掌握建筑识图相关知识与技能。
（2）掌握办公楼照明设计和计算的相关知识和技能。

2. 实训材料

某办公楼建筑工程图纸。

3. 实训步骤

（1）识读建筑底图，了解建筑结构特点，了解和确定建设单位的用电要求，收集有关资料，如设计手册、有关图集、产品样本等。

（2）确定设计方案。落实供电电源及配电方案；确定工程的设计项目和内容；进行系统方案设计和必要的计算；编制出初步设计文件。

（3）进行施工图设计。

① 进行平面设备布置（如照明配电箱、灯具、开关的平面布置等）。

② 进行平面布线和必要的计算（照度计算、电气负荷计算、电压损失计算等）。

③ 确定各电器设备的型号规格及具体的安装工艺。

④ 编制出施工图设计文件（包括照明平面图和照明系统图、设计说明、计算书）。

⑤ 与各专业密切配合，避免盲目布置而造成返工。

4. 注意事项

（1）设计照度值、图形和文字符号需符合国家标准要求。
（2）注重照明节能，采用节能型光源和电子镇流器，实施绿色照明。
（3）与各专业密切配合，避免盲目布置而造成返工。

5. 实训思考

（1）办公室灯具选择优选何种灯具？
（2）办公楼照明设计照度标准值为多少？
（3）楼梯灯及公共照明采用何种控制方式？
（4）本工程的供电负荷要求是什么？
（5）导线规格型号选择的依据是什么？
（6）开关和保护设备规格型号选择的依据是什么？

思考题3

1. 电气照明施工图设计分几个阶段？简述各阶段的主要任务和设计文件的深度。

2. 电气照明施工图主要有哪几种？各有什么作用？

3. 绘制照明平面图时，为何要在建筑平面轮廓图上标注轴线、尺寸、比例？

4. 绘制照明平面图时，照明配电线路如何标注？

5. 绘制照明平面图时，照明灯具如何标注？

6. 绘制照明平面图时，低压断路器和熔断器如何标注？

7. 阅读设计说明应着重掌握哪些内容？

8. 阅读照明系统图应着重掌握哪些内容？

9. 阅读照明平面图应着重掌握哪些内容？

10. 住宅电气照明设计应掌握哪些要点？

11. 办公楼电气照明设计应掌握哪些要点？

学习单元4
建筑物防雷与接地系统

项目任务	任务4-1	认识建筑物防雷系统	学时	8
	任务4-2	接地与安全		
教学载体	实训中心、教学课件、施工图纸及教材相关内容			
教学目标	知识方面	掌握建筑物防雷保护措施、安全用电基本知识和低压配电系统接地形式。熟悉建筑物防雷与接地系统的基本构架		
	技能方面	能够正确识读建筑物防雷接地系统施工图，解决工程实际中具体问题		
过程设计	任务布置及知识引导—分组学习、讨论和收集资料—学生编写报告，制作PPT、集中汇报—教师点评或总结			
教学方法	项目教学法			

随着城市建设的快速发展，各类建筑如雨后春笋般拔地而起，高层建筑的数量不断增加，随着建筑物的高度越来越高，建筑物受到雷电袭击的可能性也越来越大，加上高层建筑内部使用的各种电气设备种类繁多，安全可靠地设计好防雷与接地系统至关重要。

任务 4-1 认识建筑物防雷系统

4.1.1 雷电的产生与危害

1. 雷电的形成

雷电是一门古老的学科。人类对雷电的研究已经有了数百年的历史，然而有关雷电的一些问题至今尚未能得到完整的解释。

雷电的形成过程可以分为气流上升、电荷分离和放电三个阶段。在雷雨季节，地面上的水分受热变蒸汽上升，与冷空气相遇之后凝成水滴，形成积云。云中水滴受强气流摩擦产生电荷，小水滴容易被气流带走，形成带负电的云，较大水滴形成带正电的云。由于静电感应，大地表面与云层之间、云层与云层之间会感应出异性电荷，当电场强度达到一定的值时，即发生雷云与大地或雷云与雷云之间的放电。典型的雷击发展过程如图 4.1 所示。

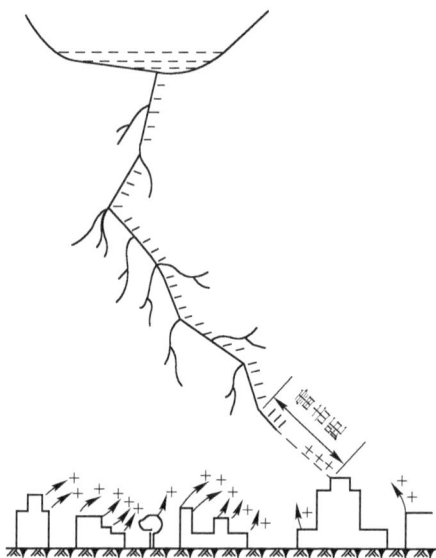

图 4.1 雷云对地放电示意图

2. 容易发生雷击灾害的环境

不同雷击环境下发生雷击灾害的比例是不相同的，如图 4.2 所示。农田、在建的建筑物、开阔地、水域等环境发生雷击灾害的比例最高，这是因为，在农田、开阔地、水域等，人们往往单独劳作或行动，而且地势平坦，相对而言人体位置可能较高，因而更容易被雷击中，雷电流可能会从头部进入人体，再从两脚流入大地。由于直接雷击时电流很大，很容易

不同雷击环境下的事件数百分比

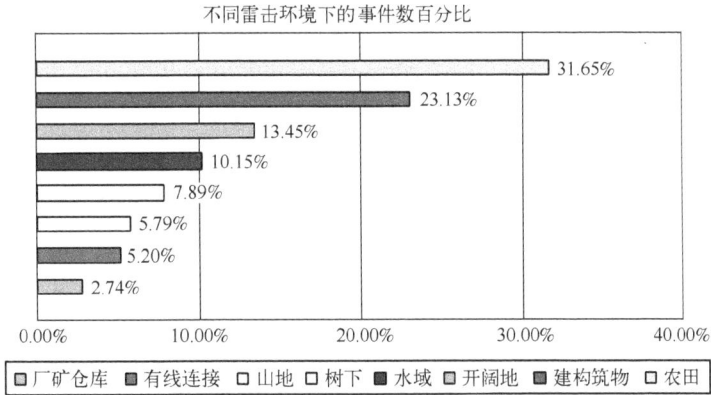

图 4.2　不同雷击环境下的事件数百分比

使被雷击者受到伤害。在建的建筑物一般没有防雷设备，钢筋、铁管等电导体很多，因而也容易遭受雷电袭击。农村是雷灾主要发生地区，农民是雷灾的主要受害者。

3. 雷击的选择性

建筑物遭受雷击的部分是有一定规律的，建筑物易遭雷击部位如表 4.1 所示。

表 4.1　建筑物易遭雷击部位

建筑物屋面的坡度	易遭雷击部位	示意图	建筑物屋面的坡度	易遭雷击部位	示意图
平屋面或坡度不大于 1/10 的屋面	檐角、女儿墙、屋檐	平屋顶 坡度不大于 1/10	坡度大于 1/10，小于 1/2 的屋面	屋角、屋脊、檐角、屋檐	坡度大于 1/10，小于 1/2
			坡度大于或等于 1/2 的屋面	屋角、屋脊、檐角	坡度大于或等于 1/2

4. 雷击的基本形式

雷云对地放电时，其破坏作用表现为以下 4 种基本形式。

（1）直击雷。当天气炎热时，天空中往往存在大量雷云。当雷云较低飘近地面时，就在附近地面特别突出的树木或建筑物上感应出异性电荷。电场强度达到一定值时，雷云就会通过这些物体与大地放电，这就是通常所说的雷击。这种直接击在建筑物或其他物体上的雷电称为直击雷。直接雷击使被击物体产生很高的电位，从而引起过电压和过电流，不仅击毙人畜、烧毁或劈倒树木、破坏建筑物，甚至因而引起火灾和爆炸。

（2）感应雷。当建筑上空有雷云时，在建筑物上便会感应出相反电荷。在雷云放电后，云与大地之间的电场消失了，但聚集在屋顶上的电荷不能立即释放，因而屋顶对地面便有相当高的感应电压，造成屋内电线、金属管道和大型金属设备放电，引起建筑物内的易爆危险品爆炸或易燃物品燃烧。这里的感应电荷主要是由于雷电流的强大电场和磁场变化产生的静电感应和电磁感应造成的，所以称为感应雷或感应过电压。典型感应雷发展过程如图 4.3 所示。

（a）建筑物静电感应　　　　　　　　（b）架空线静电感应

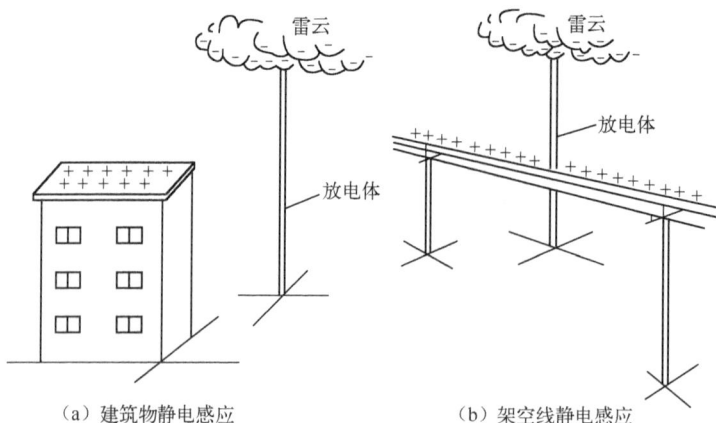

图 4.3　感应雷发展过程

（3）雷电波侵入。当输电线路或金属管路遭受直接雷击或发生感应雷，雷电波便沿着这些线路侵入室内，造成人员、电气设备和建筑物的伤害和破坏。雷电波侵入造成的事故在雷害事故中占相当大的比重，应引起足够重视。

（4）球形雷。球形雷的形成研究还没有完整的理论。通常认为它是一个温度极高的特别明亮的眩目发光球体，直径在 $10 \sim 20cm$。球形雷通常在闪电后发生，以每秒几米的速度在空气中飘行，它能从烟囱、门、窗或孔洞进入建筑物内部造成破坏。

5. 雷暴日

雷电的大小与多少和气象条件有关，评价某地区雷电的活动频繁程度，一般以雷暴日为单位。在一天内只要听到雷声或看到雷闪就算一个雷暴日。由当地气象台站统计的多年雷暴日的年平均值，称为年平均雷暴日数，单位为 d/a。年平均雷暴日不超过 15 天的地区称为少雷区，超过 40 天的地区称为多雷区。

6. 雷电的危害

雷电有多方面的破坏作用，雷电的危害一般分为两种类型，一是直接破坏作用，主要表现为雷电的热效应和机械效应；二是间接破坏作用，主要表现为雷电产生的静电感应和电磁感应。

（1）热效应。雷电流通过导体时，在极短时间内转换成大量热能，可造成物体燃烧，金属熔化，极易引起火灾、爆炸等事故。

（2）机械效应。雷电的机械效应所产生的破坏作用主要表现为两种形式：一种是雷电流流入树木或建筑构件时在它们内部产生的内压力；另一种是雷电流流过金属物体时产生的电动力。

雷电流产生的热效应的温度很高，一般为 $6000 \sim 20000℃$，甚至高达数万摄氏度，当它通过树木或建筑物墙壁时，被击物体内部水分受热急剧汽化，或缝隙中分解出的气体剧烈膨胀，因而在被击物体内部出现了强大的机械力，使树木或建筑物遭受破坏，甚至爆裂成碎片。

另外，我们知道载流导体之间存在着电磁力的相互作用，这种作用力称为电动力。当强

大的雷电流通过电气线路、电气设备时，也会产生巨大的电动力使他们遭受破坏。

（3）电气效应。雷电引起的过电压，会击毁电气设备和线路的绝缘，产生闪络放电，以致开关掉闸，造成线路停电；会干扰电子设备，使系统数据丢失，造成通信、计算机、控制调节等电子系统瘫痪。绝缘损坏还可能引起短路，导致火灾或爆炸事故；防雷装置泄放巨大的雷电流时，使得其本身的电位升高，发生雷电反击；同时雷电流流入地下，又可能产生跨步电压，导致电击等。

（4）电磁效应。由于雷电流量值大且变化迅速，在它的周围空间就会产生强大且变化剧烈的磁场，处于这个变化磁场中的金属物体就会感应出很高的电动势，使构成闭合回路的金属物体产生感应电流，产生发热现象。此热效应可能会使设备损坏，甚至引起火灾。特别存放易燃易爆物品的建筑物将更危险。

4.1.2　防雷装置及接地形式

防雷装置一般由接闪器、引下线和接地装置三个部分组成，接地装置又由接地体和接地线组成，如图4.4所示。

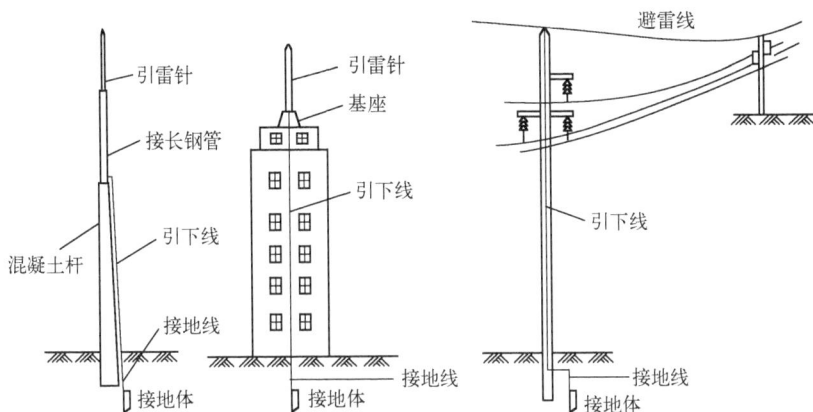

图 4.4　防雷接地示意图

1. 接闪器

接闪器就是专门用来接受雷云放电的金属物体。接闪器的类型有避雷针、避雷线、避雷带、避雷网、避雷环等，都是经常用来防止直接雷击的防雷设备。

所有接闪器都必须经过引下线与接地装置相连。接闪器利用其金属特性，当雷云先导接近时，它与雷云之间的电场强度最大，因而可将雷云"诱导"到接闪器本身，并经引下线和接地装置将雷电流安全地泄放到大地中去，从而起到了保护物体免受雷击的作用，如图4.5所示。

1）避雷针及保护范围

避雷针主要用来保护露天发电、配电装置、建筑物和构筑物。

避雷针通常采用镀锌圆钢（针长为 $1\sim 2\mathrm{m}$，直径不小于 $16\mathrm{mm}$）、镀锌钢管（长为 $1\sim 2\mathrm{m}$，内径不小于 $25\mathrm{mm}$）或不锈钢钢管制成，可以安装在建筑物上、支柱或电杆上，下端经引下线与接地装置焊接连接，将其顶端磨尖，以利于尖端放电，如图4.6所示。为保证足够

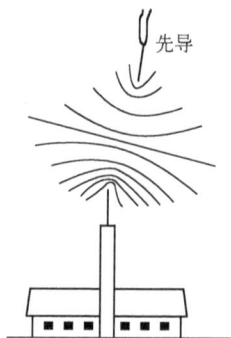

图 4.5 避雷针接闪器顶端处的电场畸变

的雷电流流通量,对避雷针最小直径有所限制,其值如表 4.2 所示。

避雷针对周围物体保护的有效性,常用保护范围来表示。在安装有一定高度的接闪器下面,有一个一定范围的安全区域,处在这个安全区域内的被保护的物体遭受直接雷击的概率非常小,这个安全区域称为避雷针的保护范围。确定避雷针的保护范围至关重要。避雷针对建筑物的保护范围一般用滚球法确定。

滚球法是将一个以雷击距为半径的滚球,沿需要防直接雷击的区域滚动,利用这一滚球与避雷针及地面的接触位来限定保护范围的一种方法。

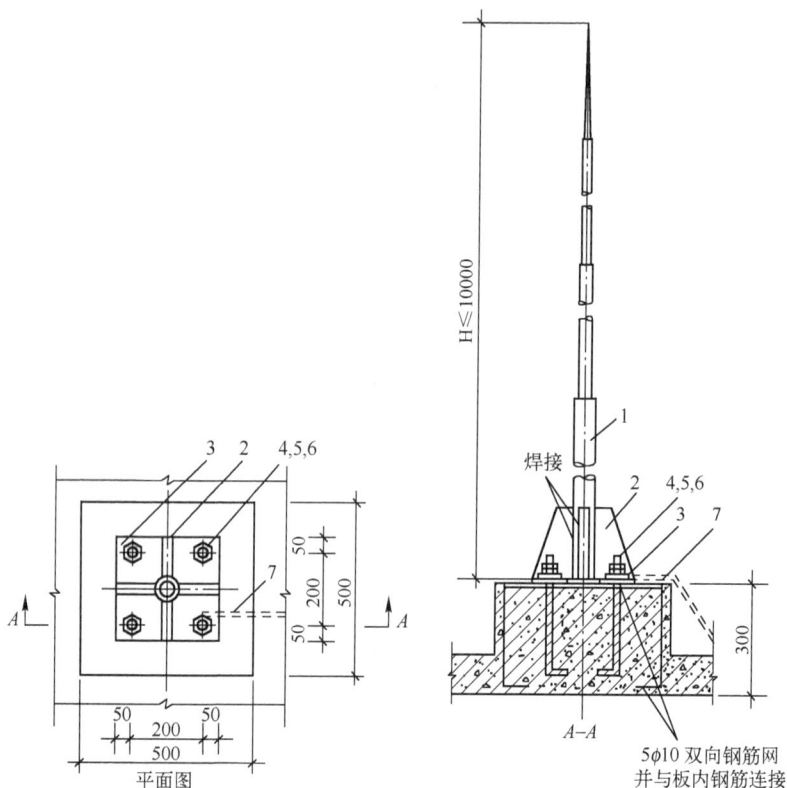

1—钢管接闪器;2—支撑钢板(固定);3—底座钢板;4、5、6—埋地螺栓、螺母;7—接地引入线

图 4.6 避雷针

表4.2　避雷针接闪器最小直径

针型 ＼ 直径	圆钢（mm）	钢管（mm）
针长为1m以下	12	20
针长为1～2m	16	25
烟囱顶上的针	20	40

避雷针保护范围的确定方法如图4.7所示，具体步骤如下。

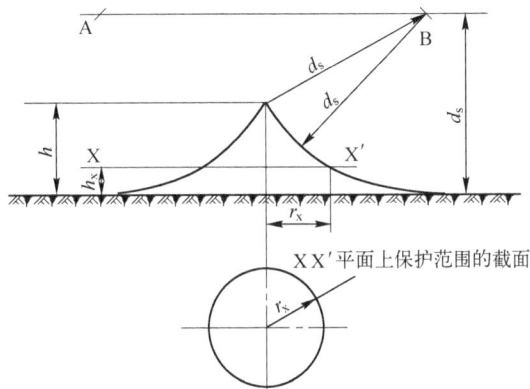

图4.7　避雷针的保护范围

（1）当避雷针高度 $h \leqslant$ 滚球半径 d_s 时。

① 距地面 d_s 处作一平行于地面的平行线。

② 以避雷针针尖为圆心，以 d_s 为半径，作弧线交平行线于 A、B 两点。

③ 以 A 或 B 为圆心，d_s 为半径作弧线，该两条弧线上与避雷针尖相交，下与地面相切，再将此弧线以避雷针为轴旋转180°，形成的圆弧曲面体空间就是避雷针保护范围。

④ 避雷针在 h_x 高度 XX' 平面上的保护半径 r_x 按下列计算式确定（单位为m）：

$$r_x = \sqrt{h(2d_s - h)} - \sqrt{h_x(2d_s - h_x)}$$

避雷针在地面上的保护半径 r_0 可确定为

$$r_0 = \sqrt{h(2d_s - h)}$$

式中　r_x——避雷针在 h_x 高度的 XX' 平面上的保护半径（m）；

　　　d_s——滚球半径，如表4.3所示（m）；

　　　h——避雷针的高度（m）；

　　　h_x——被保护物的高度（m）；

　　　r_0——避雷针在地面上的保护半径（m）。

表4.3　按建筑物防雷类别布置接闪器及其滚球半径

建筑物防雷类别	滚球半径 d_s（m）	避雷网网格尺寸（m）
第一类防雷建筑	30	≤5×5 或 ≤6×4
第二类防雷建筑	45	≤10×10 或 ≤12×8
第三类防雷建筑	60	≤20×20 或 ≤24×16

（2）当避雷针高度 $h >$ 滚球半径 d_s 时。在避雷针上取高度为 d_s 的一点，代替避雷针针尖作为圆心，其余的作图步骤与 $h \leqslant$ 滚球半径 d_s 时的情况相同。用上述计算公式时，h 用 d_s 代替。据此可知，当 $h > d_s$ 时，避雷针的保护范围不再增大，并在其高出滚球半径 $h - d_s$ 部分将会遭受侧面雷击。

2）避雷线

避雷线是由悬挂在架空线上的水平导线、接地引下线和接地体组成的。水平导线起接闪器的作用，它对电力线路等较长的保护物最为适用。

避雷线一般采用截面积不小于 $35mm^2$ 的镀锌钢绞线，架设在长距离高压供电线路或变电站构筑物上，以保护架空电力线路免受直接雷击，如图4.8所示。由于避雷线是架空敷设的而且接地，所以避雷线又称架空地线。避雷线的作用原理与避雷针相同。

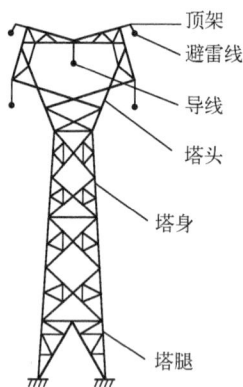

图4.8　输电线上方的避雷带

3）避雷带（网）

避雷带和避雷网主要适用于建筑物。避雷带通常是沿着建筑物易受雷击的部位，如屋脊、屋檐、屋角等处装设的带形导体，如图4.9所示。

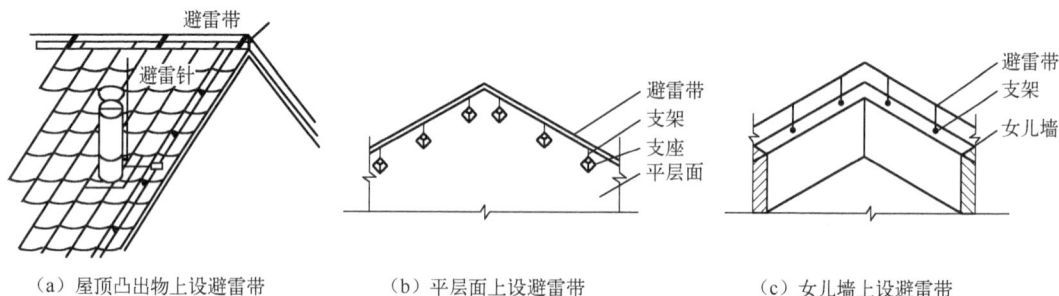

（a）屋顶凸出物上设避雷带　　　　　（b）平层面上设避雷带　　　　　（c）女儿墙上设避雷带

图4.9　避雷带的设置

避雷网是将建筑物屋面上纵横敷设的避雷带组成网格，如图4.10所示。避雷带和避雷网一般无需计算保护范围，其网格尺寸大小按有关规范确定，对于防雷等级不同的建筑物，其要求也不同，如表4.3所示。

避雷带（网）的安装方法有明装和暗装。明装避雷带（网）的安装一般都按标准图集施

工，平房顶及挑檐避雷带的做法如图 4.11 所示。明装避雷带（网）可以采用圆钢或扁钢，但应优先采用圆钢。圆钢直径不得小于 8mm，扁钢厚度不小于 4mm，截面积不得小于 48mm²。

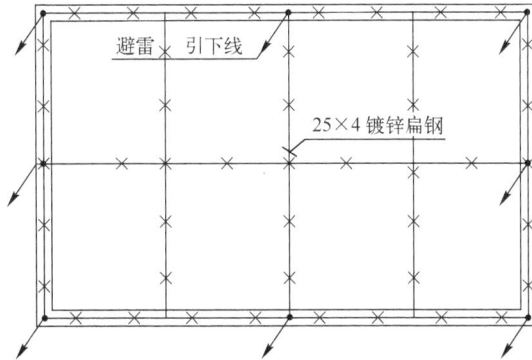

图 4.10　避雷网

各支架间最大尺寸 (mm)	
L	1000
L_1	500
L_2	2000
H	1500
H_1	150

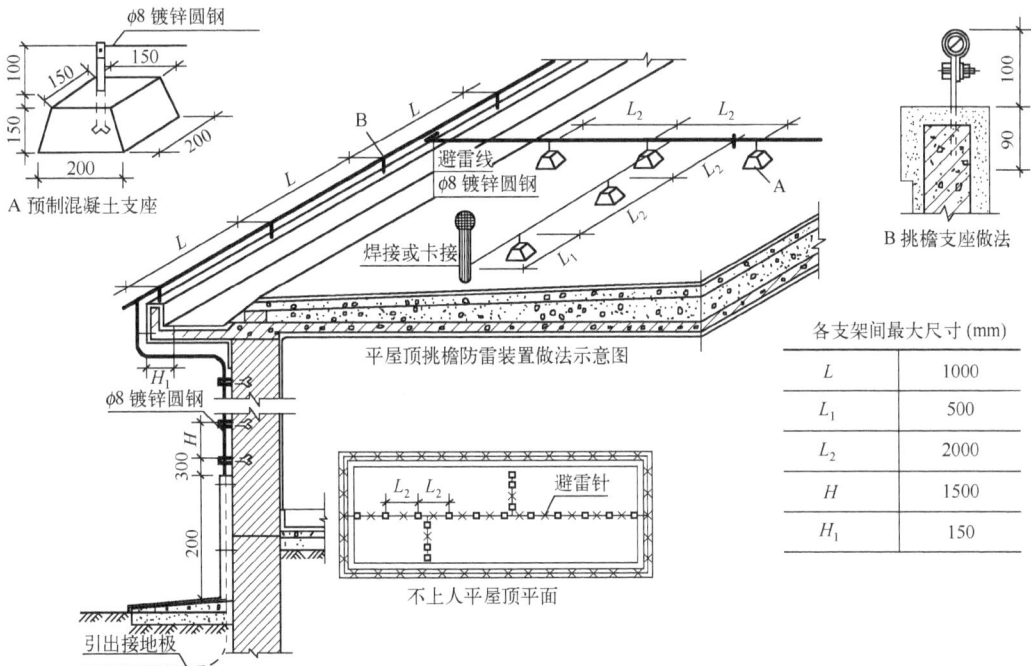

图 4.11　平房顶及挑檐避雷带

暗装避雷带（网）是利用建筑物内的钢筋做避雷带（网），在工业厂房和高层建筑中应用较多。高层建筑物是利用建筑物屋面板内钢筋作为避雷网装置，将避雷网、引下线和接地装置三部分组成一个钢铁大网笼，也称为笼式避雷网。整个现浇混凝土屋面板的钢筋都连成一体，如图 4.12 所示。

4）避雷环

避雷环用圆钢或扁钢制作。防雷设计规范规定高度超过一定范围的钢筋混凝土结构、钢结构建筑物，要注意防备侧向雷击和采取等电位措施。可在建筑物首层起每三层设均压环一圈。当建筑物全部为钢筋混凝土结构时，即可将框架梁钢筋与柱内充当引下线的钢筋进行连

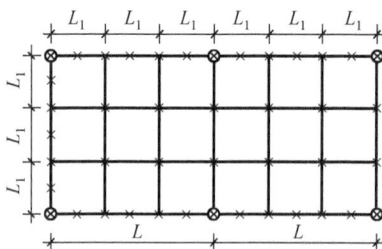

图 4.12　现浇混凝土屋面板的避窗网示意图

接（绑扎或焊接）作为均压环。当建筑物为砖混结构但有钢筋混凝土组合柱和圈梁时，均压环做法同钢筋混凝土结构。没有组合柱和圈梁的建筑物，应每三层在建筑物外墙内敷设一圈 ϕ12mm 镀锌圆钢作为均压环，并与防雷装置的所有引下线连接，引下线的间距 L 应小于12m，如图 4.13 所示。

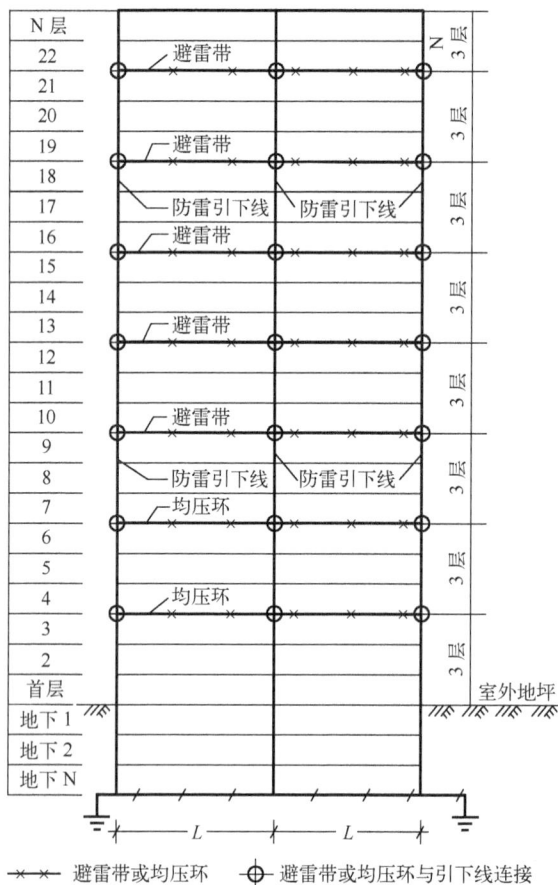

图 4.13　高层建筑物均压环与引下线连接示意图

2. 引下线

引下线是连接接闪器与接地装置的金属导体。其作用是构成将雷电能量向大地泄放的通道。引下线一般采用圆钢或扁钢，要求镀锌处理。引下线应满足机械强度、耐腐蚀和热稳定

性的要求。

1）一般要求

引下线可以专门敷设，也可利用建筑物内的金属构件。

明装引下线应沿建筑物外墙敷设，并经最短路径接地，如图 4.14 所示。采用圆钢时，直径不小于 8mm；采用扁钢时，其截面不小于 48mm²，厚度不小于 4mm。暗装时截面积应放大一级。

在我国高层建筑中，优先利用柱或剪力墙中的主钢筋作为引下线，如图 4.15 所示。当钢筋直径为不小于 16mm 时，应采用两根主钢筋（焊接）作为一组引下线。当钢筋直径为 10mm 及以上时，应采用 4 根钢筋（焊接）作为一组引下线。建筑物在屋顶敷设的避雷网和防侧击雷的接闪环应和引下线连成一体，以利于雷电流的分流。

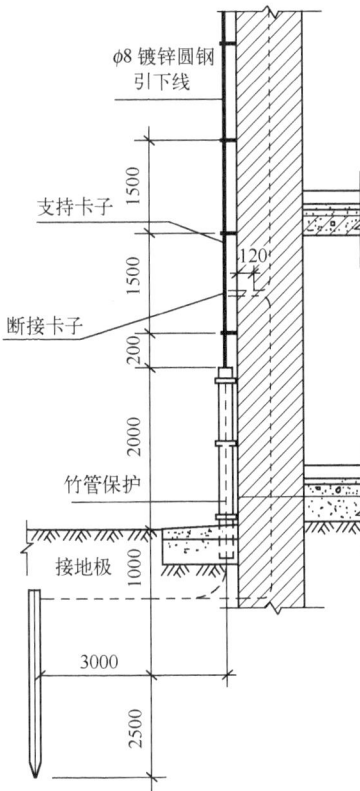

图 4.14　引下线明敷设

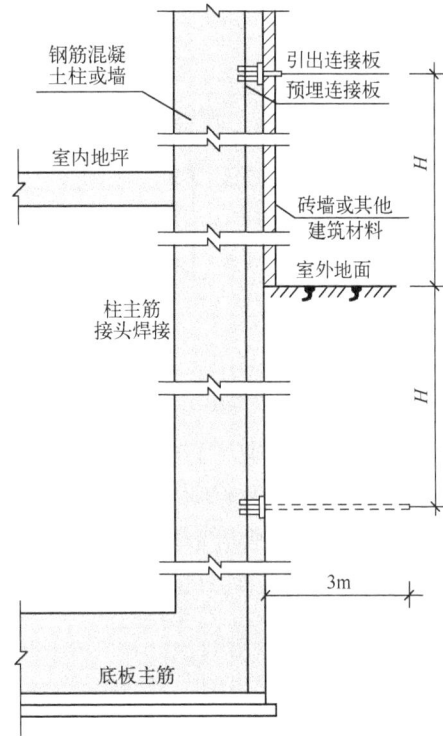

图 4.15　引下线暗敷设

防雷引下线的数量多少影响到反击电压大小及雷电流引下的可靠性，所以引下线及其布置应按不同防雷等级确定，一般不得少于两根。

为了便于测量接地电阻和检查引下线与接地装置的连接情况，人工敷设的引下线宜在引下线距地面 0.3～1.8m 之间设置断接卡子。当利用混凝土内钢筋、钢柱作为自然引下线并同时采用基础接地时，不设断接卡。但利用钢筋做引下线时应在室内或室外的适当地点设置若干连接板，该连接板可供测量、接人工接地体和做等电位连接用。

2）引下线施工要求

明敷的引下线应镀锌，焊接处应涂防腐漆。地面上约 1.7m 至地下 0.3m 的一段引下线，应有保护措施，防止受机械损伤和人身接触。

引下线施工不得直角转弯，与雨水管相距接近时可以焊接在一起。

高层建筑的引下线应该与金属门窗电气连通，当采用两根主筋时，其焊接长度应不小于直径的 6 倍。

引下线是防雷装置极重要的组成部分，必须可靠敷设，以保证防雷效果。

3. 接地装置

无论是工作接地还是保护接地，都是经过接地装置与大地连接的。接地装置包括接地体和接地线两部分，它是防雷装置的重要组成部分，如图 4.16 所示。接地装置的主要作用是向大地均匀地泄放电流，使防雷装置对地电压不至于过高。

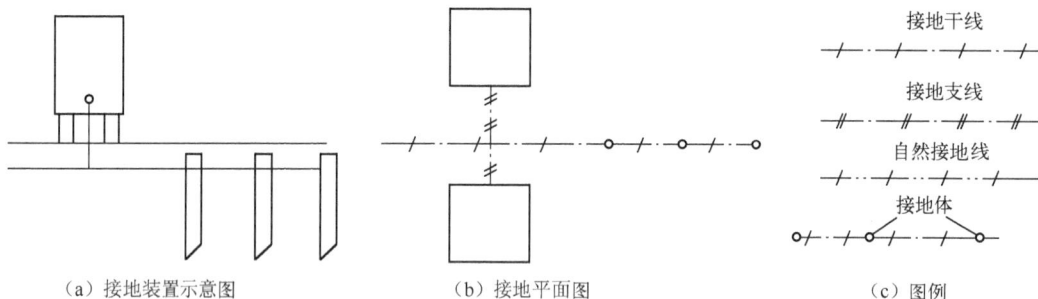

（a）接地装置示意图　　　　（b）接地平面图　　　　（c）图例

图 4.16　接地装置示意图和图例

1）接地体

接地体是人为埋入地下与土壤直接接触的金属导体。

接地体一般分为自然接地体和人工接地体。自然接地体是指兼做接地用的直接与大地接触的各种金属体，如利用建筑物基础内的钢筋构成的接地系统，如图 4.17 所示。有条件时应首先利用自然接地体。因为它具有接地电阻较小、稳定可靠、减少材料和安装维护费用等优点。

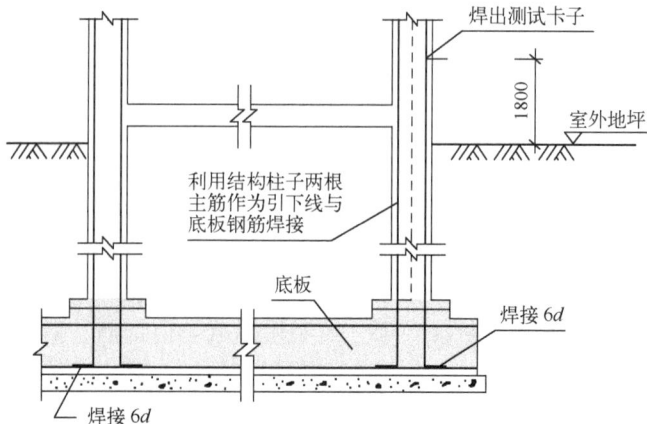

图 4.17　自然接地体的做法

　　人工接地体是指专门作为接地用的接地体，安装时需要配合土建施工进行，在基础开挖时，也同时挖好接地沟，并将人工接地体按设计要求埋设好，如图 4.18 所示。

　　有时自然接地体安装完毕并经测量后，接地电阻不能满足要求时，需要增加敷设人工接地体来减小接地电阻值。

　　人工接地体按其敷设方式分为垂直接地体和水平接地体两种。垂直接地体一般为垂直埋入地下的角钢、圆钢、钢管等。水平接地体一般为水平敷设的扁钢、圆钢等。

　　（1）垂直接地体。垂直接地体多使用镀锌角钢和镀锌钢管，一般应按设计所提数量及规格进行加工。镀锌角钢一般可选用 40mm × 40mm × 5mm 或 50mm × 50mm × 5mm 两种规格，其长度一般为 2.5m。镀锌钢管一般直径为 50mm，壁厚不小于 3.5mm。垂直接地体打入地下的部分应加工成尖形，其形状如图 4.19 所示。

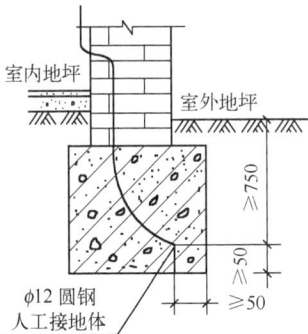

图 4.18　人工接地体的做法　　　　图 4.19　垂直接地体端部处理

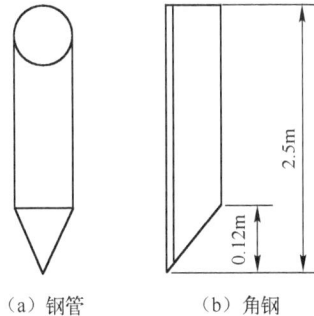

（a）钢管　　　（b）角钢

　　接地装置需埋于地表层以下，一般深度不应小于 0.6m。为减少相邻接地体的屏蔽作用，垂直接地体之间的间距不宜小于接地体长度的 2 倍，一般间距不应小于 5m，并应保证接地体与地面的垂直度。

　　接地体与接地体之间的连接一般采用镀锌扁钢。扁钢应立放，这样既便于焊接又可减小流散电阻。

　　（2）水平接地体。水平接地体是将镀锌扁钢或镀锌圆钢水平敷设于土壤中，水平接地体可采用 40mm × 4mm 的扁钢或直径为 16mm 的圆钢。水平接地体埋深为不小于 0.6m。水平接地体一般有三种形式：水平接地体、围绕建筑物四周的闭合环式接地体及延长外引接地体。普通水平接地体埋设方式如图 4.20 所示。如果有多根水平接地体平行埋设，其间距应符合设计规定，当无设计规定时不宜小于 5m。围绕建筑物四周的环式接地体如图 4.21 所示。当受地方限制或建筑物附近的土壤电阻率高时，可外引接地装置，将接地体延伸到电阻率小的地方去，但要考虑到接地体的有效长度范围限制，否则不利于雷电流的泄散。

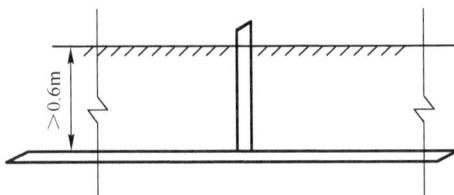

图 4.20　普通水平接地体　　　　图 4.21　建筑物四周环式接地体

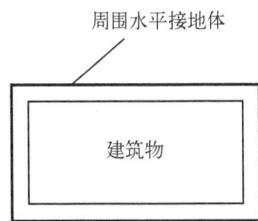

2）接地线

接地线是连接接地体和引下线或电气设备接地部分的金属导体，它可分为自然接地线和人工接地线两种类型。

自然接地线可利用建筑物的金属结构，如梁、柱、桩等混凝土结构内的钢筋及金属管路等。利用自然接地线必须符合下列要求：

（1）应保证全长管路有可靠的电气通路。

（2）利用电气配线钢管做接地线时管壁厚度不应小于 3.5mm。

（3）用螺栓或铆钉连接的部位必须焊接跨接线。

（4）利用串联金属构件做接地线时，其构件之间应以截面不小于 $100mm^2$ 的钢材焊接。

（5）不得用蛇皮管、管道保温层的金属外皮或金属网做接地线。

人工接地线材料一般采用扁钢和圆钢，但移动式电气设备、采用钢质导线在安装上有困难的电气设备可采用有色金属作为人工接地线，绝对禁止使用裸铝导线做接地线。采用扁钢作为地下接地线时，其截面积不应小于 $25mm \times 4mm$，采用圆钢做接地线时，其直径不应小于 10mm。人工接地线不仅要有一定机械强度，而且接地线截面应满足热稳定的要求。

4.1.3　建筑物防雷措施

前面介绍了各种主要防雷装置的基本结构、工作原理、保护特性和适用范围。对建筑物的防雷，需要针对各种建筑物的实际情况因地制宜地采取防雷保护措施，才能达到既经济又能有效防止或减小雷击的目的。GB 50057 把建筑物的防雷进行分类，并规定了相对应的防雷措施。

1. 建筑物的防雷分类

根据建筑物的重要性、使用性质、受雷击可能性的大小和一旦发生雷击事故可能造成的后果进行分类，按防雷要求分为三类，各类防雷建筑的具体划分方法，在国标 GB 50057—2010 中有明确规定，如表 4.4 所示。

表 4.4　建筑物防雷等级划分

防雷建筑等级	防雷建筑划分条件
第一类防雷建筑物	凡制造、使用或储存火、炸药及其制品的危险建筑物，因电火花而引起爆炸、爆轰，会造成巨大破坏和人身伤亡者
第二类防雷建筑物	国家级重点文物保护建筑物，国家级的会堂、办公建筑物、大型展览和博览建筑物、大型火车站和飞机场、国宾馆，国家级档案馆、大型城市的重要给水水泵房等特别重要的建筑物。国家级计算中心、国际通信枢纽等对国民经济有重要意义的建筑物。国家特级和甲级大型体育馆。 制造、使用或储存火、炸药及其制品的危险建筑物，且电火花不易引起爆炸或不致造成巨大破坏和人身伤亡者。有爆炸危险的露天钢质封闭气罐。 预计雷击次数大于 0.05 次/a 的部、省级办公建筑物和其他重要或人员密集的公共建筑物及火灾危险场所。预计雷击次数大于 0.25 次/a 的住宅、办公楼等一般性民用建筑物或一般性工业建筑物
第三类防雷建筑物	省级重点文物保护的建筑物及省级档案馆。 预计雷击次数大于或等于 0.01 次/a 且小于或等于 0.05 次/a 的部、省级办公建筑物和其他重要或人员密集的公共建筑物及火灾危险场所。 预计雷击次数大于或等于 0.05 次/a 且小于或等于 0.25 次/a 的住宅、办公楼等一般性民用建筑物或一般性工业建筑物。 在平均雷暴日大于 15d/a 的地区，高度在 15m 及以上的烟囱、水塔等孤立的高耸建筑物；在平均雷暴日小于或等于 15d/a 的地区，高度在 20m 及以上的烟囱、水塔等孤立的高耸建筑物

2. 建筑物防雷保护措施

接闪器、引下线与接地装置是各类防雷建筑都应装设的防雷装置，但由于对防雷的要求不同，各类防雷建筑物在使用这些防雷装置时的技术要求就有所差异。

在可靠性方面，对第一类防雷建筑物所提的要求相对来说是最为苛刻的。通常第一类防雷建筑物的防雷保护措施应包括防直击雷、防雷电感应和防雷电波侵入等保护内容，同时这些基本措施还应当被高标准地设置；第二类防雷建筑物的防雷保护措施与第一类相比，既有相同处，又有不同之处，综合来看，第二类防雷建筑物仍采取与第一类防雷建筑物相类似的措施，但其规定的指标不如第一类防雷建筑物严格；第三类防雷建筑物主要采取防直击雷和防雷电波侵入的措施。各类防雷建筑物的防雷装置的技术要求对比如表4.5所示。

表4.5　各类防雷建筑物的防雷装置的技术要求对比

防雷类别 防雷措施特点	一　类	二　类	三　类
防直击雷	应装设独立避雷针或架空避雷线（网），使保护物体均处于接闪器的保护范围之内； 当建筑物太高或其他原因难以装设独立避雷针、架空避雷线（网）时可采用装设在建筑物上的避雷网或避雷针或混合组成的接闪器进行直击雷防护。避雷网的网格尺寸≤5×5（m）或≤6×4（m）	宜采用装设在建筑物上的避雷网（带）或避雷针或混合组成的接闪器进行直击雷防护。避雷网的网格尺寸≤10×10（m）或≤12×8（m）	宜采用装设在建筑物上的避雷网（带）或避雷针或混合组成的接闪器进行直击雷防护。避雷网的网格尺寸≤20×20（m）或≤24×16（m）
防雷电感应	（1）建筑物的设备、管道、构架、电缆金属外皮、钢屋架和钢窗等较大金属物及突出屋面的放散管和风管等金属物，均应接到防雷电感应的接地装置上； （2）平行敷设的管道、构架和电缆金属外皮等长金属物，其净距小于100mm时应采用金属跨接，跨接点的间距不应大于30m。长金属物连接处应用金属线跨接	（1）建筑物内的设备、管道、构架等主要金属物，应就近接到接地装置上，可不另设接地装置； （2）平行敷设的管道、构架和电缆金属外皮等长金属物应符合一类防雷建筑物要求，但长金属物连接处可不跨接	
防雷电波侵入	（1）低压线路宜全线用电缆直接埋地敷设，入户端应将电缆的金属外皮、钢管接到防雷电感应的接地装置上； （2）架空金属管道，在进出建筑物处也应与防雷电感应的接地装置相连。距离建筑物100m内的管道，应每隔25m左右接地一次。埋地的或地沟内的金属管道，在进出建筑物处也应与防雷电感应的接地装置相连	（1）当低压线路采用全线用电缆直接埋地敷设时，入户端应将电缆金属外皮、金属线槽与防雷的接地装置相连； （2）平均雷暴日小于30d/a的地区的建筑物，可采用低压架空线入户； （3）架空和直接埋地的金属管道在进出建筑物处应就近与防雷接地装置相连	（1）电缆进出线，应在进出端将电缆的金属外皮、钢管和电气设备的保护接地相连； （2）架空线进出线，应在进出处装设避雷器，避雷器应与绝缘子铁脚、金具连接并接入电气设备的保护接地装置上； （3）架空金属管道在进出建筑物处应就近与防雷接地装置相连或独自接地
防侧击雷	（1）从30m起每隔不大于6m沿建筑物四周设环形避雷带，并与引下线相连； （2）30m及以上外墙上的栏杆、门窗等较大的金属物与防雷装置连接	（1）高度超过45m的建筑物应采取防侧击雷及等电位的保护措施； （2）并将45m及以上外墙上的栏杆、门窗等较大的金属物与防雷装置连接	（1）高度超过60m的建筑物应采取防侧击雷及等电位的保护措施； （2）并将60m及以上外墙上的栏杆、门窗等较大的金属物与防雷装置连接
引下线间距	≤12m	≤18m	≤25m

3. 浪涌保护

所谓浪涌也称突波，顾名思义就是超出正常工作电压的瞬间过电压。浪涌包括浪涌冲击、电流冲击和功率冲击，可分为由雷击引起的浪涌及电气系统内部产生的操作浪涌。出现在建筑物内的浪涌从近 kV 到几十 kV，如不加以限制会导致：电子设备的误动；电源设备和贵重的计算机及各种硬件设备的损坏，造成直接经济损失；在电子芯片中留下潜伏性的隐患，使电子设备运行不稳定和老化加速。可能引起浪涌的具体原因有：闪电，重型设备启/停、短路、电源切换或大型发动机投切等。而含有浪涌阻绝装置的产品（如浪涌保护器）可以有效地吸收这些突发的巨大能量，以保护连接设备免于受损。

浪涌保护器（SPD），也称防雷保护器，是一种为各种电子设备、仪器仪表、通信线路及配电线路提供安全防护的电器装置，如图 4.22 所示。当电气回路或通信线路中因为外界的干扰突然产生尖峰电流或浪涌电压时，浪涌保护器能在极短的时间内导通分流，从而避免浪涌对回路中其他设备的损害。

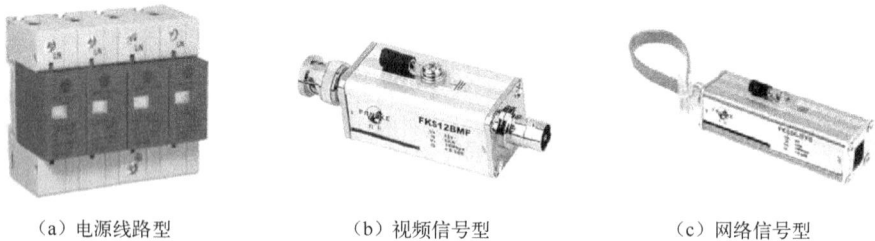

(a) 电源线路型　　　　　　　　(b) 视频信号型　　　　　　　　(c) 网络信号型

图 4.22　浪涌保护器外形图

1）浪涌保护器（SPD）的分类

浪涌保护器（SPD）的分类方法很多，常用的分类方法有按工作原理和用途分类。

（1）按用途分类：电源保护器（如交流电源保护器、直流电源保护器、开关电源保护器等）和信号保护器（如低频信号保护器、高频信号保护器、天馈保护器等）。

（2）按工作原理分类

开关型：其工作原理是当没有瞬时过电压时呈现为高阻抗，但一旦响应雷电瞬时过电压时，其阻抗就突变为低值，允许雷电流通过。用做此类装置的器件有：放电间隙、气体放电管、闸流晶体管等。

限压型：其工作原理是当没有瞬时过电压时呈现为高阻抗，但随电涌电流和电压的增加其阻抗会不断减小，其电流电压特性为强烈非线性。用做此类装置的器件有：氧化锌、压敏电阻、抑制二极管、雪崩二极管等。

分流型或扼流型：分流型与被保护的设备并联，对雷电脉冲呈现为低阻抗，而对正常工作频率呈现为高阻抗；扼流型与被保护的设备串联，对雷电脉冲呈现为高阻抗，而对正常的工作频率呈现为低阻抗。用做此类装置的器件有：扼流线圈、高通滤波器、低通滤波器、1/4 波长短路器等。

2）低压配电系统中电源线路 SPD 的配置结构

现代的建筑物大都有外部防雷措施，当避雷设施的引下线在接闪以后，会有很大的瞬变

电流通过，也就是说在周围会产生很大的瞬变电磁场（LEMP），安装了避雷针以后，建筑物的避雷系统遭受雷击的可能性会增大，也就是说 LEMP 发生的概率会变大。因此，安装了外部避雷措施不能代替内部防雷措施。根据 IEC 防雷分区和分级保护原则，在配电线路上采用分级加装浪涌保护器，使进入设备端的过电压值低于设备耐压值。低压配电系统电源线路浪涌保护配置结构图如图 4.23 所示。

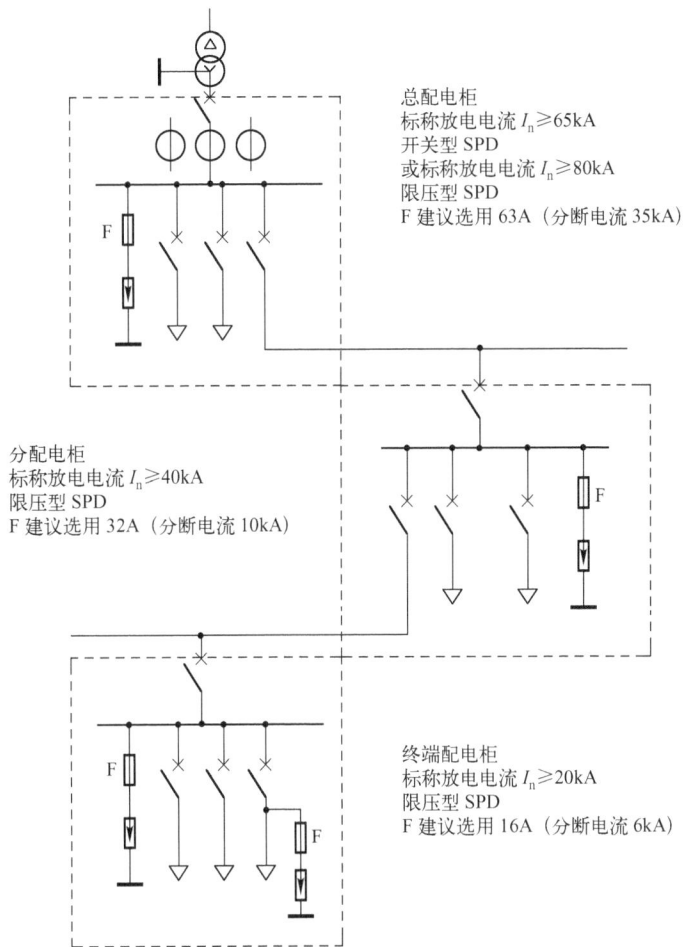

图 4.23　低压配电系统电源线路浪涌保护配置结构图

（1）低压配电系统电源线路保护系统中安装 SPD 的数量是依据雷电防护区概念的要求、被保护设备的抗扰能力和雷电防护分级而定的。

一般在低压配电系统中采用三级防护，具体配置如下。

① 电源总配电柜输出端：应安装标称放电电流 $I_n \geqslant 65kA$（$10/350\mu s$ 波形）的开关型浪涌保护器；也可安装标称放电电流 $I_n \geqslant 80kA$（$8/20\mu s$ 波形）的限压型 SPD 作为一级防护。

② 分配电柜输出端：应安装标称放电电流 $I_n \geqslant 40kA$（$8/20\mu s$ 波形）的限压型 SPD 作为二级防护。

③ 住宅终端配电柜输出端：应安装标称放电电流 $I_n \geqslant 20kA$（$8/20\mu s$ 波形）的限压型 SPD 作为三级防护。

SPD 连接导线应短而直, 其长度不宜大于 0.5m。

(2) 基于电气安全原因, 并联安装在市电电源的 SPD, 为防止其失效后造成故障短路, 必须在 SDP 前安装短路保护器件。SPD 的后备保护有熔断器、断路器和漏电断路器三种, 具体规格参见图 4.23。

任务 4-2 接地与安全

4.2.1 安全电压和安全电流

1. 安全电流

1) 电流对人体的影响

电危及人生命安全的直接因素是电流, 当人体接触带电体时, 会有电流流过人体, 从而对人体造成伤害。一种是破坏性的伤害, 当流经人体的电流比较大时 (安培级以上), 由于电流的热效应、化学效应和机械效应作用于人体, 带给人体直接的伤害。破坏性伤害会使触电部位留下明显的伤痕, 如灼伤、烙伤和皮肤金属化等。另一种是电流流过人体以后, 破坏人体内部组织, 影响呼吸系统、心脏及神经系统的正常功能, 严重时将危及生命。如触电后, 触电部位的肌肉抽搐、发热、发麻、神经麻痹等, 进而引起昏迷、窒息, 如果不能及时断电, 则随着触电时间的延长, 甚至会出现心脏停止跳动而死亡的事故发生。一般数十毫安的电流就可能引起以上这些病理和生理方面的反应。常用的 380/220V 低压电路中所发生的触电电流都在比较危险的范围内。

通过人体的电流越大, 人体的生理反应也越大, 如表 4.6 所示。人体对电流的反应虽然因人而异, 但相差不太大, 可视为大体相同。根据人体反应, 可将电流划分为三级。

表 4.6 电流对人体的影响

电流/mA	交流电源/50Hz		直 流 电 源
	通电时间	人体反应	人体反应
0～0.5	连续	无感觉	无感觉
0.5～5	连续	有麻刺、疼痛感, 无抽搐	无感觉
5～10	几分钟内	痉挛、剧痛, 尚可摆脱电源	针刺、压迫及灼热感
10～30	几分钟内	迅速麻痹, 呼吸困难, 不自主	压痛, 刺痛, 灼热强烈, 抽搐
30～50	几秒到几分钟内	心跳不规则, 昏迷, 强烈痉挛	剧痛、强烈痉挛
50～100	超过 3s	心室颤动, 呼吸麻痹, 心脏停止跳动	剧痛, 强烈痉挛, 呼吸困难或麻痹

(1) 感知电流。引起人感觉的最小电流称为感知电流。感觉轻微颤抖刺痛, 可以自己摆脱电源, 此时大致为工频交流电 1mA。感知阈值与电流的持续时间长短无关。

(2) 摆脱电流。通过人体的电流逐渐增大, 人体反应增大, 感到强烈刺痛、肌肉收缩。但是由于人的理智还是可以摆脱带电体的, 此时的电流称为摆脱电流。当通过人体的电流大于摆脱阈值时, 受电击者自救的可能性减小。摆脱阈值主要取决于接触面积、电极形状和尺寸及个人的生理特点, 因此不同的人摆脱电流也不同。摆脱阈值一般取 10mA。

（3）致命电流。当通过人体的电流能引起心室颤动或窒息而死亡，称为致命电流。人体心脏在正常情况下，是有节奏地收缩与扩张的。这样，可以把新鲜血液送到全身。当通过人体的电流达到一定数值时，心脏的正常工作受到破坏。每分钟数十次变为每分钟数百次以上的细微颤动，称为心室颤动。心脏在细微颤动时，不能再压送血液，血液循环终止。若在短时间内不摆脱电源，不设法恢复心脏的正常工作，将会导致死亡。

引起心室颤动与人体通过的电流大小有关，还与电流持续时间有关。通常当流经人体的电流达到 50mA 以上时就会引起心室颤动，有生命危险；达到 100mA 以上，足以在极短时间内致人死亡。

2）安全电流

分析电流对人体的影响，目的是找出安全电流的阈值，即低于这个值时可以认为是安全的，不会对人体造成任何伤害。根据摆脱电流和心室颤动电流来确定的安全电流阈值是不同的。在确定安全电流时要考虑多方面的因素。

安全电流及其相关因素有以下几点：

（1）时间因素。电流流经人体的时间不同，对人体的危害程度差别显著。人的心脏在每一个收缩扩张周期中间，有 0.1～0.2s 称为易损伤期。当电流在这一瞬间通过时，引起心室颤动的可能性最大，危险性也最大。

人体触电，当通过电流的时间越长，能量积累增加，引起心室颤动所需的电流也就越小；触电时间越长，越易造成心室颤动，生命危险性就越大。即使是很小的电流，如果通电时间长了，也有可能引起心室颤动。据统计，触电 1min 后开始急救，90% 有良好的效果。

（2）电流途径。如表 4.7 所示，电流途径从人体的左手到右手、左手到脚、右手到脚等，其中电流经左手到脚的流通是最不利的一种情况，因为这一通道的电流最易损伤心脏电流通过心脏会引起心室颤动，通过神经中枢会引起中枢神经失调，这些都会直接导致死亡。电流通过脊髓，还会导致半身瘫痪。

表 4.7　电流路径与通过人体心脏电流的比例关系

电流路径	左手至脚	右手至脚	左手至右手	左脚至右脚
流经心脏的电流与通过人体总电流的比例（%）	6.4	3.7	3.3	0.4

（3）电流频率。电流频率不同，对人体伤害也不同。据测试，15～100Hz 的交流电流对人体的伤害最严重。由于人体皮肤的阻抗是容性的，所以与频率成反比，随着频率增加，交流电的感知阈值、摆脱阈值都会增大。虽然频率增大，对人体伤害程度有所减轻，但高频高压还是有致命的危险。

2. 安全电压

发生触电事故时，流经人体的电流大小是由加在人体的接触电压和人体的阻抗大小共同决定的。很显然，接触电压一定时，人体电阻越小，流经的电流就越大，危险性也就越高。人体是个有机体，人体阻抗的大小是个变化的量，男女不同，随季节变化也不同，甚至跟人的心情也有关。

1）人体阻抗

人体阻抗主要由皮肤阻抗和人体内阻抗组成，且阻抗的大小与触电电流通过的途径有关。

皮肤阻抗可视为由半绝缘层和许多小的导电体（毛孔）构成，为容性阻抗，当接触电压小于50V时，其阻值相对较大，当接触电压超过50V时，皮肤阻抗值将大大降低，以至于完全被击穿后阻抗可忽略不计。人体内阻抗则由人体脂肪、骨骼、神经、肌肉等组织及器官所构成，大部分为阻性的，不同的电流通路有不同的内阻抗。据测量，人体表皮0.05～0.2mm厚的角质层阻抗最大，为1000～10000Ω，其次是脂肪、骨骼、神经、肌肉等。但是，若皮肤潮湿、出汗、有损伤或带有导电性粉尘，人体电阻会下降到800～1000Ω。所以在考虑电气安全问题时，人体电阻只能按800～1000Ω计算。不同条件下的人体电阻如表4.8所示。

表4.8 不同条件下的人体电阻

加于人体的电压（V）	人体电阻（Ω）			
	皮肤干燥	皮肤潮湿	皮肤湿润	皮肤浸入水中
10	7000	3500	1200	600
25	5000	2500	1000	500
50	4000	2000	875	440
100	3000	1500	770	375
200	2000	1000	650	325

注：① 表内值的前提是电流为基本通路，接触面积较大。
② 皮肤潮湿，相当于有水或汗痕。
③ 皮肤湿润，相当于有水蒸气或处于特别潮湿的场合中。
④ 皮肤浸入水中，相当于在游泳或浴池中，基本上是体内电阻。
⑤ 此表数值为大多数人的平均值。

2）安全电压

安全电压是指人体不戴任何防护设备时，触及带电体不受电击或电伤的电压。人体触电的本质是电流通过人体产生了有害效应，然而触电的形式通常都是人体的两部分同时触及了带电体，而且这两个带电体之间存在着电位差。因此在电击防护措施中，要将流过人体的电流限制在无危险范围内，即在形式上将人体能触及的电压限制在安全的范围内。国家标准制定了安全电压系列，称为安全电压等级或额定值，这些额定值指的是交流有效值，如表4.9所示。

表4.9 我国的各种安全电压等级

安全电压（交流有效值）		应用场合
额定值（V）	空载最大值（V）	
42	50	在有触电危险的场所，如手持式电动工具等；在矿井、多导电粉尘使用行灯等；人体可能触及的带电体
36	43	
24	29	
12	15	
6	8	

要注意安全电压指的是一定环境下的相对安全，并非是确保无电击的危险。对于安全电压的选用，一般可参考下列数值：隧道、人防工程手持灯具和局部照明应采用36V安全电压；潮湿和易触及带电体的场所的照明，电源电压应不大于24V；特别潮湿的场所、导电良

好的地面、锅炉或金属容器内使用的照明灯具应采用12V。

3. 触电保护

按照人体触及带电体的方式和电流通过人体的途径，触电可分为以下三种情况。

1）单相触电

单相触电是指人体在地面或其他接地导体上，人体某一部分触及一相带电体的触电事故。大部分触电事故都是单相触电事故。单相触电的危险程度与电网运行方式有关。电源中性点接地运行方式时，单相触电的电流途径如图4.24所示。中性点不接地的单相触电情况如图4.25所示。一般情况下，中性点接地电网里的单相触电比中性点不接地电网里的单相触电危险性大。

图 4.24　中性点接地系统的单相触电方式 图 4.25　中性点不接地系统的单相触电方式

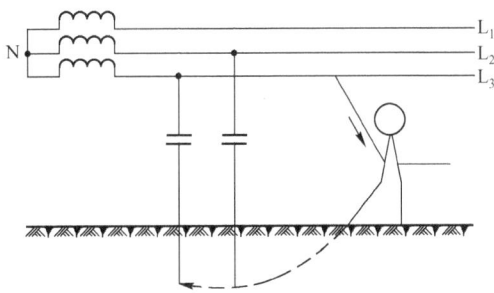

2）两相触电

两相触电是指人体两处同时触及两相带电体的触电事故，如图4.26所示。其危险性一般是比较大的。

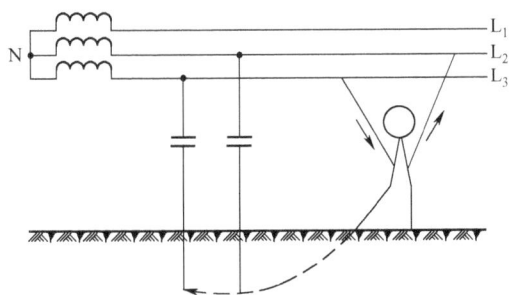

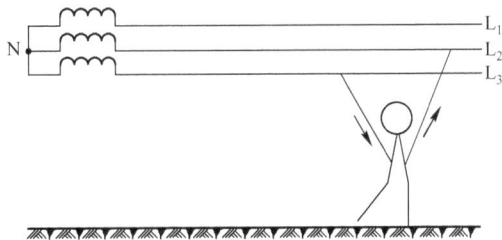

图 4.26　两相触电示意图

3）跨步电压触电

当带电体接地有电流流入地下时，电流在接地点周围土壤中产生电压降。人在接地点周围，两脚之间出现的电压即跨步电压。由此引起的触电事故称为跨步电压触电，如图4.27所示。高压故障接地处，或有大电流流过的接地装置附近都可能出现较高的跨步电压。离接地点越近、两脚距离越大，跨步电压值就越大。一般在10m以外就没有危险了。设备不停电时的安全距离如表4.10所示。

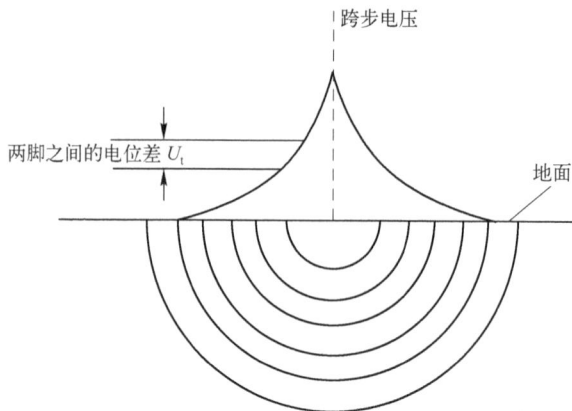

图 4.27　跨步电压示意图

表 4.10　设备不停电时的安全距离

电压等级（kV）	安全距离（m）	电压等级（kV）	安全距离（m）
10 及以下（13.8）	0.7	154	1.50
20 ～ 35	1.00	220	2.00
44	1.20	330	4.00
60 ～ 110	1.50	500	5.00

根据这些常见的触电形式可知，触电保护的目的就是要使发生触电时流经人体的电流小到不至于对人体造成伤害的程度。

4.2.2　接地形式

所谓接地，就是把设备的某一部分通过接地装置同大地紧密连接在一起。到目前为止，接地仍然是应用最广泛的并且无法用其他方法替代的电气安全措施之一。接地的作用主要是防止人身遭受电击、设备和线路遭受损坏、预防火灾和预防雷击、防止静电损害和保障电力系统正常运行。

1. 低压配电系统接地形式

低压配电系统是电力系统的末端，分布广泛，几乎遍及建筑的每一角落，平常使用最多的是 380/220V 的低压配电系统。从安全用电等方面考虑，低压配电系统有三种接地形式：IT 系统、TT 系统、TN 系统。TN 系统又分为 TN－S 系统、TN－C 系统、TN－C－S 系统三种形式。

1）IT 系统

IT 系统是指电源中性点不接地、用电设备外壳直接接地的系统，如图 4.28 所示。IT 系统中，连接设备外壳可导电部分和接地体的导线，就是 PE 线。

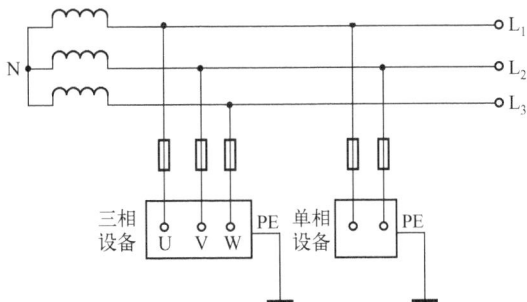

图 4.28　IT 系统

2）TT 系统

TT 系统是指电源中性点直接接地、用电设备外壳也直接接地的系统，如图 4.29 所示。通常将电源中性点的接地叫做工作接地，而设备外壳接地叫做保护接地。在 TT 系统中，这两个接地必须是相互独立的。设备接地可以是每一设备都有各自独立的接地装置，也可以若干设备共用一个接地装置，图 4.29 中单相设备和单相插座就是共用接地装置的。

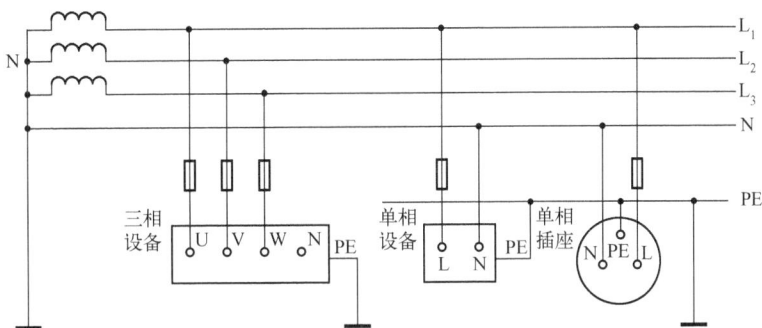

图 4.29　TT 系统

在有些国家中，TT 系统的应用十分广泛，工业与民用的配电系统都大量采用 TT 系统。在我国，TT 系统主要用于城市公共配电网和农村电网，现在也有一些大城市如上海等在住宅配电系统中采用 TT 系统。

3）TN 系统

TN 系统即电源中性点直接接地、设备外壳等可导电部分与电源中性点有直接电气连接的系统，它有三种形式，分述如下。

（1）TN－S 系统。TN－S 系统如图 4.30 所示。图中中性线 N 与 TT 系统相同，在电源中性点工作接地，而用电设备外壳等可导电部分通过专门设置的保护线 PE 连接到电源中性点上。在这种系统中，中性线和保护线是分开的，这就是 TN－S 中"S"的含义。TN－S 系统的最大特征是 N 线与 PE 线在系统中性点分开后，不能再有任何电气连接。TN－S 系统是我国现在应用最为广泛的一种系统。

（2）TN－C 系统。TN－C 系统如图 4.31 所示，它将 PE 线和 N 线的功能综合起来，由一根保护中性线 PEN 同时承担保护和中性线两者的功能。在用电设备处，PEN 线既连接到负荷中性点上，又连接到设备外壳等可导电部分。

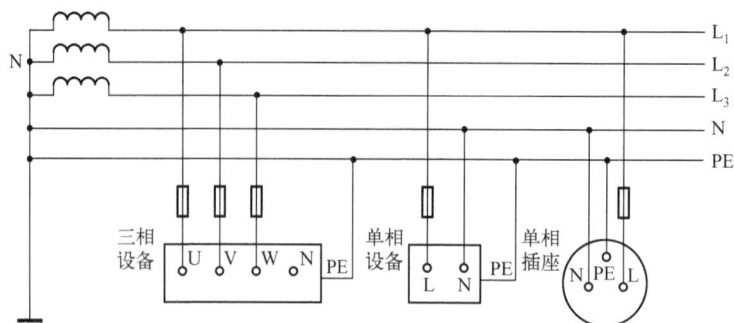

图 4.30　TN – S 系统

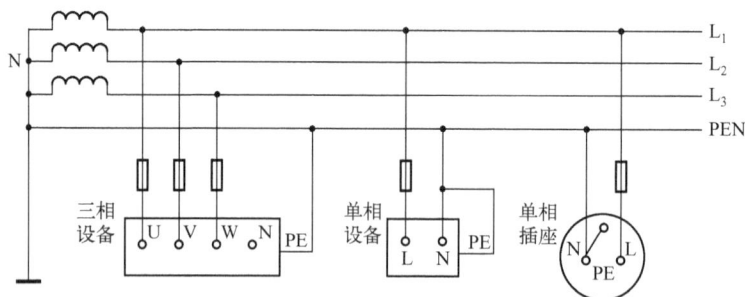

图 4.31　TN – C 系统

　　TN – C 系统现在已很少采用，尤其是在民用配电中已基本上不允许采用 TN – C 系统。

　　（3）TN – C – S 系统。TN – C – S 系统是 TN – C 系统和 TN – S 系统的结合形式，如图 4.32 所示。TN – C – S 系统中，从电源出来的那一段采用 TN – C 系统，只起电能的传输作用，到用电负荷附近某一点处，将 PEN 线分开成单独的 N 线和 PE 线，从这一点开始，系统相当于 TN – S 系统。TN – C – S 系统也是现在应用比较广泛的一种系统。这里采用了重复接地这一技术。

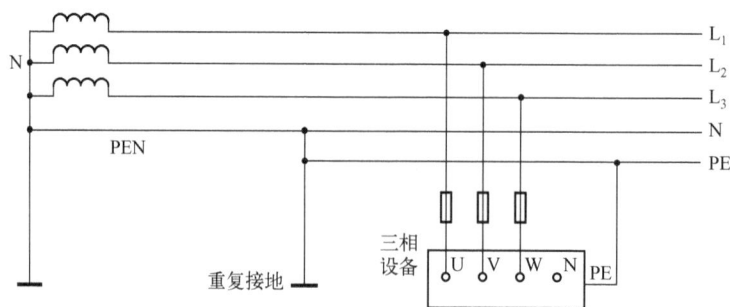

图 4.32　TN – C – S 系统

2. 接地保护措施

1）保护接地

　　保护接地是将与电气设备带电部分相绝缘的金属外壳或架构通过接地装置同大地连接起来，如图 4.33 所示。保护接地常用在 IT 低压配电系统和 TT 低压配电系统的形式中。在 IT

中性点不接地的配电系统中的保护接地的作用：若用电设备设有接地装置，当绝缘破坏外壳带电时，接地短路电流将同时沿着接地装置和人体两条通路流过。流过每一条通路的电流值将与其电阻的大小成反比。通常人体的电阻（1000Ω 以上）比接地体电阻大几百倍以上，所以当接地装置电阻很小时，流经人体的电流几乎等于零，因而，人体触电的危险大大降低，如图 4.33 所示。

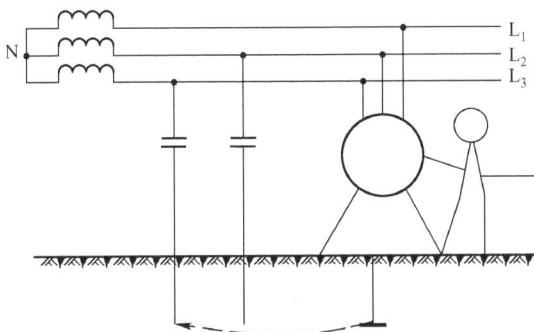

图 4.33　保护接地

在 TT 配电系统中的保护接地的作用：若用电设备设有接地装置，当绝缘破坏外壳带电时，多数情况下，能够有效降低人体的接触电压，但要降低到安全限值以下有困难，因此需要增加其他附加保护措施，实现避免人体触电危险的目的。

2）保护接零

保护接零是把电气设备正常时不带电的金属导体部分，如金属机壳，同电网的 PEN 线或 PE 线连接起来，如图 4.34 所示。保护接零适用于 TN 低压配电系统形式。在中性点接地的供电系统中，设备采用保护接零时，当电气设备发生碰壳短路时，即形成单相短路，使保护设备能迅速动作断开故障设备，减少了人体触电危险。

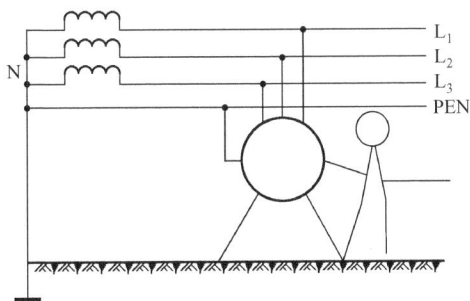

图 4.34　保护接零

在 TN 低压配电系统中若采用保护接地的方法则不能有效地防止人身触电事故，如图 4.35 所示。此时一相碰壳引成的短路电流为

$$I_d = \frac{U_P}{R_0 + R_e} = \frac{220}{4 + 4} = 27.5\ (A)$$

式中　R_0——系统中性点接地电阻，取 4Ω；

R_e——用电设备接地电阻，取 4Ω。

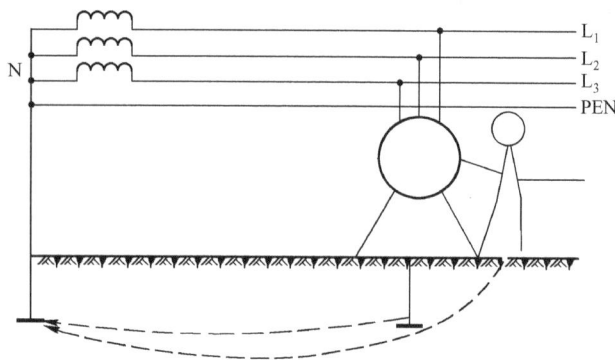

图 4.35　不能使用保护接地的情况

由于这个短路电流不是很大，通常无法使保护设备动作切断电源，所以此时设备外壳对地的电压为

$$U_d = I_d R_e = 27.5 \times 4 = 110 \ （V）$$

该电压大于安全电压，当人触及带电的外壳时是十分危险的。因此在低压中性点接地的配电系统中常采用接零保护，而不采用接地保护。

在采用保护接零方法时，注意要适当选择 PE 导线的截面，尽量降低 PE 导线的阻抗，从而降低接触电压。同时要注意在 TT 和 TN 低压配电系统中不得混用保护接地和保护接零的方法。

3）重复接地

将电源中性接地点以外的其他点一次或多次接地，称为重复接地，如图 4.36 所示。重复接地是为了保护导体在故障时尽量接近大地电位。重复接地时，当系统中发生碰壳或接地短路时，一则可以降低 PEN 线的对地电压；二则当 PEN 线发生断线时，可以降低断线后产生的故障电压；在照明回路中，也可避免因零线断线所带来的三相电压不平衡而造成电气设备的损坏。

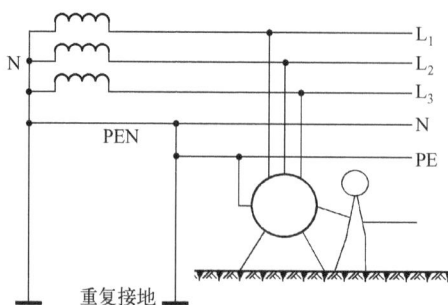

图 4.36　重复接地

4）等电位联结

等电位联结是防止触电危险的一项重要安全措施。等电位联结可分为总等电位联结和辅助（或局部）等电位联结。所谓总等电位联结就是将建筑物内的下列导电部分汇集到进线配电箱近旁的接地母线（总接地端子板）上而互相联结：进线配电箱的保护线干线（即 PE 母排或 PEN 母排）；自电器装置接地极引来的接地干线；建筑物内水管、煤气管、采暖和空调

管道等金属管道；条件许可的建筑物金属构件等导电体。辅助等电位联结是将上述导电部分在局部范围内再做一次联结，或将人体可同时触及的有可能出现危险电位差的不同导电部分互相直接联结。如辅助等电位联结范围内没有 PE 线，不必自该范围外特意引入 PE 线。

等电位联结示意图如图 4.37 所示。总等电位联结还应包括建筑物的钢筋混凝土基础，辅助等电位联结还应包括钢筋混凝土楼板和平房地板。

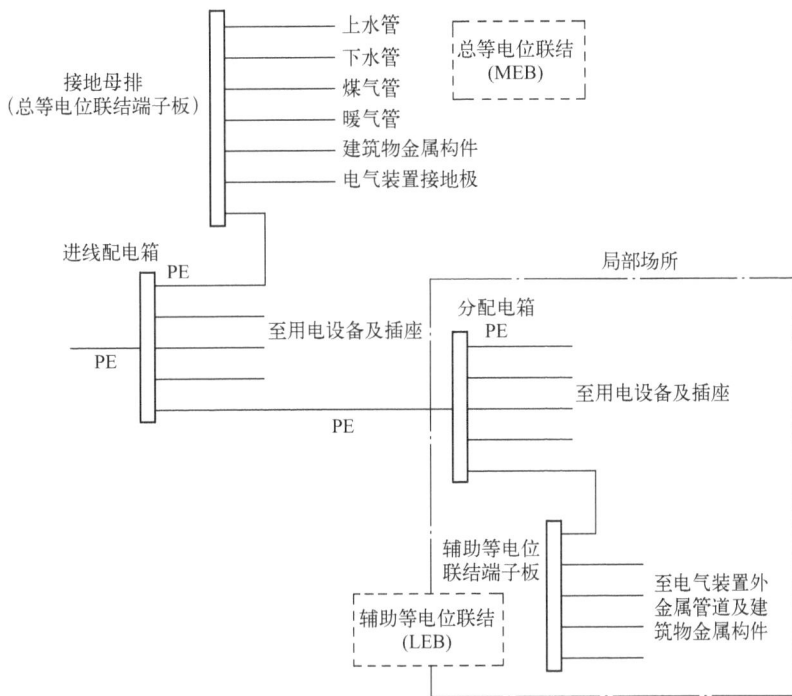

图 4.37　等电位联结示意图

对各型接地系统来说，总等电位联结和辅助等电位联结都具有降低预期触电电压的作用。对于 TN 系统，总等电位联结还可消除自建筑物外沿 PEN 线或 PE 线窜入的危险故障电压，减小保护电器动作不可靠带来的危险，有利于消除外界电磁场引起的干扰从而改善装置的电磁兼容性能；辅助等电位联结具有在总等电位联结之后进一步消除外来危险故障电压和外界电磁场干扰的作用。

根据有关规范（如《低压配电设计规范》GB 50054—2011）的规定，采用接地保障保护时，应在建筑物内总等电位联结。需要联结的部分如前所述，所需联结的各导电体应尽量在进入建筑物处接向总等电位联结端子，如图 4.38 所示。

在采取了总等电位联结措施后，固然大大降低了接触电压。但是，如果建筑物离电源较远，建筑物内的配电线路过长，而且导线截面较细时，由于回路阻抗大，接地故障电流小，接地故障保护装置的动作时间及接地故障时的接触电压都可能超过规定值。这时，应在局部范围内做辅助等电位联结，以进一步减小接触电压。当可能发生电击的电气设备少而集中时，可将这些设备及周围 2.5m 范围内可能同时触及到的水、暖管道等外露可导电部分互相直接连接来实现辅助等电位联结。

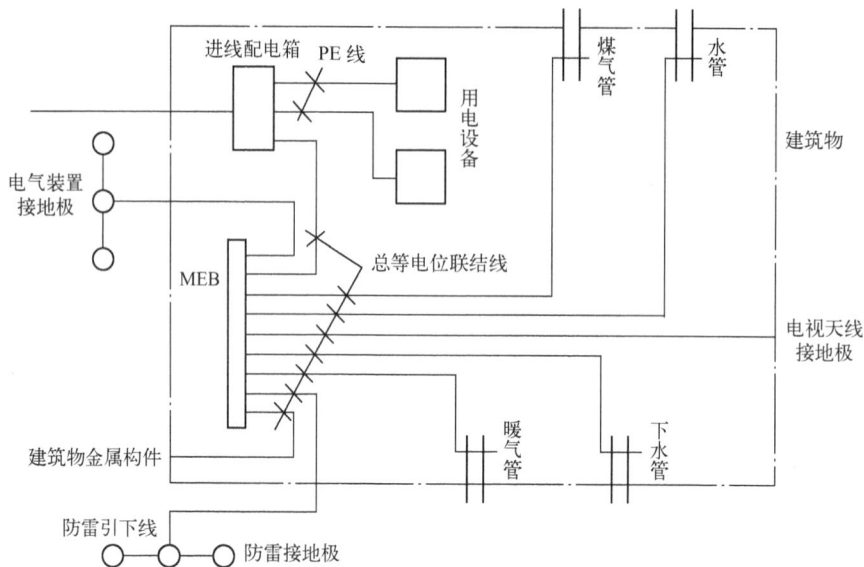

图 4.38 总等电位联结结点示意图

在做等电位联结时，需注意以下几点：

（1）由于各种管道的连接处填有麻丝或聚乙烯薄膜，一般不会影响到连接处的导通，因而连接处无需跨接。但为可靠起见，在施工完毕后应进行测试，对个别导电不良处需做跨接处理。

（2）水管、煤气管的连接应与其主管部门协调。在检修管道时，需事先通知电气人员做好跨接线，以防检修时断开管道破坏等电位联结。水表两端应予跨接。

（3）煤气管道和暖气管道应纳入总等电位联结，但不允许用做接地极，以防通过故障电流引起爆炸事故。因此，煤气管在进户后应插入一段绝缘管，并在两端跨接一过电压保护器。煤气表在绝缘管前不需做跨接线，户外地下暖气管因包有隔热材料不需另行采取措施。

（4）下水管入户处、浴盆下水管等需做等电位联结。

等电位联结虽说是防止触电危险的一项重要安全措施，但并不是一项唯一的、绝对的安全措施。它可以大大降低接地故障情况下的预期接触电压，但并不能使任何情况下的接触电压都降到安全电压以下，也不能最终切断故障。而作为接地保障保护的熔断器、低压断路器和漏电保护器等保护电器，虽能切断故障，但由于产品的质量、电器参数的选择和其使用中的变化及施工质量、维护管理水平等因素，保护电器的动作并不完全可靠（如熔断器和低压断路器作为接地故障保护的灵敏度不高，漏电保护器则易造成误动、拒动或失效的可能）。因此，为了提高电气安全水平，避免或减少人体遭受电击的危险，应根据具体情况将各种安全保护措施结合使用。

实训2　建筑防雷系统认识

1. 实训目的

（1）建立建筑防雷系统的概念。

（2）了解防雷系统的几个组成部分之间的关系和作用。

2. 实训器材

建筑防雷系统教学模型（或便于参观学习的典型防雷建筑物）。

3. 实训步骤

（1）由指导老师对建筑物防雷系统及功能进行整体介绍。
（2）依次参观建筑物防雷系统的各个组成部分，并结合现场讲解和提问答疑。
① 接闪器的形式与做法。
② 引下线的形式与做法。
③ 接地装置的形式与做法。
④ 接地测试端子的形式与做法。
⑤ 等电位联结的形式与做法。
（3）实训结束后，在指导老师的带领下，有序离开。

4. 注意事项

参观时要注意安全，未经指导老师许可不可随意走动触摸相关设备。

5. 实训思考

（1）建筑防雷装置由哪几部分组成？
（2）避雷带常用的选材。
（3）自然接地体与人工接地体的选择。
（4）哪些导电部分需与总等电位联结端子连接？

实训3　建筑防雷接地系统平面图识读

1. 实训目的

（1）认识建筑防雷接地系统设备图形符号。
（2）掌握建筑防雷接地系统平面图识读方法。

2. 实训材料

建筑防雷接地系统设计图纸。

3. 实训步骤

1）知识准备
（1）理解建筑防雷接地系统工作原理
在识图前首先需要理解建筑防雷接地系统的工作原理，这样有助于理解施工图设计思路，从而读懂施工图。
（2）掌握识图基本知识
① 设计说明：设计说明主要用来阐述工程概况、设计依据、设计内容、要求及施工原

则，识图首先看设计说明，了解工程总体概况及设计依据，并了解图纸中未能表达清楚或重点关注的有关事项。

② 图形符号：在建筑电气施工图中，元件、设备、装置、线路及其安装方法等，都是借用图形符号、文字符号来表达的。分析建筑防雷接地系统施工图首先要了解和熟悉常用符号的形式、内容、含义，以及它们之间的相互关系。

③ 平面图：建筑防雷接地系统平面图是表示防雷接地装置平面布置的图纸，是进行设备安装的主要依据。它反映设备的安装位置、安装方式和线路走向及敷设方法等。

2）建筑防雷接地系统施工图实例

4. 注意事项

（1）图形符号是指无外力作用下的原始状态。

（2）屋顶防雷平面图与基础平面图的识读要结合起来，这对于施工图识读从而指导安装施工有着重要的作用。

5. 实训思考

（1）避雷带采用什么材料？规格是多少？

（2）引下线共几处，采用什么材料？

（3）接地是采用人工接地还是自然接地形式？

（4）接地电阻测试板有几处？有何作用？

（5）突出屋面的金属构件应做何处理？

（6）柱内钢筋与屋顶避雷带采用什么材料连接？

思考题4

1. 什么是雷击距？雷击距大小与哪些因素有关？

2. 雷电危害主要体现在哪些方面？

3. 什么是滚球法？接闪器的保护范围如何确定？建筑物防雷等级与滚球半径有何关系？为什么？

4. 引下线数量与什么有关？

5. 简述自然接地体与人工接地体的区别。

6. 为什么垂直接地体之间要保持一定的距离？

7. 水平接地体有哪几种形式？

8. 什么是保护接地？什么是保护接零？什么情况下采用保护接地？什么情况下采用保护接零？

9. 重复接地的功能是什么？

10. 同一供电系统中，为什么不能同时采取保护接零和保护接地？

11. 简述总等电位联结和辅助等电位联结的区别。

学习单元5

智能照明技术应用

项目任务	任务5-1	认识智能照明系统	学时	10
	任务5-2	智能照明系统的应用		
教学载体	教学课件、施工图纸及教材相关内容			
教学目标	知识方面	掌握智能照明基本知识、智能照明控制方式和特点；了解智能照明系统的设计方法和工程应用方式，熟悉智能照明主流产品		
	技能方面	能够正确识读智能照明施工图，解决工程实际中具体问题		
过程设计	任务布置及知识引导—分组学习、讨论和收集资料—学生编写报告，制作PPT、集中汇报—教师点评或总结			
教学方法	项目教学法			

节约能源与保护环境是当今社会的两大主题。随着社会经济的不断发展和人们生活水平的提高，当今社会对照明的控制要求已越来越高，传统的照明系统已经远远满足不了生活和生产需要，于是智能照明系统应运而生，它不仅具有舒适、节能、场景设置等功能，还可与其他智能系统联动从而产生各种高级功能。

任务5-1 认识智能照明系统

传统照明控制是指主电源经配电箱分成多个支路向灯具供电，它是由串接在照明回路中的单（双）极开关来通断供电线路，以实现对灯具的控制，因而该开关所控制的灯具只能进行开/关控制，无法形成各种灯光场景及系统管理。近20年来，楼宇智能化已经成为当今建筑发展的主流技术。所谓的智能楼宇，就是一种基于计算机网络控制平台，对照明、变配电、电梯、安防、通信、广播、空调、消防、门禁、会议等各项子系统的监测与建筑物有机的结合，最大程度的满足使用者舒适性、方便性的要求，以达到节能、高效管理、快速的信息化服务等目的。但是长期以来，智能照明在国内一直被忽视，大多数建筑物仍然沿用传统的照明控制方式，部分智能大厦采用楼宇自控系统来监控照明，即使是高档的星级酒店也只能是实现简单的区域照明和定时开关功能。因而，智能照明系统的发展远远落后于智能楼宇系统，无论从市场开拓、产品开发，到人们消费观念的改变，都还需要进行长期艰苦的努力。

现代建筑中的照明不仅要求能为人们的工作、学习、生活提供良好的视觉条件，利用灯具造型和光色协调营造出具有一定风格和美感的室内环境以满足人们的心理和生理要求，而且还要考虑到管理智能化和操作简单化，以及灵活应用未来照明布局和控制方式、变更要求。一个优秀的智能照明控制系统不仅可以提升照明环境品质，还可以充分利用和节约能源，使建筑物更加节能、环保。随着国内经济的高速发展、技术日趋成熟，以及部分国际品牌如快思聪、Dynalite、路创等进军中国市场，迅速推动了智能照明行业的发展，智能照明进入一个崭新的发展阶段。

5.1.1 智能照明基本知识

1. 智能照明和智能照明控制系统

智能照明是指利用计算机、无线通信数据传输、扩频电力载波通信技术、计算机智能化信息处理及节能型电器控制等技术组成的分布式无线遥测、遥控、遥讯控制系统，来实现对照明设备的智能化控制。具有灯光亮度的强弱调节、灯光软启动、定时控制、场景设置等功能；并达到安全、节能、舒适、高效的特点。

智能照明控制系统是利用先进电磁调压及电子感应技术，对供电进行实时监控与跟踪，自动平滑地调节电路的电压和电流幅度，改善照明电路中不平衡负荷所带来的额外功耗，提高功率因数，降低灯具和线路的工作温度，达到优化供电目的的照明控制系统。

2. 智能照明系统的特点

智能照明系统的主要特点为：

（1）系统可控制任意回路连续调光或开关。

（2）场景控制：可预先设置多个不同场景，在场景切换时淡入、淡出。

（3）可接入各种传感器对灯光进行自动控制。

（4）移动传感器：对人体红外线检测达到对灯光的控制，如人来灯亮，人走灯灭（暗）。

（5）光亮照度传感器：对某些场合可根据室外光线的强弱调整室内光线，如学校教室的恒照度控制。

（6）时间控制：某些场合可以随上下班时间调整亮度。

（7）红外遥控：可用手持红外遥控器对灯光进行控制。

（8）系统联网：可系统联网，利用上述控制手段进行综合控制或与楼宇智能控制系统联网。

3. 智能照明系统的用途

智能照明控制系统可以在确保灯具能够正常工作的条件下，给灯具输出一个最佳的照明功率，既可减少由于过压所造成的照明眩光，使灯光所发出的光线更加柔和，照明分布更加均匀，又可大幅度节省电能，智能照明控制系统节电率可达 20% ～ 40%。智能照明控制系统可在照明及混合电路中使用，适应性强，能在各种恶劣的电网环境和复杂的负载情况下连续稳定地工作，同时还将有效地延长灯具寿命和减少维护成本。针对不同的工作场合，智能照明控制系统分为单相和三相两种类型。

4. 智能照明控制系统的综合优势

（1）良好的节能效果。当前我国的宏观经济建设中，节电节能的任务越来越紧迫。智能照明控制系统借助各种不同的"智能设置"控制方式和控制元件，对不同时间、不同环境的光照度进行精确设置和管理来实现最大的节能效果。这种自动调节照度的方式，充分利用室外的自然阳光，只有当必需时才把灯具开到要求的亮度，利用最少的能源保证所要求的照度水平，节电效果十分明显，一般可达 30% 以上。此外，智能照明控制系统中对荧光灯等也可以进行调光控制，由于荧光灯采用了有源滤波技术的可调光电子镇流器，降低了谐波的含量，提高了功率因数，降低了低压无功损耗，同样实现节电目的。

（2）延长灯具寿命。延长灯具寿命不仅可以节省大量资金，而且大大减少更换灯具的维修工作量，降低了照明系统的故障率和运行费用，管理维护也变得轻松多了。无论是热辐射光源，还是气体放电光源，电网电压的波动是光源损坏的一个主要原因。因此，智能照明控制系统可以有效地抑制电网电压的波动，通过系统对电压的限定和轭流滤波等功能，有效避免了过电压和欠电压对灯具的损害。另外，智能照明控制系统同时还具备了软启动和软关断技术，避免了冲击电流对光源的损害。通过上述方法，灯具的寿命通常可延长 2 ～ 4 倍。

（3）改善照明质量。良好的照明质量是提高工作和学习效率的一个必要条件。智能照明控制系统以调光模块控制面板代替传统的平开关控制灯具，可以有效地控制各房间内整体的照度值，从而提高照度均匀性。同时，这种控制方式内所采用的电气元件也解决了频闪效应，不会使人产生头昏脑胀、眼睛疲劳的感觉。

（4）实现多种照明效果。现代建筑，照明不再单纯地为满足人们视觉上的明暗效果，更应

具备多种控制方案，使建筑物的照明艺术性更强，让人们欣赏到美仑美奂的视觉效果。如果在建筑物内的展厅、报告厅、大堂、中庭等及外部的轮廓配备智能照明控制系统，按不同时间、不同用途、不同效果而采用相应的预设置场景进行控制，就可以达到丰富的艺术效果。

（5）管理维护方便。智能照明控制系统对照明的控制是以模块式的自动控制为主，手动控制为辅，照明预置场景的参数以数字式存储在 EPROM 中，这些信息的设置和更换十分方便，加上灯具寿命的大大提高，使照明管理和设备维护变得更加简单。

（6）较高的经济回报。据专家测算，仅从节电和节省灯具这两项：用 3 ~ 5 年的时间，业主就可基本收回智能照明控制系统所增加的全部费用。而智能照明控制系统可改善照明环境，提高员工工作效率及减少维修和管理费用等，也为业主节省下一笔可观的费用。

5.1.2 智能照明控制方式

智能照明控制系统的控制方式主要包括以下几类。

（1）系统可控制任意回路连续调光或开关。智能照明系统中回路的定义：相同的灯光类型、控制区域、控制逻辑的灯具的组合。

通过智能照明系统的控制使不同回路中的配置同时开启或关闭，单独开启或关闭某些回路配置，调控每个回路的灯具的亮度，调控系统中的外接配置等，通过智能照明系统实现每个回路间的通信以达到统一管理的目的。

此控制方式适用于任何的智能照明场景中，是目前使用最多的一种控制方式。

（2）系统可进行场景控制。智能照明系统中回路的定义：可预先设置多个不同场景，在场景切换时淡入、淡出。此外，还可以延伸至其他系统的联合控制。

通过用户设计的场景模式，智能照明系统会按照用户的喜好来控制各回路的灯具和外接配置以达到用户所需要的效果。此控制方式同样适用于所有智能照明场景中，在目前的智能照明系统中普遍应用。

（3）可接入各种传感器对灯光进行自动控制。智能照明系统中传感器的定义：能感受规定的被测量并按照一定的规律转换成可用输出信号的器件或装置。

普遍用于智能照明系统中常用的传感器：光感传感器、移动传感器（红外传感器、RF射频）。

① 光感传感器（光敏传感器）。光感传感器是利用光敏元件将光信号转换为电信号的传感器，用户可以通过设定来规定光照度达到一定程度后，启动一些用户设定的模式来达到回路和回路间的联动。

② 移动传感器（红外传感器、RF 射频）。通过红外或电磁波来实现对人及动物的移动检测，通过中控系统达到调光和外设联动的目的。

传感技术在智能照明中普遍应用，适用于大多数场合，如在酒店楼宇灯光控制和家庭用户中。

（4）时间控制：某些场合可以随上下班时间调整亮度。时间控制即控制器中内置电子钟，通过用户的设定在规定的时间通过控制器做到各回路的联动从而达到用户需要的固定场景效果。

该控制方式适用于需要在固定时间调节光照或外设联动的用户。例如，企业单位在上下

班时设定不同的场景模式，在上班时可以自动控制灯具达到工作所需的亮度需求。在下班后 15 ～ 20 分钟自动关闭不需要的灯具以达到节能的效果。

（5）无线遥控：可用手持无线遥控器对灯光进行控制。智能照明系统遥控装置主要有液晶面板遥控器和按键式遥控器。其信号传输方式主要有 WIFI 传输、RF 或无线 IR。无线控制是通过无线信号发送指令，译码器将编码指令信号进行译码，最后由中控器来驱动执行回路实现各种指令的操作。

此控制方式多用于面积较大不方便直接接触墙装面板的场合，如仓库、大型地下车库、较大的客厅等。

（6）系统联网：可系统联网，利用上述控制手段进行综合控制或与楼宇智能控制系统联网。智能照明的中控器都设有 LAN 以太网接口内置网络配置协议，可通过以太网将多个智能照明配置连接在一起或是和楼宇控制系统连接，达到相互通信集成控制的目的。

此控制方式多用于大配置较多需集成控制的场合，如大型酒店、大型企业单位等。

5.1.3　灯光基础知识

1. 发光原理

1）热辐射光源
利用电能使物体加热到白炽程度而发光的光源称为热辐射光源，如白炽灯、卤钨灯。

2）气体放电光源
利用气体或蒸气的放电而发光的光源。气体放电有弧光放电和辉光放电两种。
（1）辉光放电：通常是在常压下发生，并不需要很高的电压，但要求有很强的电流。因此，光输出较强，可用做照明光源，如荧光灯、高压钠灯、金属卤化物灯等。
（2）弧光放电：通常需要较高的电压，但电流较弱。因此，光输出较弱，一般用做装饰光源，如霓虹灯等。

2. 常用光源的技术参数总结

照明常用电光源在学习单元 1 中已有介绍，下面根据各类光源在智能照明中的应用特性进行进一步阐述，智能照明常见光源的技术参数总结如图 5.1 所示。

1）白炽灯
白炽灯属于第一代光源，已有一百多年历史，属于热辐射光源。电流通过钨丝产生大量热能，使灯丝温升达 2400 ～ 2900K 成白炽状而发光。常充入惰性气体，以降低钨丝蒸发速度，时间长会有黑化现象。价格低廉，具有快速的发光响应，多种功率，显色性是人造光源中最好的。可以在线电压（220V）或低电压（12V 或 24V）下工作。白炽灯常用功率有 15W/25W/40W/60W/100W/500W/1000W，寿命短（约 1000h），光效不高，启动瞬间电流很大，超过 250W 一般采用高强度气体放电灯。普通照明用白炽灯也称为 GLS 灯（General Lighting Service Lamps）。其实物图如图 5.2 所示。

电灯的家族树

气体放电灯　　　　特殊灯源 (LED、　Dim　白炽灯（热辐射）
　　　　　　　　　无极灯、光纤灯 ...)

标准强度　　　　　Relay 高强度 (HID)　　　　标准电压　　低压
　　　　　　　　　（透明、途层或漫射）

霓红灯　Dim　荧光灯　　　汞　钠　金属卤化物　　标准灯丝　卤钨循环　多重　PAR　小型
　　　　　　　　　　　　　　　　　　　　　　　　　　　　　　　反射器
—透明或　　　　　　　　　　　　　　紧凑型　　　　　　　PAR T MR　(MR)
　涂层　　圆形　U 形管　　　　　　　　　　　普通灯泡　反射灯泡

　　标准灯管　冷极管　紧凑型　Std. R　HP LP　标准　反射　充气或　　R
　　　　　　　　　　　　　　　　　　　　　灯泡　灯泡　真空　　ER
—各种直　—预热启动　　—CFT　　　　　　　　　　　　—透明或　PA
　径和电　—RS　　　　—CFQ　　　　　　—R　　　涂层　　R
　流强度　—HO　　　　　　　　　　　　—PAR　—A
　　　　　—SH　　　　　　　　　　　R　　　—G
　　　　　—GP　　　　　　　　　　　　　　　—S
　　　　　　　　　　　　　　　　　　　　　　—T

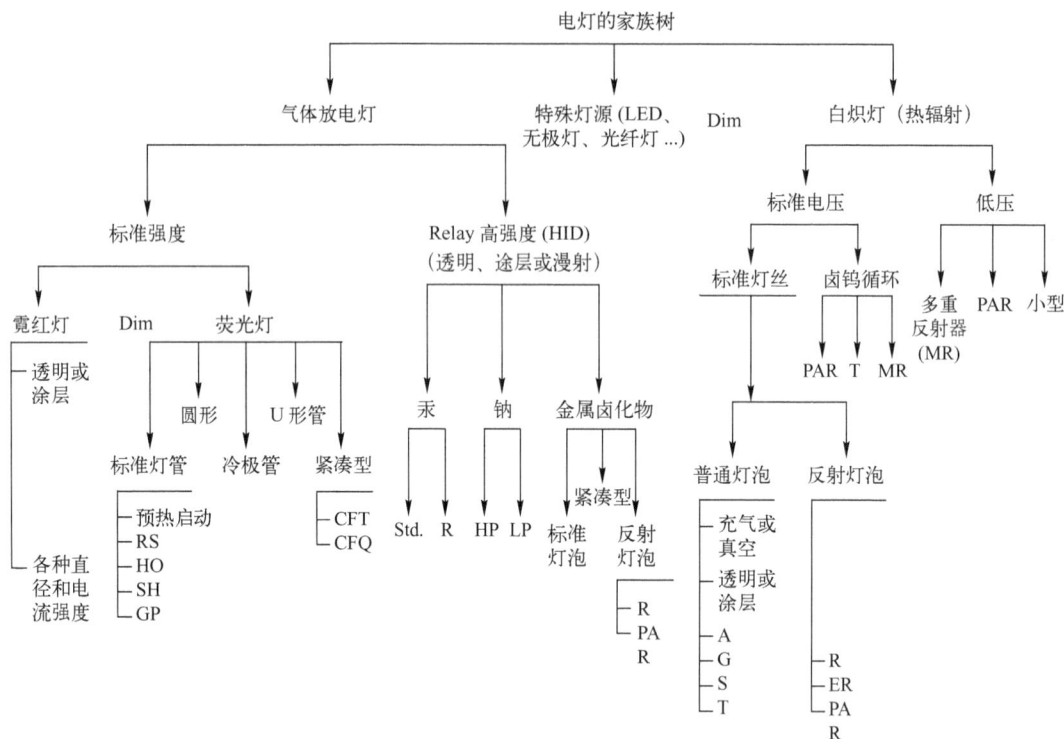

图 5.1　主要光源的技术参数图

（a）球形灯泡　　　　　（b）烛形灯泡　　　　（c）标准型白炽灯

图 5.2　白炽灯实物图

2）卤钨灯（TH）

卤钨灯（Tungsten Halogen Lamps）是使用卤素气体的白炽灯，通常加入碘化物或溴化物。卤钨灯比传统白炽灯更小，寿命更长（1500 ～ 2000h），价格比白炽灯高。可以在线电压（220V）或低电压（12V 或 24V）下工作，低压卤钨灯需配合变压器工作，可分为电磁低压和电子低压两种，目前大部分使用电子变压器，如需要调光可选用可调光电子变压器。卤钨灯工作要求非常高，需要特别的玻璃泡壳，通常是石英，常被称为石英灯（Quartz Lamp）。特别适于影视舞台照明及剧场、绘画、摄影、建筑物投光照明等。其常用功率有 20W/30W/35W/45W/50W/70W/75W/100W/200W/300W/500W/1000W。其实物图如图 5.3 所示。

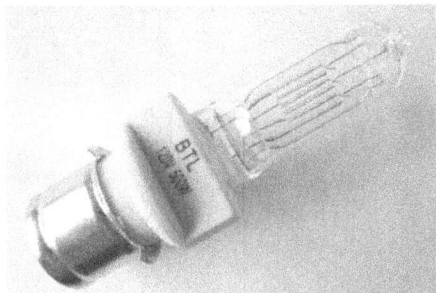

（a）石英聚光卤钨灯　　　　　　　　　　（b）卤钨灯杯

图 5.3　卤钨灯实物图

3）荧光灯（FL/CFL）

荧光灯主要优点：高效（40～80lm/W）、寿命长（10000～20000h）。主要依靠气体放电产生的紫外线激发涂敷在灯管上的荧光粉发出可见光。工作电路由灯管、镇流器和启辉器组成。镇流器分为电感镇流器与电子镇流器。其作用：一是在日光灯启动时它产生一个很高的感应电压，使灯管点燃；二是灯管工作时限制通过灯管的电流不致过大而烧毁灯丝。电感镇流器会产生频闪现象，在此环境下工作、学习视觉易疲劳。对高速旋转物体易产生错觉，存在事故隐患。同时电感镇流器发出 50Hz 的低频噪声，易使人烦躁。电子镇流器发光效率高、无噪声、无频闪、启动快速可靠、体积小、重量轻、节电效果显著。荧光灯需要配合带 0～10V 接口的可调光电子镇流器才能调光。其实物图如图 5.4 所示。

关于荧光灯管直径尺寸："T" 是指荧光灯管直径尺寸，以 1/8 英寸的倍数测量，即 TXX = XX/8"（英寸）。例如，T8 直径也就是 8/8"，约为 25.4mm；T5 直径也就是 5/8"，约为 16mm。

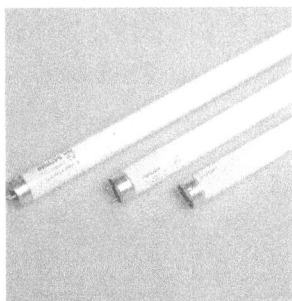

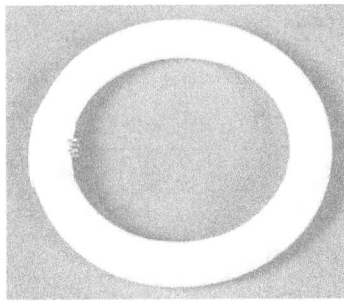

（a）直管荧光灯　　　　　　　　　　（b）环型荧光灯

图 5.4　荧光灯实物图

4）紧凑型荧光灯（CFL）

紧凑型荧光灯（CFL），俗称"节能灯"，把灯头、镇流器和灯管一体化，荧光灯的发光管成 U 形弯曲，管端装上插头，形成紧凑型荧光灯，与直管相比，同等亮度，长度只有 1/3，而且显色性好，比普通白炽灯寿命约长 6 倍。

分体式节能灯由独立的电子整流器和灯管两个部分组成，这种节能灯是可以调光的，如图 5.5 所示。而一体式节能灯则将电子镇流器装于灯头塑料件内与灯管成为一体，如图 5.6 所示。

（a）四针式单管（插拔管）　　　　（b）两针式双管（插拔管）　　　　（c）四针式双管（插拔管）

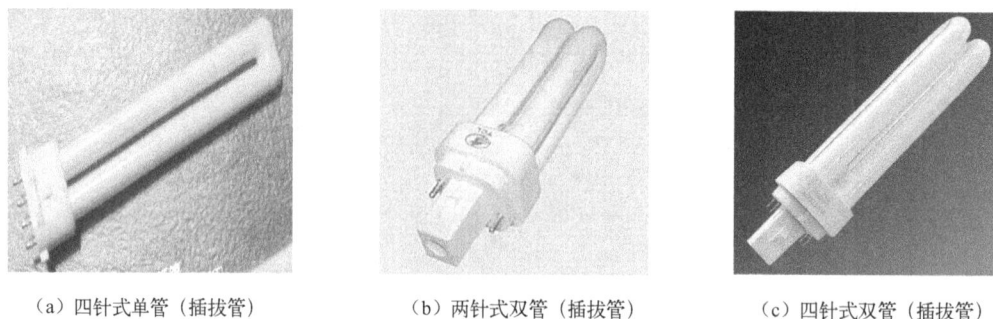

图5.5　分体式节能灯实物图

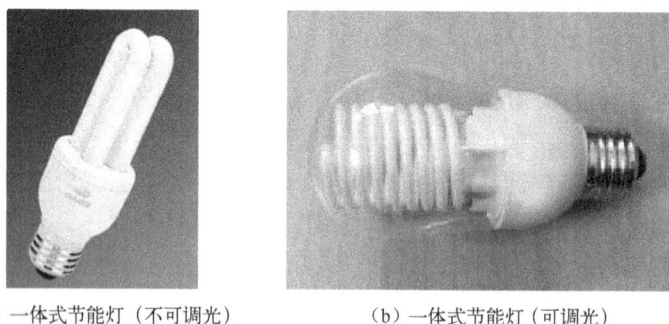

（a）一体式节能灯（不可调光）　　　　（b）一体式节能灯（可调光）

图5.6　一体式节能灯实物图

5）三基色荧光灯（FL）

三基色是指红、绿、蓝三种基本色光，三基色荧光灯就是在灯管上涂有三基色稀土荧光粉，并填充高效发光气体而制成的。它的光色是由三基色按照不同比例合成的且有多种色温选择的高显色性光色。三基色荧光灯与普通荧光灯的区别，如表5.1所示。

表5.1　飞利浦三基色荧光灯与普通荧光灯性能比较

项　　目	飞利浦三基色直管荧光灯	飞利浦普通直管荧光灯
平均寿命	15000h	13000h
显色指数	≥85	72
光衰	10000小时流明维持91%	10000小时流明维持率小于80%
光效	93lm/W	70lm/W
环保性	汞含量≤3mg	汞含量＝13mg
调光	可调光	可调光

6）冷阴极荧光灯（CC）

冷阴极荧光灯又称冷阴极灯或冷极管，是一种低压辉光气体放电灯，需要变压器配合工作，实现平滑调光。由于采用辉光放电，因此电极的温度低，寿命长。一般可以达到20000h上下，低功耗（10～30W/m），可频繁启动，可调光，光效方面为40～50lm/W。不需要预热电极，多次开关对灯的寿命影响很小。可以根据现场定做形状；灯头接触处可以直接

挨上，没有阴影；主要用于建筑物的轮廓灯和室内暗槽灯，如酒店或宾馆的大堂中。冷阴极荧光灯实物图如图 5.7 所示。

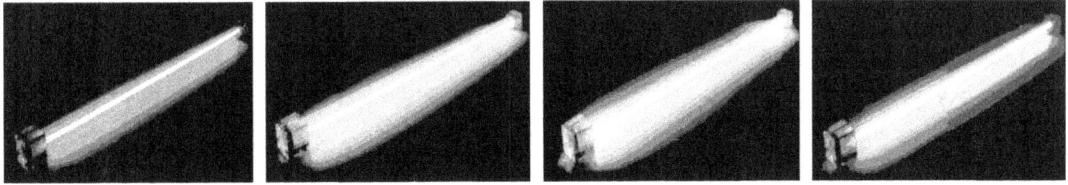

图 5.7 冷阴极荧光灯实物图

7）霓虹灯（NEON）

霓虹灯是由英文"氖灯"，即"NEON SIGN"得来的，"霓虹"两字实际上是"NEON"的译音，而现在人们已经把"霓虹灯"当做专用词运用了。霓虹灯的工作原理是在灯管内充入氩、氮、氖等气体，通过变压器升高到 15000V 后，使气体放电发出艳丽光辉。霓虹灯主要用于广告装饰设计领域中。霓虹灯与冷阴极荧光灯一样均可调光。霓虹灯实物图如图 5-8 所示。

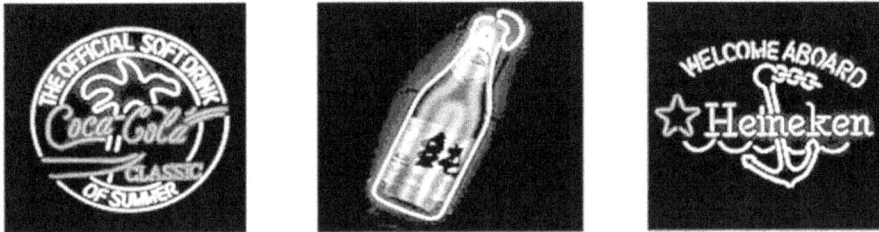

图 5.8 霓虹灯实物图

8）高强度气体放电灯（HID）

高强度气体放电灯包括汞灯、金属卤素灯、高/低压钠灯，所有 HID 灯都是通过穿透蒸气的高压电弧产生光。HID 照明效率都较高，为 80～90lm/W，低压钠灯可达 180lm/W。它通常用于道路、广场、机场、码头、车站及工矿企业照明。HID 灯不是立即点亮，需要大约几分钟温升过程才能达到全亮；当供电中断时，在重新点亮前需要额外时间来冷却灯泡。一般不进行调光，只做开关控制。HID 灯实物图如图 5.9 所示。

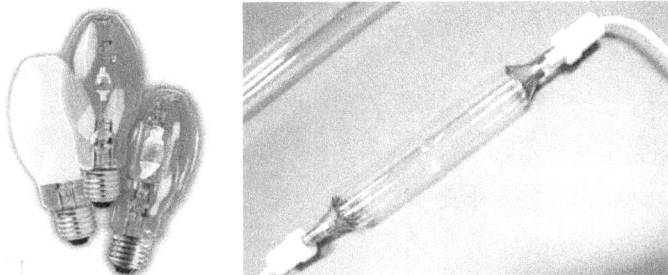

图 5.9 高强度气体放电灯实物图

9）发光二极管（Light Emitting Diode，LED）

发光二极管属于半导体光源（冷光源）。使用寿命可达100000h，启动时间只有几十纳秒，LED的光源效率目前已达90～110lm/W，而且还有很大的发展空间，理论值达250lm/W。

LED的主要应用有：LED彩虹管、LED埋地灯、LED水底灯等，其实物图如图5.10所示。发光芯片尺寸小，发光体接近"点"光源，给灯具设计带来很大方便。单只LED功率较小，光亮度较低，不宜单独使用，而将多个LED组装在一起发光的方向性强，不需使用反射器，可以做成薄型美观的灯具。

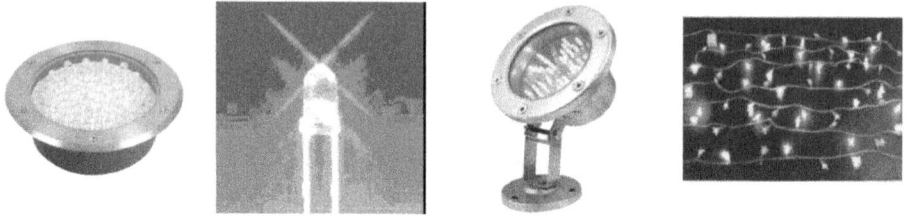

图5.10　LED灯实物图

10）常用灯源负载缩写

通常为了提高照明设计效率，把常用的负载类型用英文字母缩写表示。例如，白炽灯—Incandescent，用"INC"表示；电磁低压灯—Magnetic Low – Voltage lamp，用"MLV"表示；电子低压灯—Electronic Low – Voltage lamp，用"ELV"表示；荧光灯—Fluorescent，用"FL"表示；冷阴极管/氖灯—Cold Cathode/Neon，用"CC"或"Neon"表示；发光二极管—Light Emitting Diode，用"LED"表示。

3. 灯光控制基本概念

1）灯光控制的目的

（1）节能：减少环境污染；延长光源的寿命；提高经济回报率。

（2）场景：改善工作环境，增加娱乐气氛；实现多种照明效果。

2）调光系统分类

（1）早期调光系统：煤气灯调光、盐水调光、可变电阻调光、自耦变压器调光。

（2）模拟调光系统：可控硅调光。

（3）数字调光系统：DMX – 512协议，DSI，DALI。

（4）网络调光系统：TCP/IP协议。

目前应用较广泛，技术较成熟、稳定，且性价比较好的是可控硅技术调光。

3）可控硅调光系统原理介绍

可控硅调光原理涉及以下三种技术，即可控硅（SCR）、零点交叉检测技术（Zero – crossing Detection Technique）和相位调光技术（Phase Control Dimming）。其中相位调光技术又可分为：前沿相位调光（Forward Phase control）和后沿相位调光（Reverse Phase control）。

（1）可控硅调光原理——可控硅（SCR）

可控硅是硅可控整流器的简称，国际通用名为Thyristor，中文简称晶闸管。主要应用于

无触点开关、调速、调光、稳压、变频等方面。按照其工作特性又可分为：单向可控硅（SCR），全称 Silicon Controlled Rectifier（硅可控整流器）；双向可控硅（TRIAC），全称 Triode AC Semiconductor Switch（三端双向可控硅开关）。

（2）可控硅调光原理——正弦波与灯光亮度

当用一个完整的正弦波电流给灯泡供电时，灯泡会达到最亮。如果只提供半个周期的正弦波的电流去给灯泡供电时会有什么变化呢？答案一定是越少电流经过灯丝，灯丝温度越低，灯泡越暗，如图 5.11 所示。

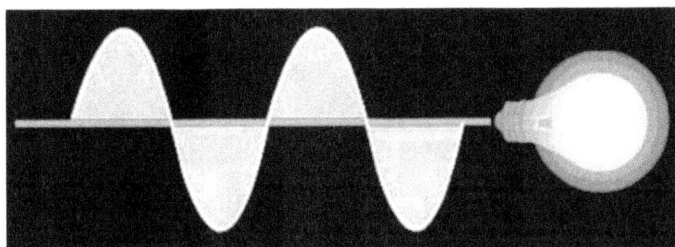

（a）完整正弦波

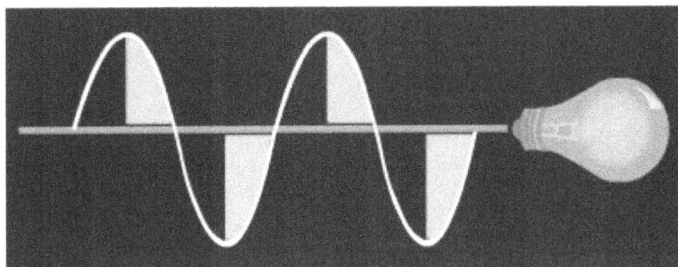

（b）一半正弦波

图 5.11　正弦波与灯光亮度的关系

（3）可控硅调光原理——前沿相位调光

前沿相位调光（Leading Edge control 或 Forward Phase control），是在每半个交流电周期的前沿，把不需要的电源（相位）消除掉，通常使用 TRIAC 电路，如图 5.12 所示。多数可控硅调光器属于这种，调相（斩波）的结果是谐波分量高，电磁干扰较严重。适用于白炽灯（INC）、电磁式低压灯（MLV）、冷极管/氖灯（CC/Neon）等。

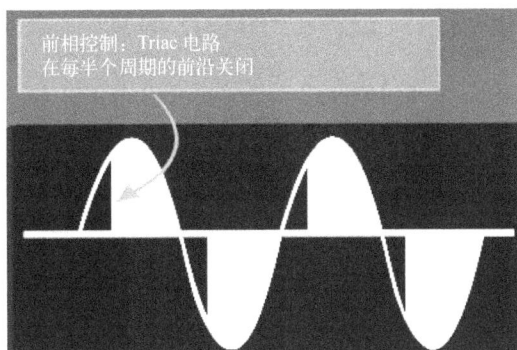

图 5.12　前沿相位调光原理

（4）可控硅调光原理——后沿相位调光

后沿相位调光（Trailing Edge control 或 Reverse Phase control），是在每半个交流电周期的后沿，把不需要的电源消除掉，如图 5.13 所示。采用功率型 MOSFE（金属氧化物半导体场效应晶体管）或 IGBT（绝缘栅双极晶体管）作为调光器件，上升时间可达 $800\mu s$，后沿斩波浪涌电流小，谐波小，但控制电路较复杂、成本偏高，是专业高功率型晶体管电路，适用于电子低压灯（ELV）。

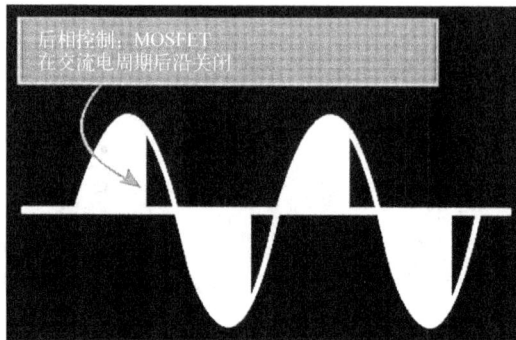

图 5.13　后沿相位调光原理

（5）主要调光技术总结

主要调光技术性能比较如表 5.2 所示。

表 5.2　主要调光技术性能比较

类　型	原　理	优　点	缺　点
盐水调光	改变活动极的电阻实现调光	可控硅出现以前被广泛使用，价格低廉	操作困难，安全性差
变阻器调光	调整与灯具串联的电阻值实现调光	简单可靠，成本适中，可用于交、直流电路	功率较小，热损耗大，体积笨重
变压器调光	改变输出线圈的匝数以改变电压，从而实现调光	热损耗小，可靠，耐用，正弦波输出，干扰少	仅适用于交流电路，体积笨重，操作不方便，通常只有几个调光级别
可控硅调光	利用零点触发原理，通过一定的时间间隔进行相位控制，以改变电流，从而实现调光	结构轻巧，效率高，控制平稳可靠，交、直流电路均适用，操作灵活方便，成本适中	容易产生谐波
正弦波调光	以微处理器产生一高频 PWM 控制波形至调光器的 IGBT 功率开关，产生一正常的 $0 \sim 230V$ 交流正弦波输出去推动负载	正弦波输出，干扰少	价格较贵
数字调光	DMX-512 协议	数字信号，高精度调光，抗干扰能力强等	价格较贵，偏向于大型舞台灯光控制系统
网络调光	TCP/IP 协议	双向控制，网络监控功能强大等	价格昂贵

4. 灯光控制基础术语

（1）回路：相同的灯光类型、控制区域、控制逻辑的灯具的组合。命名回路的三个条件：同一种灯光类型；同一个控制区域；同一种控制逻辑。

（2）场景：不同编号、不同亮度的灯光回路的组合。此外，还可伸延为其他系统的联合控制，如投影机、窗帘、空调等的联动控制。

（3）调光斜率（Dimming Ramp Rate）：调光器对照明负载的亮度从 0 ～ 100% 所需要的时间，通常可以调整。

（4）场景渐变时间（Scene Fade Time）：从一个场景转变到另一个场景所需要的时间，可以调整。

（5）流明：光通量的单位。发光强度为 1 坎德拉（cd）的点光源，在单位立体角（1 球面度）内发出的光通量为"1 流明"，英文缩写（lm）。

任务 5-2　智能照明系统的应用

5.2.1　智能照明与传统照明的区别

智能照明与传统照明具有以下区别。

（1）照明的自动化控制：智能照明系统较传统照明技术的最大的不同及特点就在于场景控制，在同一室内可有多路照明回路，对每一回路亮度调整后达到某种灯光气氛称为场景；可预先设置不同的场景（营造出不同的灯光环境），切换场景的淡入淡出时间，使灯光柔和变化。时钟控制，利用时钟控制器，使灯光呈现按每天的日出日落或有时间规律的变化。利用各种传感器及遥控器达到对灯光的自动控制。

（2）美化环境：智能照明系统在室内照明的应用中利用场景变化增加环境艺术效果，产生立体感、层次感，营造出舒适的环境，有利人们的身心健康，提高工作效率。

（3）延长灯具寿命：传统照明中影响灯具寿命的主要因素有过电压使用和冷态冲击，它们使灯具寿命大大降低。智能照明系统中的智能调光器具有输出限压保护功能，即当电网电压超过额定电压 220V 后调光器自动调节输出在 220V 以内。当灯泡冷态接电瞬间会产生额定电流 5 ～ 10 倍的冲击电流，大大影响灯具寿命。智能调光控制系统采用缓开启及淡入淡出调光控制，可避免对灯具的冷态冲击，延长灯具寿命。系统可延长灯泡寿命 2 ～ 4 倍，可节省大量灯泡，减少更换灯泡的工作量。

（4）节约能源：智能照明系统采用亮度传感器，自动调节灯光强弱，达到节能效果。采用移动传感器，当人进入传感器感应区域后渐升光，当人走出感应区域后灯光渐渐减低或熄灭，使一些走廊、楼道的"长明灯"得到控制，达到节能的目的。例如，某饭店为了节电，将全部走廊灯换为 5W 节能灯，以减少能耗，但带来的问题是节能灯光照舒适度很差，照度降低，使饭店档次降低，建议采用移动传感器控制。

（5）照度及照度的一致性：智能照明系统采用照度传感器，可以使室内的光线保持恒定。例如，在学校的教室，要求靠窗与靠墙光强度其本相同，可在靠窗与靠墙处分别加装传感器，当室外光线强时系统会自动将靠窗的灯光减弱或关闭及根据靠墙传感器调整靠墙的灯

光亮度；当室外光线变弱时，传感器会根据感应信号调整灯的亮度到预先设置的光照度值。新灯具会随着使用时间发光效率逐渐降低，新办公楼随着使用时间墙面的反射率将衰减，这样会产生照度的不一致性，通过智能调光器系统的控制可调节照度达到相对的稳定，且可节约能源。

（6）综合控制：智能照明系统可通过计算机网络对整个系统进行监控。例如，了解当前各个照明回路的工作状态；设置、修改场景；当有紧急情况时控制整个系统及发出故障报告。可通过网关接口及串行接口与大楼的 BA 系统或消防系统、保安系统等控制系统相连接。智能照明控制系统通常由调光模块、开关功率模块、场景控制面板、传感器及编程器、编程插口、PC 监控机等部件组成，将上述各种具备独立控制功能的模块连接，即可组成一个独立的照明控制系统，实现对灯光系统的各种智能化管理及自动控制。

5.2.2 智能照明控制系统的可靠性

系统的可靠性涉及系统结构、控制器和系统的容错措施等方面的内容。

（1）控制系统结构随着计算机通信技术的发展在不断提高，已从第四代的集散控制方式发展到如今的第五代的分布式控制方式。分布式控制的特点是控制器构造上高度模块化，布局上可以高度分散，控制器性能上高度自治化、智能化，并具有自我诊断和容错功能，信息通过一条简单的总线按标准协议进行高速传输，因此分布式系统结构十分简单可靠，设计、安装、运行、维护也十分方便。

（2）照明控制器的可靠性作为控制系统的一个重要部分，控制器的关键器件、电路设计和保护措施的可靠与否，会直接影响照明灯具运行的安全和稳定。

（3）除了系统结构、控制器的可靠性外，保持控制系统能够可靠稳定运行必须采取一些预防性措施来进一步提高系统的安全可靠性。如在网络上设置 WatchDog 监测软件，检查网上每个控制器的网上通信是否正常，一旦发现某个控制器通信有异常时系统会自动处置。

5.2.3 智能照明系统设计步骤

照明控制系统配置设计一般都在灯光设计和照明电气部份设计之后进行，根据业主的要求结合灯光设计图及电气设计图进行系统配置。具体步骤如下。

1. 核对照明回路中的灯具和光源性质，进行整理

（1）每条照明回路上的光源应当是同一类型的光源，不要将不同类型的光源如白炽灯、荧光灯、充气灯混在一个回路内。

（2）分清照明回路性质是应急供电还是普通供电。

（3）每条照明回路的最大负载功率应符合调光控制器或开关控制器允许的额定负载容量，不应超载运行。

（4）根据灯光设计师对照明场景的要求，对照明回路划分进行审核，如不符合照明场景

所要求的回路划分，可做些适当回路调整，使照明回路的划分能适应灯光场景效果的需要，能达到灯光与室内装潢在空间层次、光照效果和视觉表现力上的亲密融合，从而使各路灯光组合构成一个优美的照明艺术环境。

2. 按照明回路的性能选择相应的调光器

调光器的选用取决于光源的性质，选择不当就无法达到正确的和良好的调光效果。因各个厂家调光器产品对光源及配电方式的要求可能有所差异，配置前建议参考相应产品技术资料或直接向照明控制系统厂商做详细技术咨询。

如不同光源，白炽灯（包括钨、钨卤素和石英灯）、荧光灯、各种充气灯及照明配电方式不同等对调光器选配要求均不相同。

3. 根据照明控制要求选择控制面板和其他控制部件

控制面板是控制调光系统的主要部件，也是操作者直接操作使用的界面，选择不同功能的控制面板应满足操作者对控制的要求，控制系统一般有以下几种控制输入方式。

（1）采用按键式手动控制面板，随时对灯光进行调节控制。

（2）采用时间管理器控制方式，根据不同时间自动控制。

（3）采用光电传感自动控制方式，根据外界光强度自动调节照明亮度。

（4）采用手持遥控器控制。

（5）采用计算机集中进行控制。

（6）其他控制方式等。

4. 选择附件及集成方式

控制系统如需与其他相关智能系统集成，可选用相应的附件。

5. 施工图纸设计及设备配置清单编制

（1）施工图纸设计，该部分内容可见智能照明系统电气设计相关教程。

（2）编制系统配置清单，如系统中各产品型号、数量、使用区域、备注等相关信息。

5.2.4　智能照明系统的应用实例

智能照明系统与传统照明比较有更大的优势和市场前景，现已走进人们的生活，在欧美等发达国家已被普遍的应用于生活、商业、工作中去，而在中国智能照明系统也被带入到了高档酒店的灯光控制、学校及企业单位的灯光管理，以及部分家庭用户的生活中去。

下面列举一些智能照明系统在实际生活中的应用。

1. 在家庭中的应用

智能照明控制系统，可以使照明系统工作在全自动状态，可按预先设定的若干状态设置进行工作，这些状态会按预先设定的时间相互自动地切换。智能照明系统在家庭中

应用，对家庭不同区域的个性化灯光实施启动设计和时间管理；所有智能灯光利用编制定制程序，可以塑造家庭庭院景观灯光模式、起夜灯光模式、门关迎客灯光模式、家庭会客灯光模式、家庭影院灯光模式、家庭温馨小憩灯光模式、家庭常用灯光模式、餐饮灯光模式等人性、舒适的灯光组合；以上所涉及的灯光均可以设计亮度不同变化的灯光组合。

（1）玄关迎客自动灯光模式：人由外进入时，门厅、餐厅、客厅的主吊灯同时数秒内由黑暗逐渐达到100%的亮度，一定时间后，餐厅、客厅的灯光保持，门厅的灯光关闭。

（2）车库通道自动照明模式：当车进入到车库时，将触发车库通道传感器，传感器感应到有车进入车库时将通知控制主机开启车库灯光照明系统。在设定的一段时间后，车库内的灯光将自动缓慢熄灭。

（3）会客厅家庭影院灯光模式：会客厅天花筒灯灯光30%亮度，客厅沙发区台灯20%亮度，会客厅、餐厅、门厅其余灯光关闭。电动窗帘和百叶窗开启到指定位置，并锁住。

（4）家庭温馨灯光模式：会客厅吊灯、餐厅的吊灯开启50%亮度；会客厅、餐厅的筒灯开启30%亮度；会客厅、餐厅的灯带开启；会客厅、餐厅、门厅的其他灯关闭。

（5）家庭聚会灯光模式：会客厅、餐厅、门厅的全部灯光开启100%亮度。音视频设备置于聚会模式并开始播放预先选定的音乐，音量大小也是预先设定好的。

（6）家庭浪漫小憩灯光模式：会客厅、餐厅的全部灯带开启，全部吊灯、筒灯20%亮度，其余灯光关闭。

（7）家庭家居普通常用灯光模式：会客厅、餐厅的主吊灯开启，其余灯光关闭。

（8）家庭烛光晚餐灯光模式：餐厅区内吊灯20%亮度、餐厅区灯带开启、餐厅区吊顶筒灯20%亮度，会客厅、餐厅、门厅的其余灯光关闭。

（9）玄关自动照明：在设定的光线不足的时间区段内（如：晚19：00－早6：00），玄关和走廊内灯光可以实现"人来灯亮，人走灯灭"。

（10）楼梯天井自动照明：运动传感器一旦感知到人在楼梯天井的走动就会触发楼梯天井的灯光亮起，楼梯天井的灯光亮起后延时一段时间后将自动缓慢熄灭。

（11）阳光照度自动控制系统：根据感受的光线是否强烈（是阴天还是晴天），以使某些灯光回路开启或关闭。通过平衡自然光和灯具发出的光亮度可将室内的光线始终保持在某个设定的水平值上。为了达到保护地毯、家具、或艺术品免受强光照射和保持室内一定的光线亮度，可自动将电动卷帘或遮阳棚升起或降下。

（12）灯光照明总管理：离开家时，按动离家模式时，系统还可以自动关闭您家里所有的照明，不管您的家有多大，您都不需要一一去检查楼上楼下哪个灯还没有关闭。

（13）主卧室及儿童房起夜灯光模式：主人夜晚起夜时，脚落地后，程序设定好的起夜沿途所需要的所有灯光会自动点亮，回到床上后利用床头开关按下一个键就可以关闭所有灯光。起夜灯光模式时，一般设定灯光在8s内由暗逐渐达到50%的亮度，以让人们在睡梦里醒来逐渐适应灯光的强弱。

（14）当您在夜晚起床时，也可根据您踩踏床的任何一边的小脚垫，从而将地脚灯和走道灯缓慢点亮到设定的亮度值。当小脚垫感知不到人时，灯光在设定的延时后将熄灭。系统可设定此功能在白天时不起作用。

（15）一楼客房起夜灯光照明，保证用户起夜时利用按下床头开关一个键就可以使沿途

所需要的灯光按照设定程序全部开启，回到床上后，按下床头开关一个键按照设定程序关闭全部上述沿途的灯光。

2. 在企业单位的应用

现代建筑中的照明不仅要求能为人们的工作、学习、生活提供良好的视觉条件，利用灯具造型和光色营造出具有一定风格和美感的室内环境，满足人们的生理和心理要求，而且还要考虑到管理智能化、操作简单化、变更灵活及易于扩展等要求。目前，大多数建筑物仍然沿用传统的照明控制方式，部分智能大厦也只能是实现简单的区域照明和定时开关功能。相比之下，智能照明控制系统体现出强大的优越性，不仅可以满足现代建筑中的照明需求，提升照明环境品质，还可以充分利用和节约能源，使建筑物更加节能、环保。

（1）公共区域：利用智能灯光控制系统，按照工作日、休息日和节假日等区分不同的时间对照明灯具进行控制，使管理省力化，防止遗忘关灯现象。大楼入口门厅利用亮度传感器控制灯光的亮暗，尽可能的利用自然光。同时，办公区域和公共区域可协调工作，如办公区域有员工加班时，电梯厅、走廊等公共区域的灯就保持基本的亮度。只有当办公区域的人走完后，才将灯降低到安全状态或关掉，避免不必要的能源浪费。

（2）综合会议室：综合会议室采用场景模式控制。共设有多条回路实现入席场景、投影场景、休息场景、散会场景的变换，可通过触摸屏或灯光控制系统中的中央控制计算机对开关模块、调光模块、投影仪等各种演示设备进行控制。同时，红外遥控器控制是场景模式控制的延伸，通过红外遥控器对触摸屏进行遥控。场景模式设计方便用户使用、节约能源，同时体现照明控制的智能化。

（3）休息室：休息室与一般场所的不同在于其使用频率较低。根据休息室这一特殊性质，利用红外动静探测器检测人员出入信号来控制照明灯具。红外动静探测器检测到有人进入探测范围，信号送入开闭控制器，执行照明设备开启命令。若感应器探测范围内无人，照明设备关闭。这种模式有效地降低照明成本。

（4）办公区域：普通的办公区域主要考虑节能，采用时间控制与照度检测控制。办公室靠近窗户一侧，尽可能利用窗外入射的大量自然光进行照度补偿。照度传感器检测自然光，靠近窗户的灯具随着自然光线的变化自动开闭或调光，保证室内照明的均匀和平衡。此外，高级办公室采用电动窗帘，在体现智能化的同时彰显档次，可同时使用遥控器和智能面板进行控制。多元化的控制模式提供给客户更多的选择，同时也带来更多的方便。

3. 在酒店中的应用

1）办公区照明

（1）员工办公区：由于员工办公区面积大，可以将整个员工办公区分成若干个独立的照明区域，采用场景控制开关，根据需要开启相应区域的照明。由于出入口多，故实现办公区内多点控制，方便使用人员操作。在每个出入口都可以开启和关闭整个办公区所有的灯，这样可根据需要方便就近控制办公区的灯。同时可以根据时间进行控制，比如平时在晚8点自动关灯，如有人加班，可切换为手动开关灯模式。

（2）经理办公室：对于经理办公室还提供调光控制，包括就地控制。就地控制包括场景控制、调光控制、遥控控制等方式。对于总经理办公室采用遥控器和触摸屏控制场景，整个

灯光采用调光技术，做到整个房间的灯光渐明渐暗和场景灯光的淡入淡出。提高整个房间的档次。

2）套房区照明

（1）高级套房：对于高级套房提供调光控制，包括就地控制。就地控制包括多点控制、场景控制、调光控制、遥控控制等方式。多点控制方便客人对灯光的开关和调光，充分体现高级套房的舒适。场景控制只需轻轻一按就可以调出一个舒适的灯光场景。

（2）总统套房：总统套房是重要客人居住的房间，功能的多样性必然需要多样性的灯光来配合。因此总统套房可采用多种可调光源，根据实际使用需要，通过系统预设照明回路的不同明暗搭配，产生各种灯光视觉效果，使总统套房始终保持最符合使用需求的灯光环境（如会客、休闲等多种灯光场景），操作时只需按动某一个场景按键即可调用所需的灯光场景。例如，总统套房的客人需要会客时，只需拿起手边的遥控器按一下"会客"按键，吊灯自动达到40％，射灯、正前方的冷光源日光灯、柱边、墙边的定向射灯及位于房间中央的低压射灯、灯槽内的洗墙灯都分别达到60％、80％、50％、50％以及30％，衬托出房间的气派和明亮，代表了友好和欢迎；休息时，只需按一下"休闲"场景按键，房间内的主照明全部变暗，灯槽内的槽灯调到合适的亮度，达到休息的目的。客人离开时，按一下"OFF"按键，房间内的灯光能延时数秒钟或数分钟（根据预设值）后熄灭。

3）功能区照明

（1）宴会厅：宴会厅采用多种可调光源，通过智能调光始终保持最柔和最幽雅的灯光环境。根据一天的不同时间，不同用途精心地进行灯光场景预设置，使用时只需调用预先设置好的最佳灯光场景，使客人产生新颖的视觉效果。

（2）会议厅：会议室是酒店的一个重要组成部分。通过场景设置，将会议室场景设置为普通会议状态、多媒体会议状态、投影状态、打扫状态等多个场景。当会议开始时，主持人通过遥控器打开开会模式，桌面上方灯光调亮，以保证300～400lx，而周围背景灯光慢慢调低到原有水平的30～40％；当观看多媒体介绍时，主持人呼出多媒体场景，桌面上方灯光调低，但还保持一定照度，以便听众可以做笔记。周围环境灯光与投影幕前灯光慢慢熄灭。电动窗帘慢慢放下、电动幕自动打开，多媒体播放开始；打扫时，清洁人员可在墙上的场景开关中呼出该灯光状态，此时只有部分灯被打开到70％，既保证清洁人员有足够的工作照度，又节省了能源。

（3）多功能厅：多功能厅主席台灯光以筒灯和投光灯为主；听众席照明以吊顶灯槽、筒灯和立柱壁灯为主。其中主席台可增加舞台灯光以满足演出的需求，其控制由舞台灯光、音响专业设备控制。多功能厅可根据其使用功能不同设立多种模式。

① 报告模式：应以突出发言人的形象为主，主席台筒灯亮度在70％～100％之间，透光灯适当开启，以不影响发言人感觉为原则；听众席以筒灯（亮度80％）为主，方便与会人员记录，同时壁灯全部开启。

② 投影模式：主席台只留讲解人所在位置筒灯亮度在50％；听众席筒灯由前排至后排逐渐增亮，壁灯全部开启。投影模式时可增加对投影仪的红外控制。

③ 研讨模式：所有灯光全部开启，亮度90％～100％。

④ 入场模式：听众席灯槽、筒灯和立柱壁灯全部开启亮度100％，主席台筒灯开启亮

度 50%。

⑤ 退场模式：听众席灯槽、筒灯和立柱壁灯全部开启亮度 100%。

⑥ 备场模式：主席台筒灯与听众席筒灯亮度均在 70%。

同时，在投影模式时可增加对投影仪的红外控制。

4）辅助区照明

（1）大厅：客人进出较多的时段，打开大堂全部回路的灯光，方便客人进出，客人进出较少时段，打开部分回路的灯光，此区域照明控制集中在相关的管理室，由工作人员根据具体情况控制相应的照明。操作既可由现场就地控制，也可由中央监控计算机控制，还可设置时间控制。

（2）走廊：采用红外移动控制，人来开灯，人走灯延时关闭。

各出入口处有手动控制开关，可根据需要手动控制就近灯具的开关。

（3）楼梯间：楼梯间采用定时控制和红外移动控制等方式。在比赛期间全部开启，在平时启动红外移动控制方式，人来开灯，人离开后延时关闭，以节约能源。

（4）洗手间：洗手间均采用红外移动控制，人来开灯，人走灯延时关闭。

可根据需要变更控制方式，比如在观众很多时系统将其照明状态改为常明，当人少时切换为自动感应控制。

5）建筑物泛光照明

整个建筑的景观照明主要是定时控制，例如晚 6 点开启整个景观照明的灯具，10 点关闭部分景观照明的灯具，12 点以后只留必要的照明。具体时间还可根据一年四季昼夜长短的变化和节假日自动进行调整。如有特殊情况可改为特殊照明控制状态，配合需要进行变化。

4. 在学校的应用

学校传统照明控制方式一般有三种：①断路器控制方式；②跷板开关控制方式；③在回路中串入接触器辅助触点，实现人工远距离控制或定时控制方式。这些控制方式具有一定的局限性。方式①：虽然控制功能简单，投资少，线路简单，但由于控制灯具较多，造成大量灯具同时开关，节能效果很差，又很难满足特定环境下的照度要求；方式②：是采用最多的一种控制方式，用跷板开关控制一套或几套灯具的控制方式，在房间的不同出入口均需设置开关，线路烦琐，损耗很大，很难实现舒适照明；方式③：太机械，遇到现场变化或临时更改作息时间，就比较难以适应，定时开关要通过改变预设值才能实现，使用不灵活，管理不方便。以上三种方式均易造成维修的频繁性和不必要的电能浪费。

若将智能照明控制系统用于学校各个区域设计中，则能克服以上的不足。智能照明控制系统可根据各区域特定功能或用途、结合室外光亮度变化、按时间分段进行系统预设置达到全自动工作状态，其工作方式以全自动控制为主，手动控制为辅。智能照明系统不仅可以根据控制照明光源的发光时间、亮度来满足不同应用场合，而且管理智能化和操作简单化，并且能灵活适应未来照明布局和控制方式变更的要求。

1）校区照明

教室灯具比重很大，照度要求较高，尤其是讲台点照度要求更高。根据国家标准《建筑

照明设计标准》（GB 50034—2013），教室照度标准值为 300 ~ 500lx，显色指数 ≥ 80。如果没有合理控制方案，将造成巨大的能源浪费。但若全部采用调光控制，则造价太高。因此教学区照明主要采用开关控制和时钟控制，通过对系统参数的预设置实现特定时间教室内部分或全部的灯具的开关控制。同时在靠窗的位置安装光线感应器，当自然光照度超过照度预设定值时，智能照明系统自动关闭部分或全部灯具，充分利用室外自然光。此外，投影教室的灯光控制可与会议系统的投影仪及幕布、电动窗帘等进行联动，当需要播放投影时，灯光能自动的缓慢地调暗，幕布自动下降、电动窗帘自动关闭。

走廊、厕所、电梯厅等公共区域的照明可采用时钟控制和动静探测器，到夜晚某一时刻灯光自动开启关闭，并实现有人走动时开启灯光，人走开后自动关闭，达到节能、便于管理的目的。同时应设置并联定位开关，以便必要时解除感应探测功能。

2）图书馆照明

图书馆的藏书区、计算机中心、阅览区和自习室采用时钟控制，各区域照明按照预定时间开关，由于阅览区和自习室照度要求较高，因此可在靠窗的位置安装光线感应器，通过光线感应器对光照信息的采集并根据预设模式开闭相应照明，利用窗外射入的大量自然光进行照度补偿，从而达到保证照度的前提下有良好的节能效果。图书馆内设报告厅，要求根据活动的不同实现多种灯光效果，因此，配合装修设计，通过对灯具设置调光元件和场景（由各照明回路不同的亮暗搭配组成的某种灯光效果）预设置功能营造不同的灯光环境，给人以舒适完美的视觉享受。其灯光控制也可与投影仪、幕布、电动窗帘等进行联动。

3）行政管理区照明

在办公区可设置灯光的开关控制、调光控制、分散集中控制、远程控制、延时控制、定时控制、光线感测控制、红外线遥控、动静感测控制，并与其他设备系统如消防系统联动。

在设计行政区的重要场所（如会客室、领导办公室等）照明时，应创造出一个既庄重典雅，又积极进取的气氛。根据需要可设置光照计和电动窗帘等，电动窗帘具有光感控制功能，通过光照计感应信息感知外界光线强度自动进行升降位置变换，调节灯光自动进行照度变换，并具有遥控功能。

会议室的整个中心是会议桌，因此必须重视会议桌的照明，会议桌区域照度值应达到 500lx，并要设法使桌子表面的镜面反射减到最少；另外照明设计还应考虑会议室各种演示设备的应用问题，如对书写板的照明，还有在使用投影仪、幻灯、录相机时室内照明设备的控制等。通常采用多种光源，气派而且富有层次，通过调光和场景预设置功能营造多种灯光效果，变换出不同的光的空间，给人以舒适完美的视觉享受。通过动静探测功能和遥控功能可以实现有人时自动亮灯，并可使用手持红外遥控器就地控制灯光的效果变化。同时，灯光控制和会议系统的投影仪及幕布、电动窗帘等可进行联动。行政管理区公共通道如走廊、电梯厅、卫生间的灯光设置时间控制、定时开启，下班后公共区定时关闭 70% 的灯光，同时自动开启动静探测器。

4）体育场馆照明和学生礼堂照明

体育场馆和学生礼堂照明控制的主要目的不是节能，而在于有效管理场馆内的所有灯

具。智能照明系统的软开关技术可避免大批量灯光开启时对配电线路造成的电流冲击，同时可避免灯具频繁启动，达到有效保护灯具的目的。

预设置不同场景，场景间切换简单快速。控制回路采用开关控制方式，部分采用调光控制，实现多种照明效果。设置不间断后备电源（UPS）作为照明灯具的备用电源，UPS 的运行状态由智能照明系统统一监视。同时，照明控制系统可与音响控制系统和消防系统联动。系统设有自动/手动转换开关，由相关管理人员就地选择控制模式。

5）夜间景观和道路照明

夜间景观照明采用光感及定时控制相结合的方式进行智能控制，当自然光渐暗至一定照度时，系统通过光感元件提供信号自动开启景观照明，至午夜时，系统通过定时器按照预设模式自动关闭部分景观照明，当光线渐亮至一定照度后，光感元件自动将全部夜间景观照明关闭，从而达到最大的节能效果。遇节假日或庆典活动可通过中控计算机或智能面板直接进行人工控制，可开关任意回路的灯光，并采用调光方式和场景预设置功能产生各种灯光效果。

道路照明可根据不同区域的不同功能需求，在每天的不同时段、不同自然光照度或者不同交通流量情况下，按照特定的设置，实现对道路照明的动态智能化管理。

5.2.5　智能照明主流产品

按照目前主流智能照明产品的网络结构不同，可划分为两大类产品，一类系统采用星形结构，网络特点是集式或集中分布结合式，有控制主机；另一类系统采用总线型结构，网络特点是完全分布式，无控制主机。星形结构网络的智能照明产品以北美厂商为主，包括路创、快思聪和 Dynalite 等品牌；总线型结构网络的智能照明产品以欧洲厂商为主，包括 ABB 和奇胜等品牌。下面对两大类产品进行简要介绍。

1. 星形网络智能照明系统

系统采用星形结构（扩充时为星形 + 总线）集式或集中分布式，单个子网最大为 1000 个回路，512 个灯区，1020 个场景，可通过网桥连接多个子网。星形网络智能调光系统图如图 5.14 所示。

2. 总线型网络智能照明系统

总线型智能照明产品最常见的是 EIB 总线，该总线是基于 EIB 标准的两线网络，总线电压是 DC24V，数据传输率为 9600 波特，每个主网可连接 64 个子网，每个子网可连接 64 个模块。EIB 总线智能调光系统图如图 5.15 所示。

总线型智能照明产品中另一类常见的是 DMX512 总线。DMX 是 Digital Multiplex 的缩写。DMX512/1990 是调光和灯光控制台数据传输标准，是娱乐灯光领域常用的控制协议。以前 0 ～ 10V 模拟控制用的比较多，现在 DMX512 是娱乐灯光行业最主要的控制协议。USITT DMX512/1990 是由美国剧场技术协会 USITT 提出的。最原始的版本出版于 1986 年，在 1990 年做了修改。

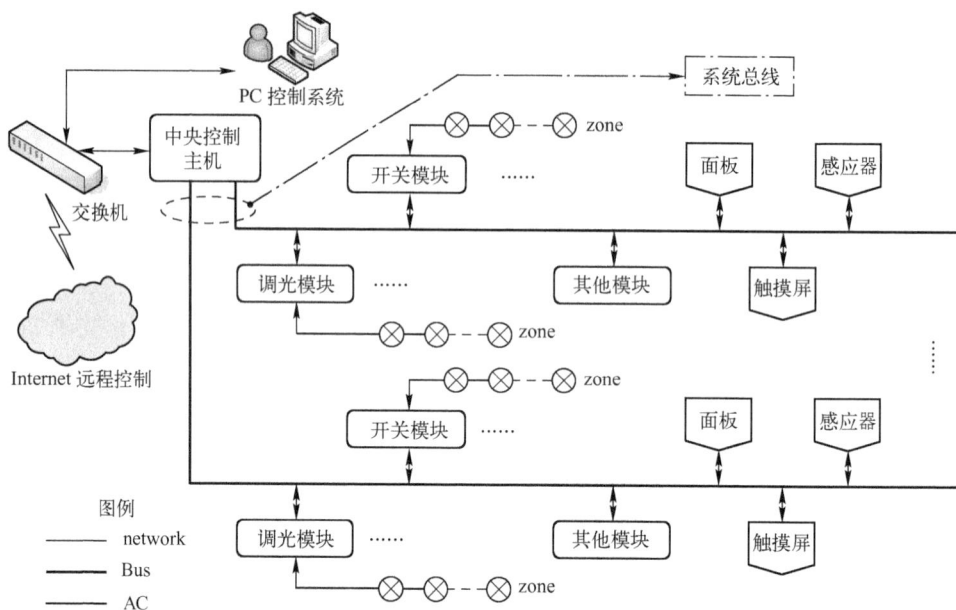

图 5.14　星形网络智能调光系统图

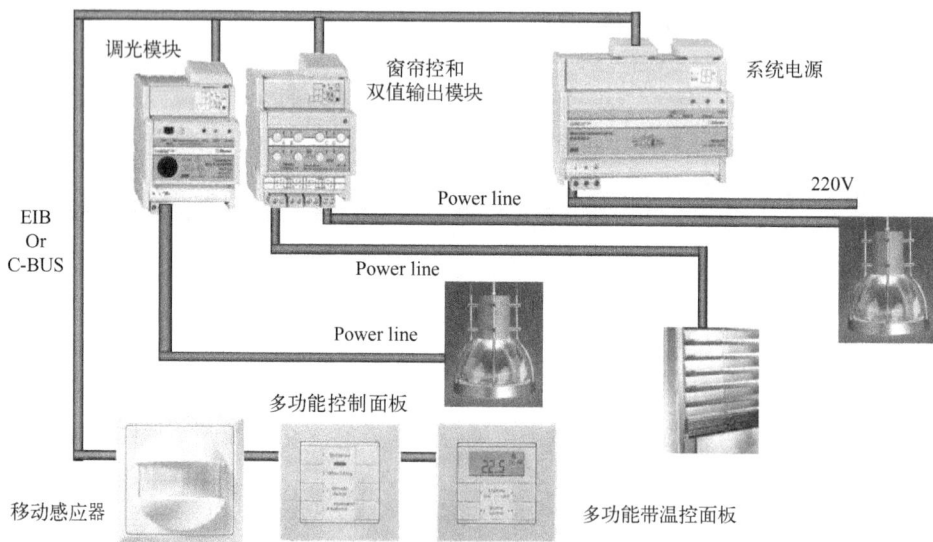

图 5.15　EIB 总线智能调光系统图

　　DMX512 信息包括 2 ～ 513 字节，这些字节是符合 EIA 485 标准的，网络上以每秒 250 千位的波特率发送字节。一个字节又和一个起始位和两个结束位一起组成一个帧。第一个字节是起始字节，接下来的字节是传送到控制设备上的数据。这一标准最开始是为调光器设计的，所以控制数据的第一个是回路 1 的，第二个字节给回路 2，以此类推，直到最后一根数据线传给总共 512 回路。DMX512 控制协议假设接收器的最小存储量，然后连续不断地发送信息，即使没有一个值改变；速度高达每秒 44 次。缺点是被控制的设备不能将错误或信息反馈到控制器上。DMX 总线智能调光系统图如图 5.16 所示。

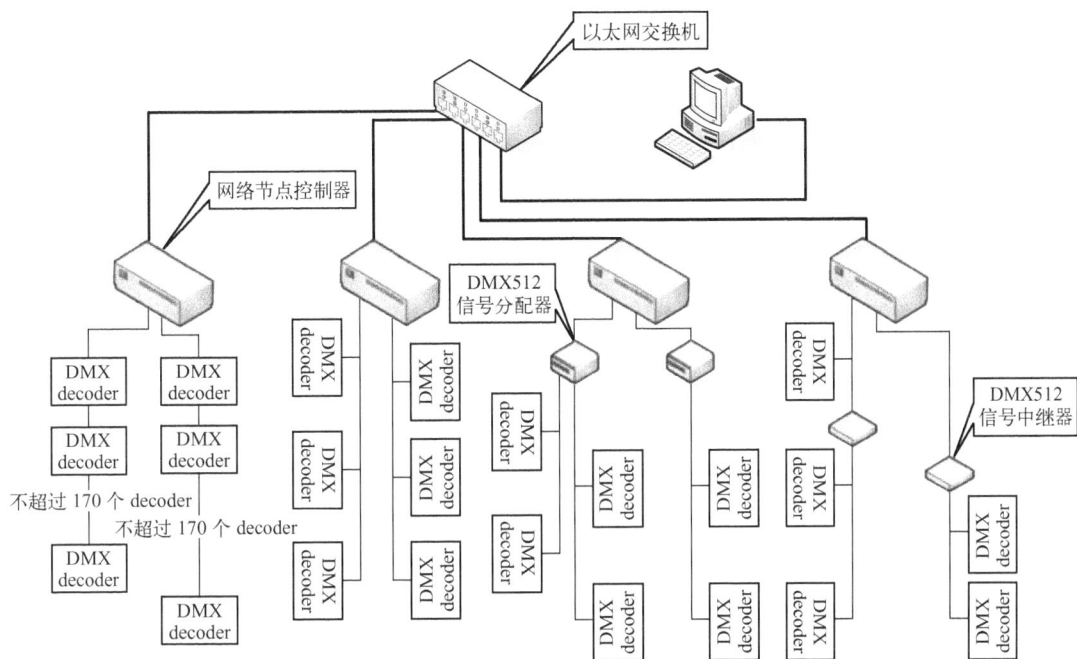

图 5.16　DMX 总线智能调光系统图

实训 4　智能照明系统认识

1. 实训目的

(1) 建立智能照明系统的概念。
(2) 了解智能照明系统的几个组成部分之间的关系和作用。

2. 实训器材

便于参观学习的智能照明建筑物。

3. 实训步骤

(1) 由指导老师对智能照明系统及功能进行整体介绍。
(2) 依次参观建筑物智能照明系统的各个部分，并结合现场讲解和提问答疑。
① 智能照明的控制方式。
② 场景的设定方式和控制方式。
③ 采用的控制器及控制模块的类型和特点。
④ 智能照明灯具的选择。
(3) 实训结束后，在指导老师的带领下，有序离开。

4. 注意事项

参观时要注意安全，未经指导老师许可不可随意走动触摸相关设备。

5. 实训思考

（1）智能照明系统主要由哪几部分组成？
（2）智能照明的常用控制方式有哪几种？
（3）智能照明控制器和控制模块之间的接线方式是什么？
（4）哪些灯具可以进行调光控制？

实训5　办公楼智能照明施工图识读

1. 实训目的

（1）认识智能照明系统设备图形符号。
（2）掌握智能照明系统平面图和系统图的识读方法。

2. 实训材料

某办公楼智能照明系统施工图纸。

3. 实训步骤

1）知识准备

（1）理解智能照明系统工作原理：在识图前首先需要理解智能照明系统的工作原理，这样有助于理解施工图设计思路，从而读懂施工图。

（2）掌握下面的识图基本知识。

① 设计说明：设计说明主要用来阐述工程概况、设计依据、设计内容、要求及施工原则，识图首先看设计说明，了解工程总体概况及设计依据，并了解图纸中未能表达清楚或重点关注的有关事项。

② 图形符号：在建筑电气施工图中，元件、设备、装置、线路及其安装方法等，都是借用图形符号、文字符号来表达的。分析智能照明系统施工图首先要了解和熟悉常用符号的形式、内容、含义，以及它们之间的相互关系。

③ 平面图：智能照明系统平面图是表示智能照明设备平面布置及线路敷设的图纸，是进行设备安装的主要依据。它反映设备的安装位置、安装方式和线路走向及敷设方法等。

2）智能照明系统施工图实例

4. 注意事项

（1）图形符号是指无外力作用下的原始状态。

（2）施工平面图与系统图的识读要结合起来，这对于施工图识读从而指导安装施工有着重要的作用。

5. 实训思考

（1）智能照明控制器采用什么型号规格？容量是多少？

（2）控制模块采用什么型号规格，允许有几路控制信号输出？

（3）本系统设计采用了哪些灯光控制方式？

（4）本设计中开关控制的灯具选择了什么光源？

（5）本设计中调光控制的灯具选择了什么光源？

思考题 5

1. 什么是智能照明，智能照明有哪些优点？

2. 智能照明的控制方式包括哪几类，你认为未来还会出现新的控制方式吗？

3. 常见的光源有哪几类发光原理，简述各类发光原理。

4. 调光系统分哪几类，目前应用最广泛的是哪种？

5. 简述可控硅的调光原理，比较前相调光和后相调光的区别。

6. 如何保障智能照明控制系统的可靠性？

7. 请列出智能照明系统设计的主要步骤。

8. 请列举智能照明在家庭中应用的常见场景模式。

9. 请考虑智能照明在五星级酒店的宴会厅内应当设置哪些场景模式？

10. 智能照明系统在学校图书馆应用时，应当设置哪些场景模式，考虑哪些控制方式？

11. 住宅小区道路照明应用智能化控制时，应当考虑哪些控制需求？

12. 星形网络架构的智能照明控制系统厂家包括哪些？

13. 总线型网络架构的智能照明控制系统厂家包括哪些？

14. 请简述 DMX512 总线协议的来源和技术特点。

参 考 文 献

[1] 郭福雁，黄民德. 电气照明 [M]. 天津：天津大学出版社，2011.

[2] 魏明. 建筑供配电与照明 [M]. 重庆：重庆大学出版社，2005.

[3] 丁文华，苏娟. 建筑供配电与照明 [M]. 武汉：武汉理工大学出版社，2008.

[4] 黄民德等. 建筑电气照明 [M]. 北京：中国建筑工业出版社，2008.

[5] 谢秀颖，郭宏祥. 电气照明技术（第2版）[M]. 北京：中国电力出版社，2008.

[6] 王晓东. 电气照明技术 [M]. 北京：机械工业出版社，2004.

[7] 赵德申. 建筑电气照明技术 [M]. 北京：机械工业出版社，2003.

[8] 徐红升等. 建筑照明施工技术 [M]. 北京：北京师范大学出版集团，2010.

[9] 王佳. 建筑电气识图 [M]. 北京：中国电力出版社，2008.

[10] 张立民等. 照明系统安装与维护 [M]. 北京：科学出版社，2009.

[11] 万瑞达. 建筑电气工程施工图识读快学快用 [M]. 北京：中国建材工业出版社，2011.

[12] 杨光臣，杨波等. 怎样阅读建筑电气与智能建筑工程施工图 [M]. 北京：中国电力出版社，2007.

[13] 余丽华. 电气照明（第2版）[M]. 上海：同济大学出版社，2001.

[14] 胡乃定. 民用建筑电气技术与设计 [M]. 北京：清华大学出版社，1993.

[15] 刘兵. 建筑电气与施工用电（第2版）[M]. 北京：电子工业出版社，2011.

[16] 国家行业标准. 民用建筑电气设计规范（JGJ 16 - 2008）. 北京：中国建筑工业出版社，2008.

[17] 国家行业标准. 建筑照明术语标准（JGJ/T119 - 1998）. 北京：中国建筑工业出版社，1999.

[18] 国家标准. 建筑照明设计标准（GB 50034 - 2004）. 北京：中国建筑工业出版，2004.

[19] 国家标准. 低压配电设计规范（GB 50054 - 2011）. 北京：中国计划出版社，2012.

[20] 国家标准. 住宅设计规范（GB 50096 - 1999＜2003 版＞）. 北京：中国建筑工业出版，2003.

[21] 国家标准. 建筑物防雷设计规范（GB 50057 - 2010）. 北京：中国计划出版社，2011.

[22] 国家标准图集. 建筑电气工程设计常用图形和文字符号（09DX001）. 北京：中国建筑标准设计研究院，2010.

[23] 国家标准图集. 建筑电气常用数据（04DX101 - 1）. 北京：中国建筑标准设计研究院，2006.

反侵权盗版声明

电子工业出版社依法对本作品享有专有出版权。任何未经权利人书面许可，复制、销售或通过信息网络传播本作品的行为；歪曲、篡改、剽窃本作品的行为，均违反《中华人民共和国著作权法》，其行为人应承担相应的民事责任和行政责任，构成犯罪的，将被依法追究刑事责任。

为了维护市场秩序，保护权利人的合法权益，我社将依法查处和打击侵权盗版的单位和个人。欢迎社会各界人士积极举报侵权盗版行为，本社将奖励举报有功人员，并保证举报人的信息不被泄露。

举报电话：(010) 88254396；(010) 88258888

传　　真：(010) 88254397

E-mail：dbqq@ phei. com. cn

通信地址：北京市海淀区万寿路 173 信箱

　　　　　电子工业出版社总编办公室

邮　　编：100036

《智能建筑照明技术》读者意见反馈表

尊敬的读者：

感谢您购买本书。为了能为您提供更优秀的教材，请您抽出宝贵的时间，将您的意见以下表的方式（可从 http://www. huaxin. edu. cn 下载本调查表）及时告知我们，以改进我们的服务。对采用您的意见进行修订的教材，我们将在该书的前言中进行说明并赠送您样书。

姓名：_____   电话：_____

职业：_____   E-mail：_____

邮编：_____   通信地址：_____

1. 您对本书的总体看法是：

   □很满意   □比较满意   □尚可   □不太满意   □不满意

2. 您对本书的结构（章节）：□满意   □不满意   改进意见_____

_____

3. 您对本书的例题：   □满意   □不满意   改进意见_____

_____

4. 您对本书的习题：   □满意   □不满意   改进意见_____

_____

5. 您对本书的实训：   □满意   □不满意   改进意见_____

_____

6. 您对本书其他的改进意见：

_____

_____

_____

7. 您感兴趣或希望增加的教材选题是：

_____

_____

_____

请寄：100036   北京市海淀区万寿路 173 信箱职业教育分社   陈健德   收

电话：010 –88254585   E-mail：chenjd@ phei. com. cn